水利水电施工

2018年第6辑

全国水利水电施工技术信息网
中国水力发电工程学会施工专业委员会　主编
中国电力建设集团有限公司

中国水利水电出版社
www.waterpub.com.cn
·北京·

图书在版编目（CIP）数据

水利水电施工. 2018年. 第6辑 / 全国水利水电施工技术信息网，中国水力发电工程学会施工专业委员会，中国电力建设集团有限公司主编. -- 北京 : 中国水利水电出版社，2019.2
ISBN 978-7-5170-7679-7

Ⅰ. ①水… Ⅱ. ①全… ②中… ③中… Ⅲ. ①水利水电工程－工程施工－文集 Ⅳ. ①TV5-53

中国版本图书馆CIP数据核字(2019)第092912号

书　　名	水利水电施工　2018年第6辑 SHUILI SHUIDIAN SHIGONG 2018 NIAN DI 6 JI
作　　者	全国水利水电施工技术信息网 中国水力发电工程学会施工专业委员会　主编 中国电力建设集团有限公司
出版发行	中国水利水电出版社 （北京市海淀区玉渊潭南路1号D座　100038） 网址：www.waterpub.com.cn E-mail：sales@waterpub.com.cn 电话：（010）68367658（营销中心）
经　　售	北京科水图书销售中心（零售） 电话：（010）88383994、63202643、68545874 全国各地新华书店和相关出版物销售网点
排　　版	中国水利水电出版社微机排版中心
印　　刷	清松永业（天津）印刷有限公司
规　　格	210mm×285mm　16开本　9.5印张　369千字　4插页
版　　次	2019年2月第1版　2019年2月第1次印刷
印　　数	0001—2500册
定　　价	36.00元

漫湾水电站，位于云南省西部的澜沧江中游河段，由中国电建集团昆明勘测设计研究院有限公司（以下简称昆明院）勘测设计，2000 年荣获国家优秀工程勘察金奖

鲁布革水电站，位于云南省罗平县与贵州省兴义市交界的黄泥河下游，由昆明院勘测设计，1991 年荣获国家优秀工程勘测、设计双金奖

天生桥一级水电站，位于红水河上游黔、桂两省（自治区）交界的南盘江干流上，由昆明院勘测设计，2008 年荣获全国优秀工程设计银奖

景洪水电站，位于云南省景洪市北郊澜沧江中下游河段，由昆明院勘测设计，2018 年荣获国家技术发明二等奖

小湾水电站，位于云南省南涧县与凤庆县交界的澜沧江中游河段，由昆明院勘测设计，荣获 2016—2017 年度国家优质工程金质奖

大风坝风电场，位于云南省大理市南者摩山上，由昆明院勘测设计，2010 年荣获国家优质工程银奖、2010 年中国电力优质工程奖

糯扎渡水电站，位于云南省普洱市境内的澜沧江下游干流上，由昆明院勘测设计，荣获詹天佑奖、国际里程碑奖

观音岩水电站，位于云南省华坪县与四川省攀枝花市交界的金沙江中游河段，由昆明院勘测设计，荣获 2006 年全国优秀工程咨询成果二等奖

以礼河梯级水电站，位于云南省会泽县以礼河上，由昆明院勘测设计

阿海水电站，位于云南省丽江市境内的金沙江中游河段，由昆明院勘测设计

梨园水电站，位于云南省玉龙县与香格里拉县交界的金沙江中游河段，由昆明院勘测设计

老挝南欧江二级电站，由昆明院勘测设计

玻利维亚圣何塞 1 级电站，昆明院承担工程总承包

缅甸邦朗水电站，由昆明院勘测设计

老挝南欧江五级水电站，由昆明院勘测设计

大古衙光伏电站，位于云南省大姚县境内，由昆明院勘测设计和投资开发

泸西李子箐风电场，位于云南省泸西县境内，由昆明院勘测设计

罗平山风电场，位于云南省大理州洱源县境内，由昆明院勘测设计

滇中新区光伏储能电站，位于云南省滇中新区，由昆明院承担总承包

将军山风电场，位于云南省玉溪市华宁县境内，由昆明院勘测设计并投资建设

天子山光伏电场，位于云南省楚雄州元谋县境内，昆明院承担总承包

云南省昆明市掌鸠河引水输水工程，由昆明院勘测设计

云南省昆明市草海大堤加固提升及水体置换通道工程，由昆明院勘测设计

云南省昆明市科研试验大楼，由昆明院设计

云南省昆明市瀑布公园，由昆明院勘测设计

云南省昆明市巫家坝中央公园，由昆明院设计

云南省昆明市牛栏江—滇池补水工程，由昆明院勘测设计

云南省澜沧县糯扎渡大桥，由昆明院勘测设计

云南省兰坪县黄登水电站库区小格拉大桥，由昆明院勘测设计

本书封面、封底、插页照片均由中国电建集团昆明勘测设计研究院有限公司提供

《水利水电施工》编审委员会

前　言

《水利水电施工》是全国水利水电施工技术信息网的网刊，是全国水利水电施工行业内刊载水利水电工程施工前沿技术、创新科技成果、科技情报资讯和工程建设管理经验的综合性技术刊物。本刊以总结水利水电工程前沿施工技术、推广应用创新科技成果、促进科技情报交流、推动中国水电施工技术和品牌走向世界为宗旨。《水利水电施工》自2008年在北京公开出版发行以来，至2017年年底，已累计编撰发行60期（其中正刊40期，增刊和专辑20期）。刊载文章精彩纷呈，不乏上乘之作，深受行业内广大工程技术人员的欢迎和有关部门的认可。

为进一步提高《水利水电施工》刊物的质量，增强刊物的学术性、可读性、价值性，自2017年起，对刊物进行了版式调整，由杂志型调整为丛书型。调整后的刊物继承和保留了原刊物国际流行大16开本，每辑刊载精美彩页，内文黑白印刷的原貌。

本书为调整后的《水利水电施工》2018年第6辑，全书共分7个栏目，分别为特约稿件、土石方与导截流工程、混凝土工程、地基与基础工程、机电与金属结构工程、路桥市政与火电工程、企业经营与项目管理，共刊载各类技术文章和管理文章32篇。

本书可供从事水利水电施工、设计以及有关建筑行业、金属结构制造行业的相关技术人员和企业管理人员学习、借鉴和参考。

编者

2019年1月

目　录

机电与金属结构工程

路桥市政与火电工程

企业经营与项目管理

Contents

Electromechanical and Metal Structure Engineering

Road & Bridge Engineering, Municipal Engineering and Thermal Power Engineering

Enterprise Operation and Project Management

特约稿件

梯级水库群及高坝安全管理的新挑战与若干思考

周兴波　杜效鹄/水电水利规划设计总院
周建平/中国电力建设股份有限公司

【摘　要】新中国成立以来，我国河流梯级开发及高坝建设蓬勃发展，逐渐形成了河流梯级水库群格局，这对我国大坝安全管理提出了更高的要求。在分析大坝安全、安全管理和应急管理的基础上，指出了当前法律法规体系、安全监管机制、技术标准体系的不足；阐述了梯级水库群及高坝安全管理面临的全生命期管理、流域系统安全管理、紧急情况及极端工况下的安全管理、灾难性失事后果不可接受性等新阶段遇到的问题与挑战，从国家安全、法规制度、管理方法、监管机制、公众宣传、生命线工程等方面提出了应对挑战的若干思考与建议，可为流域梯级水库群及特高坝的安全管理提供借鉴。

【关键词】梯级水库群　特高坝　大坝安全　应急管理　风险防控

1　引言

我国水库大坝建设历经百年发展。随着河流水电梯级开发的推进，当前我国已形成金沙江、大渡河、雅砻江、乌江、澜沧江、长江上游、黄河上游、南盘江、红水河等大江大河流域梯级水库群。同时，也建成一批坝高位居世界前列的200m以上的特高坝，如坝高305m的锦屏一级拱坝，坝高294.5m的小湾拱坝，坝高203m的黄登重力坝，坝高261.5m的糯扎渡堆石坝，以及正在建设的坝高314m的双江口堆石坝，坝高289m的白鹤滩拱坝等。建在深厚覆盖层上坝高186m的瀑布沟堆石坝，以及建在高地震烈度区、超深厚软弱覆盖层上的米林堆石坝，均为世界级技术难题，极具挑战性。

长期以来，我国大坝安全一直受到各级政府的高度关注，国家每年投入专项资金对水利行业的病险水库进行加固，及时解除了大坝安全隐患，实践证明我国大坝安全总体形势是好的。改革开放以来，我国发生的最高大坝失事事件是1993年坝高71m的青海沟后水库大坝，水电大坝无一例失事。根据水利部统计，2008年汶川地震导致四川省1803座大坝不同程度的损害，其中96%属于小型均质土坝工程，地震灾区大中型水电工程没有一座大坝溃决[1,2]。我国水库大坝建设经过几代人的艰辛努力，以及长期的科研创新、工程建设和运行管理实践，逐渐形成了勘测、规划、设计、建造、运行等各阶段，水文、地质、水工、机电、电气、经济等多专业较完整的水库大坝行业标准体系，能够满足工程施工建设和日常运行管理的需求。

梯级水库群及高坝的安全问题是河流梯级开发进入新时期出现的新问题。在充分认识到“75·8”板桥—石漫滩大坝失事的惨烈后果[3]，以及福岛核电[4]、温甬高铁、江西丰城电厂事故、湖北当阳重大高压蒸汽管道裂爆事故的经验教训及社会公众反响，我国专家学者和工程技术人员十分重视梯级水库群大坝的运行安全与风险防控，从设计安全标准、运行管理机制、重大安全问题等多方面开展了深入的研究。周建平等[5-7]从流域梯级系统安全与特高坝风险设计安全的角度，建议在现有水电工程等别基础之上设立特等工程特级建筑物，采用“年计失效概率-可靠指标-单一安全系数”的风险设计理论，论证并给出了特级坝的风险控制标准。郭生练等利用[8,9]Copula函数理论，建立各分区洪水的联合分布，对梯级水库下游的设计洪水计算方法进行研究，并推导了梯级水库设计洪水最可能地区组成法计算通式。冯永祥、邢林生等[10,11]对流域高坝群及200m以上的特高坝的工程特点、运行安全问题进行了梳理，分析了运行期需要解决的关键技术问题。一些学者[12-14]以雅砻江、金沙江、长江等流域梯级水电站为研究对象，采用多梯级多目标联合优化调度、减少水库群最大下泄流量、增加梯级水库群防洪能力及发电效益等目标，进而实现梯级水库群的安全管理与风险防控。还有一些学者[15-18]认为，风险管理将是我国大坝安全管理与流域梯级风险防控的必然趋势，对风险标准、风险管理方法以及风险分析模型等开展了研究。以上研究均是从梯级水库群及高坝安全管理的单一阶段或单一方法进行的学术性研究，尚未涉及流域系统、全生命期和极端事件的风险分析，也鲜有涉及管理体制机制的问题，本文对此作了初步探讨。

2 梯级水库群及高坝安全现状

2.1 我国大坝安全现状

锦屏一级拱坝、龙滩重力坝、糯扎渡堆石坝等世界级大坝的建成与顺利运行，以及紫坪铺面板堆石坝（坝高156m）、沙牌拱坝（坝高131m）经受汶川8.0级地震的考验[19]，标志着中国水电技术水平已达到世界领先水平。据文献［20］，我国现有水库98000余座，1954—2013年全国共有3528座大坝失事，年平均溃坝58.8座，年计溃坝概率为6.0×10^{-4}；1991—2013年全国共有285座大坝失事，年平均溃坝12.4座，年计溃坝概率为1.26×10^{-4}；2000—2013年全国共有69座大坝失事，年平均溃坝4.9座，年计溃坝概率为5.03×10^{-5}。1991－2013年，我国溃坝285座，每年的溃坝数量及发展趋势如图1所示。

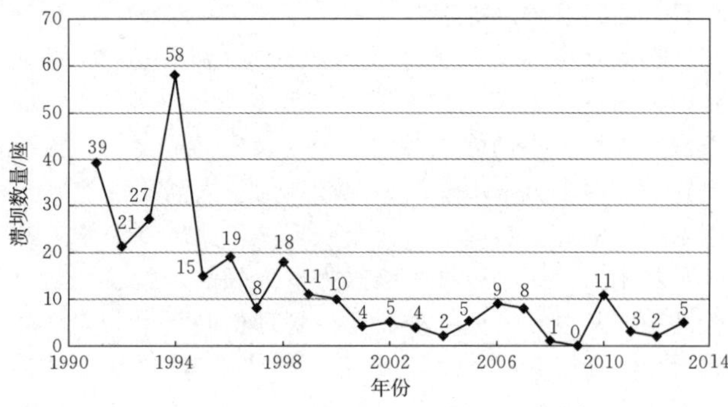

图1 1990—2013年我国每年溃坝数量及发展趋势

由图1可知，我国溃坝数量总体逐年趋少，溃坝概率降低，2000年以后大坝安全状况大有改善。因此，总体而言，中国高坝是安全的。

2.2 安全管理现状

2.2.1 法律法规体系

我国现已形成以《中华人民共和国水法》《中华人民共和国防洪法》《中华人民共和国安全生产法》《中华人民共和国行政许可法》和《中华人民共和国突发事件应对法》等法律为基础，《水库大坝安全管理条例》《中华人民共和国防汛条例》《电力监管条例》《生产安全事故报告和调查处理条例》《中华人民共和国抗旱条例》《电力安全事故应急处置和调查处理条例》等行政法规为核心，部门规章和行业规范性文件相配套，技术与管理标准体系相对完善的水电工程安全建设与运行管理体系。

但对于水电工程，尤其是流域梯级开发、大坝安全管理尚没有专门的法律，1991年颁布的《水库大坝安全管理条例》虽然经历两次修订，但仍然难以适应我国当前的安全管理和市场经济变化的新要求。特别是21世纪以来，逐渐建成的相当规模的流域梯级水库群和高坝、特高坝，其安全涉及国家安全与公共安全，因此，有必要研究制定“中华人民共和国大坝安全法”，修订《水库大坝安全管理条例》等相关法律，补充完善高坝安全标准，从国家法律层面完善我国大坝安全管理体系。

2.2.2 安全监管机制

按照功用，我国大坝大致分为水利大坝和水电大坝。水利大坝以防洪、供水、灌溉为主，由水利部负责其安全监管。水利部下设“水利部大坝安全管理中心”，代表水利部行使水利行业水库大坝安全管理和技术监督的职能。水利部流域管理机构、各省市区及县水利厅(局)、防汛办等负责管辖范围内的水库大坝及水利设施的建设与安全管理。

水电大坝主要以发电为主，兼顾防洪、航运等功能，由国家能源主管部门负责监管。国家能源局下设“国家能源局大坝安全监察中心”，负责为水电站大坝运行安全提供技术监督服务和安全管理保障，包括水电大坝安全注册、定期检查、信息化建设、补强加固管理、应急管理技术支持等安全监察工作。国家能源局区域监管局、省级能源监管办等派出机构，根据国家有关法律法规和国家能源局授权，依法履行对管辖范围内的能源行业的监管和行政执法，以及电力安全监督管理职责，其中包括水电大坝的安全监管。

无论是水利大坝还是水电大坝，汛期均需服从国家防汛抗旱总指挥部的统一管理。通过近30年来的机制建设，我国已经形成了具有中国特色的水利大坝与水电大坝安全管理体制。但从全流域系统安全监管的角度，尚缺乏国家层面对流域大坝安全统一监管的机制。

2.2.3 技术标准体系

我国大坝安全管理没有专门的技术标准体系。在国家标准体系中，有的涉及大坝安全管理，如《大中型水电工程建设风险管理规范》(GB/T 50927—2013)。由于历史原因，我国水电行业技术标准一直处于多头管理的状态，零散分布在水利行业，如《水库大坝安全评价导则》(SL 258—2000)、《土石坝安全监测技术规范》(SL 551—2012)、《混凝土坝安全监测技术规范》(SL 601—2013)、《水库大坝安全管理应急预案编制导则》(SL/Z 720—2015)；电力行业，如《土石坝安全监测技术规范》(DL/T 5259—2010)、《混凝土坝安全监测技术规范》(DL/T 5178—2016)；能源行业，如《水电工程安全鉴定规程》(NB/T 35064—2015)、《无人值班小型水电站安全运行规范》(NB/T 42074—2016)，缺乏密切围绕水电工程建设发展和安全管理需求的技术标准体系。

此外，我国水电行业尚未按“工程全生命周期”的理念开展大坝技术标准建设工作，导致现有技术标准“重建设，轻运行”，尤其有关工程运行维护、隐患排查、风险评估、紧急泄洪等方面的技术标准缺失。

2.3　应急管理现状

按照国家防汛抗旱总指挥部的要求，所有水库均应编制防洪抢险应急预案，其中包括重大工程险情分析、大坝溃决分析、影响范围内有关情况。根据国家能源局的要求：“电力企业应急预案体系主要由综合应急预案、专项应急预案和现场处置方案构成。电力企业应当按照规定将应急预案报国家能源局或派出机构备案。”《电力企业专项应急预案编制导则（试行）》中明确要求发电企业应编制垮坝事故应急预案。《大中型水电工程建设风险管理规范》(GB/T 50927—2013) 要求：“专项应急预案中包括垮坝应急预案、施工期溃堰垮坝应急预案等。”《水库大坝安全管理应急预案编制导则》(SL/Z 720—2015) 规定，应建立水库大坝突发事件应急组织体系，并与当地突发公共事件总体应急预案及其他有关应急预案组织体系衔接。

目前，按照国家防汛抗旱总指挥部的要求，水库、水电站防洪抢险应急预案原则上由水库、水电站防汛行政责任人所在人民政府的防汛抗旱指挥部审批，并报上级防汛抗旱指挥部备案。有关人民政府防汛抗旱指挥部在审批防洪影响跨省级行政区域水库、水电站的防洪抢险应急预案时，应征求有关省（自治区、直辖市）防汛抗旱指挥部和水库、水电站所在流域防汛总指挥部或水利部流域管理机构的意见。水利行业要求，为保证预案的有效性，根据大坝工程安全状况、运行条件与应急组织体系中设计的相关单位与人员变化，应及时对预案进行修订。水电大坝根据国家能源局要求，电力企业编制包括垮坝事故应急预案在内的两大类 15 项专项应急预案，报送国家能源局或派出机构备案。电力企业编制的应急预案应当每三年至少修订一次；另外，当企业生产规模、周围环境、企业隶属关系、应急指挥体系等发生变化时，电力企业应当及时对应急预案进行修订。

当前国家防汛抗旱总指挥部、水利部、能源主管部门均要求制定水库大坝应急预案，但对应急预案的具体要求、可行性、可操作性缺乏专业技术机构的评价及相应管理要求，缺乏监管部门的技术监督和国家层面的系统监管机制。

3　梯级水库群及高坝安全管理的新挑战

3.1　全生命周期安全管理

如同人的生老病死生命周期一样，大坝也有规划、设计、建设、运行、退役的生命周期。传统的大坝设计方法是给定条件下的静态设计，未充分考虑运行阶段大坝结构及其材料的时变效应，也未考虑大坝运行环境条件的变化。

国际标准《建筑物与建筑资产——预期使用寿命》(ISO 15686-1：2000) 中建议，建筑物设计寿命分别为 150 年、100 年时，相应的“难以接近的结构构件”最小设计寿命为 150 年、100 年，“更换较难或较贵的结构构件”最小设计寿命为 100 年、100 年，“可更换的主要构件”最小设计寿命为 40 年、40 年，建筑设备最小设计寿命为 25 年、25 年[21]。《水利水电工程合理使用年限及耐久性设计规范》(SL 654—2014) 规定，1 级、2 级永久性水库壅水建筑物和泄水建筑物合理使用年限为 150 年、100 年，其中闸门的合理使用年限为 50 年[22]。

随着我国大坝发展历程由建设阶段向管理阶段的过渡，全生命周期的大坝安全问题日益凸显。当前我国大坝安全管理主要针对建设阶段和运行阶段，规划、设计阶段对下一阶段的安全管理并未予以足够关注，退役标准及退役后的安全管理尚属空白。因此，建立流域梯级水库群全生命周期安全管理体系是我国水利水电工程建设发展到新阶段遇到的新挑战。

3.2　流域水库群系统的安全管理

梯级水库群是河流水资源开发的主要形式，不仅能优化利用水能资源，而且可最大限度地解决水资源时空分布不均匀等问题。同时，我们也必须认识到，流域梯级水库群中任何一座水库大坝失事所引起的灾害损失，绝不仅仅是单一梯级本身。2014 年云南鲁甸“8·3”地震形成的红石岩堰塞湖，导致牛栏江干流红石岩水电站被淹，如若堰塞坝溃决，将严重威胁下游天花板和黄桷树两座梯级水电站的安全[23,24]。

目前我国水利水电工程设计中，主要以单一水库或单一水电站为主要对象，没有充分从全流域的角度统筹考虑梯级水库群的风险共担问题，尚未形成系统的流域梯级水库群安全管理与风险防控机制。因此，建立“统筹流域全局、业主深度管理、多方共同参与、风险合理分配”的流域水库群系统安全管理机制，是新形势下流域安全管理的迫切需求。

3.3 紧急情况下的安全管理

对水库群和高坝大库而言，如遇地震、滑坡、泥石流、战争等紧急情况，快速将库水位降低至安全水位（即损伤坝体承载能力与水荷载平衡的水位）是保证高坝大库自身安全、确保流域梯级水库群风险可控的有效方法。

然而，目前我国水库大坝放空能力是按照正常情况下检修要求设计的，放空时段往往设定在枯水期，可能无法满足汛期、紧急情况下的库水放空要求。另外，受库容、枯水期河流来水量的影响，水库放空的时间差别较大。如若在汛期，流域各大型梯级水库根本无法快速降低水位。

因此，对已建和在建高坝大库，要研究增加紧急泄洪设施的可能性及相应的方案；对未建工程，似应将紧急泄洪要求作为确定设计方案的边界条件，尽可能通过工程措施建立紧急情况的应对方案。除此之外，还应针对不同流域各梯级水电站的工程实际情况，建立切实可行的应急预案和多部门应急联动机制，合理分配流域梯级洪水风险，降低灾害损失。

3.4 极端工况下的安全管理

随着全球变暖，极端天气更为频繁，极端工况下的梯级水库群及高坝安全问题成为工程安全管理面临的又一挑战。根据中外坝工建设和管理的经验，影响高坝工程安全的致灾因子主要包括超标洪水、超强地震、重大地质灾害、战争与恐怖袭击，以及多个因子组合等。

尽管我国有关设计规范对不同等级的大坝设定了合理的洪水设防标准，鉴于人类对自然规律认识的局限性以及极端气候条件的影响，超标准洪水仍时有发生。河南板桥、石漫滩垮坝事件即是一例。1975 年 8 月 5 日台风雨区中心移到河南省南部，暴雨中心正好位于淮河上游的板桥和石漫滩水库。当地年平均降水量约 800mm，而 8 月 5—7 日三天的降雨量超过 1600mm。板桥和石漫滩两水库入库洪峰流量分别为 13000m^3/s 和 6280m^3/s。而 1955 年确定的水库运用洪水标准分别仅为 5080m^3/s（千年一遇）和 1675m^3/s（500 年一遇）。

超强地震是大坝和附属建筑物安全最直接的威胁。汶川地震尽管没有出现一起灾难性的溃坝事件，但是暴露了一系列影响大坝安全的隐患。不仅一大批大坝受到了不同程度的损害，而且直接影响大坝泄水建筑物的运行。例如，紫坪铺水利枢纽经过七日七夜抢险，方使泄洪洞和发电引水系统恢复工作；岷江上游的数个水电站变成了孤岛，在震后数月方能恢复交通和与外界的联系。

3.5 灾难性失事后果的不可接受性

河流梯级中的高坝大库采用了相对较高的设计安全标准，其失事概率极低，但是，若出现超标准的极端情况，导致高坝大库失事或梯级水库群连溃，必将对下游沿岸造成灾难性的损失，后果不堪设想。河南“75・8”事件超过 2.6 万人遭遇灭顶之灾，1100 万人受灾；2017 年 2 月美国加利福尼亚州 Feather 河上的奥罗维尔高土石坝主溢洪道事故，导致下游 18.8 万人被迫紧急疏散。

在当前我国经济社会水平下，“发展决不能以牺牲生命为代价，这必须作为一条不可逾越的红线”。对于灾难性的溃坝事件，无论是人民群众还是国家均是无法容忍的，其造成灾难性的失事后果绝不可能被接受。因而，梯级水库群及高坝潜在失事后果的评估是其风险管理中必须面临的又一大挑战。

4 梯级水库群及高坝安全管理的思考

4.1 涉及国家安全，必须高度重视

梯级水库群及高坝作为国家防洪安保工程体系和保障国民经济可持续发展的重要基础设施，其运行安全事关国家安全、事关水电发展、事关流域沿岸人民群众生命财产安全和社会公共安全，各级政府、管理机构和全社会应高度重视水库群及高坝大库的安全问题。目前，我国针对水电大坝安全监管实行了大坝安全注册登记制度、定期检查制度、信息化建设和信息报送制度、安全监测管理制度、隐患排查和除险加固管理制度，以及突发事件应急管理制度，已初步形成具有中国特色的大坝安全管理制度体系。但对于大坝的安全管理还仅限于行业内单一的个体管理，尚未从流域安全的角度构建全社会多维度的安全监管。因而，国家主管部门、各级政府、专业管理机构和社会公众均应高度重视流域梯级水库群大坝安全管理与风险防控，有必要将其纳入国家安全保障体系之列。

4.2 建立健全法规，必须完善制度

梯级水库群及高坝安全管理的法制化、规范化是提高水库大坝运行安全管理水平的根本保障。前文 1.2 节对我国当前大坝安全管理的法律法规体系进行了梳理。2015 年 4 月 1 日，国家发展和改革委员会第 23 号令颁布《水电站大坝运行安全监督管理规定》，明确了电力企业大坝安全主体责任和监管机构安全监管责任，按照大坝安全全过程管理的理念，对水电大坝运行安全各个环节的管理工作作出了具体规定。2014 年 8 月 31 日，新的《中华人民共和国安全生产法》已经正式颁布，并于 12 月 1 日起实施；《生产安全事故报告和调查处理条例》《电力安全事故应急处置和调查处理条例》也已颁

布实施。但对流域梯级水库群及特高坝的法规制度尚未形成，其安全地位应不亚于核电站，应研究制定基于流域梯级系统风险防控的相关法规制度，如《中华人民共和国流域公共安全法》《梯级水库群风险防控导则》《流域梯级水库群风险分担调度制度》等。

4.3 溃坝后果严重，必须防患未然

梯级水库群连续溃决或高坝失事尽管后果损失极其严重，无法被国家与公众所接受，但其发生的概率极低。如若仅仅强调梯级水库群连续溃决和高坝失事灾难性后果的严重性，而不考虑其可靠性或失效概率，那任何工程都将无法修建。因而梯级水库群和高坝的管理模式需从传统的工程安全向工程风险转变。建立风险标准、风险等级，通过风险识别、风险分析、风险评价等方法，确定流域梯级水库群的风险是否可接受，确定河流中每一座水电大坝的风险等级，采用各梯级水库风险分级管理、风险动态控制与优先处置，使得流域各梯级所承担风险与其抵御风险的能力水平大致相当。

4.4 应急管理有效，必须协调联动

不存在绝对安全的工程，梯级水库群和高坝亦是如此。编制合理、有效、可操作的应急预案，可将溃坝或大坝故障发生后造成的损失降至最低。2008 年汶川地震唐家山堰塞湖曾紧急疏散转移约 27 万人，近期美国加州奥罗维尔高土石坝主溢洪道事故紧急疏散 18.8 万人，正是由于合理、有效、可操作的应急预案，这两起应急事件，均无一人死亡。当前，我国水库大坝按照国家防总要求均编制了防洪应急预案，但预案的可行性、可操作性，缺乏专业审查评价、专设监管部门的技术监督和国家层面的系统监管机制。另外，流域梯级水库群和特高坝应急预案与管理涉及水利、农业、电力、交通、当地政府等多个部门，应研究建立涉及国家安全问题的多部门应急联动机制，有必要设置国家流域安全监管部门，各流域设置专门的安全机构，全面而系统的协调流域出现超标准洪水或大地震等风险时各梯级水库之间的调度及风险处置措施；各梯级水库电站应按流域安全应急预案要求，制定相应的各自风险预案，并定期进行风险防控演练。

4.5 提升公众认知，必须科普宣传

梯级水库群及高坝的修建，从时间和空间两个维度调节了径流，趋利避害，实现了防洪、发电、灌溉、供水、航运、养殖等综合效益。与此同时，梯级水库群大坝拦截了河流，蓄水形成一定的高差，在短时期内对水生物特别是洄游鱼类的生产繁衍有一定的影响，但相对洪涝和特大灾害来说，其生态保障作用更为重要。实践证明，科学合理的水电开发建设不仅提供清洁的电力能源，还可以改善生态环境，避免天然河道冲刷、淘蚀等破坏。发达国家的良好生态环境正是得益于水利水电的充分发展。另外，如前所述，不存在绝对安全的工程，梯级水库群大坝建成后，其客观风险是不可否认的，但绝不能以极少数的小水坝失事妄言“大坝威胁论”。因此，对社会公众而言，应积极宣传、重视梯级水库群的科普工作，使得人民群众正确、客观的认识水电大坝及水库群。倘若如此，即使出现梯级水库群失事事件，生活在下游及沿岸的人民群众也不会惊慌失措，能够合理有序地正确应对。

5 结论与建议

在我国流域梯级开发及高坝建设取得巨大成就的同时，我们要清醒地认识到梯级水库群及高坝安全管理面临的新问题与新挑战。为实现梯级水库群及高坝在规划、设计、建设、运行直至退役全生命周期各阶段的安全，在今后的科学研究、工程设计与管理实践中，应重视以下几个方面的内容。

(1) 建立健全流域梯级水库群安全管理法律、法规、技术规范及标准体系。依法治安、依规管理是确保流域梯级水库群安全管理的根本保障，梯级水库群的系统安全水平应不亚于核安全要求，有必要研究制定“中华人民共和国大坝安全法”，从国家法律层面完善中国流域梯级大坝安全管理体系。

(2) 建立健全国家流域安全监管机制。目前我国的大坝按水利、水电行业划分，分别由水利部和国家能源局监管，未能形成统一的管理机制。建议国家层面设立专门的国家流域安全监管中心，全面监督和管理我国各流域水库大坝工程的安全，统筹协调应急调度与防洪度汛；各流域设置专门的安全机构，统一协调本流域内出现大洪水或大地震等风险因素时各梯级水库群间的调度方案；水库大坝开发企业设置专门的安全部门，按流域系统安全要求，制定各自的风险处置预案。

(3) 构建流域梯级水库群风险设计方法与风险管控体系。对于未建工程，充分考虑流域梯级间的相互影响，采用基于风险的设计方法、实用可靠的结构形式和材料，结合容错功能，诸如增大枢纽泄洪能力、降低泄洪孔口高程、加大坝顶安全超高等工程措施，为梯级水库群预留风险应急库容。对于已建工程，应复核上下游梯级对其不利影响，通过增设辅助工程措施或加强监测、注重运行维护管理等非工程措施，确保大坝与泄水建筑物始终处于良好运行状态。

(4) 制定多部门联动应急预案，并定期演习。在国家流域安全监管中心的统筹安排下，水库大坝开发企业或流域开发公司应根据流域系统安全与国家安全要求，建立科学、切实可行的多部门联动应急预案。当出现极端情况时，在大坝安全监测预警系统指导下，启动应急预案，通过流域梯级间的联合调度，合理分配各梯级承

担洪量，尽最大可能保证每一座梯级水库的安全，从而避免溃坝事件的发生。如若出现险情，应能及时启动受影响区域的群众有序转移。

（5）强化泄水建筑物、对外交通、通信及应急供电保障体系等生命线工程的安全。保证泄水建筑物安全，研究电站输水道、船闸和升船机等非常规使用过流通道在极端情况下泄洪的可能性。对外交通主要指生命线公路、水路及空路；对梯级水库群中的控制梯级可设置专用停机坪。研究交通、通信和供电系统的保障措施，通过多手段、多回路和提高安全储备等途径，提高这些保证体系抗御灾害的能力。

参考文献

[1] 陈厚群，徐泽平，李敏．汶川大地震和大坝抗震安全［J］. 水利学报，2008，39（10）：1158-1167.

[2] 周建平，杨泽艳，范俊喜，等．汶川地震灾区大中型水电工程震损调查及主要成果［J］. 水力发电，2009，35（5）：1-5.

[3] 汝乃华，牛运光．大坝事故与安全·土石坝［M］. 北京：中国水利水电出版社，2001.

[4] Huang L，Zhou Y，Han Y，et al. Effect of the Fukushima nuclear accident on the risk perception of residents near a nuclear power plant in China［J］. Proceedings of the National Academy of Sciences，2013，110（49）：19742-19747.

[5] 周建平，王浩，陈祖煜，等．特高坝及其梯级水库群设计安全标准研究Ⅰ：理论基础和等级标准［J］. 水利学报，2015，46（5）：505-514.

[6] 杜效鹄，李斌，陈祖煜，等．特高坝及其梯级水库群设计安全标准研究Ⅱ：高土石坝坝坡稳定安全系数标准［J］. 水利学报，2015，46（6）：640-649.

[7] 周兴波，陈祖煜，黄跃飞，等．特高坝及梯级水库群设计安全标准研究Ⅲ：梯级土石坝连溃风险分析［J］. 水利学报，2015，46（7）：765-772.

[8] 李天元，郭生练，刘章君，等．梯级水库下游设计洪水计算方法研究［J］. 水利学报，2014，45（6）：641-648.

[9] 刘章君，郭生练，李天元，等．梯级水库设计洪水最可能地区组成法计算通式［J］. 水科学进展，2014，25（4）：575-584.

[10] 冯永祥，杨弘．雅砻江流域高坝群运行安全关键问题研究［C］. 中国水力发电工程学会大坝安全监测专委会年会暨学术交流会．2012.

[11] 邢林生，周建波．特高坝运行安全若干关键技术［J］. 大坝与安全，2014（4）：14-18.

[12] Chen J，Guo S，Li Y，et al. Joint operation and dynamic control of flood limiting water levels for cascade reservoirs［J］. Water resources management，2013，27（3）：749-763.

[13] 欧阳硕，周建中，张睿，等．金沙江下游梯级与三峡梯级多目标联合防洪优化调度研究［J］. 水力发电学报，2013，32（6）：43-49.

[14] 李银银，周建中，张世钦，等．雅砻江-金沙江-长江梯级水电站群联合调度图研究［J］. 水力发电学报，2016，35（4）：32-40.

[15] Li S Y，Zhou X B，Wang Y J，et al. Study of risk acceptance criteria for dams［J］. Science China：Technological Sciences，2015，58（7）：1263-1271.

[16] 李宗坤，葛巍，王娟，等．中国水库大坝风险标准与应用研究［J］. 水利学报，2015，46（5）：567-573.

[17] 周兴波，周建平，杜效鹄，等．我国大坝可接受风险标准研究［J］. 水力发电学报，2015，34（1）：63-72.

[18] 周建方，唐椿炎，许智勇．贝叶斯网络在大坝风险分析中的应用［J］. 水力发电学报，2010，29（1）：192-196.

[19] 赵剑明，刘小生，温彦锋，等．紫坪铺大坝汶川地震震害分析及高土石坝抗震减灾研究设想［J］. 水力发电，2009，35（5）：11-14.

[20] 周兴波．建立在可靠度与溃坝计算基础上的梯级水库群风险分析［D］. 西安：西安理工大学，2016.

[21] International Standards Organization. International Standard：Buildings and Constructed Assets - Service Life Planning—Part 1：General Principles. ISO 15686-1：2000.

[22] 水利水电工程合理使用年限及耐久性设计规范：SL 654—2014［S］. 2014.

[23] Zhou X，Chen Z，Yu S，et al. Risk analysis and emergency actions for Hongshiyan barrier lake［J］. Natural Hazards，2015，79（3）：1933-1959.

[24] 周兴波，陈祖煜，李守义，等．高风险等级堰塞湖应急处置洪水重现期标准［J］. 水利学报，2015，46（4）：405-413.

龙滩水电站成品砂石骨料运输方案经济比选

李东林　祝显图/中国水利水电第七工程局有限公司

【摘　要】大型水利水电工程建设中，科学合理的物料运输方式是有效降低工程建设投资、优化运营成本、提高经济效益的重要途径。本文以龙滩水电站大坝混凝土施工成品骨料运输为研究对象，运用价值工程原理对影响物料运输成本因素进行识别、评估，系统分析自卸汽车与高速带式输送机两种物料运输方式的优劣势，从技术、经济角度进行方案比选评价。根据比较结果得出结论：物料在长距离运输条件下，采用高速带式输送机运输较传统自卸汽车更具优势，具有清洁、环保、经济、安全、高效和可靠等优点，是一种颇具使用前景的运输方式。

【关键词】运输方案　经济比选　运输成本　重要度系数

1　方案经济比选背景

龙滩水电站是红水河综合利用规划的第四个梯级电站，位于珠江干流红水河上游的广西河池市天峨县境内，是我国西部大开发和西电东送的标志性工程。最大坝高 216.5m，坝顶长 832m，是目前世界上坝高最高的碾压混凝土大坝。电站总投资 300 多亿元，规划总装机容量 630 万 kW，年均发电量 187.1 亿 kW·h。

龙滩水电站成品骨料从大法坪砂石加工系统运送至大坝混凝土生产系统，单边运输里程 7.5km，承载着大坝标段混凝土生产所需总量 1340 多万 t 成品骨料运输任务，可采用自卸汽车运输或高速带式输送机两种运输方式。自卸汽车运输方式作为水电站建设中成品砂石骨料运输的常规方案，在传统水电工程建设中已得到极其广泛的使用；高速带式输送机作为长距离物料运输方式已在煤炭、冶金等行业成熟应用，但应用于水电工程建设尚属首次。

为降低工程建设投资和运营成本，提高物料运输的可靠性、安全性，需要对自卸汽车运输方案与高速带式输送机运输方案进行技术经济比选，从而优选出经济合理的运输方式。

2　龙滩水电站骨料运输系统组成

龙滩水电站成品骨料运输主要采用高速带式输送机和自卸汽车两种设备，将骨料从大法坪砂石加工系统运送至大坝混凝土生产系统（308m 高程混凝土系统、360m 高程混凝土系统），内容包括集料、上料、运输、中转、卸下、分散等一系列操作。

（1）自卸汽车运输方式：主要利用现有 12＃公路运输，局部路段路面宽度不足 6m，弯多坡陡，路况较差，交通里程约 7.5km。

（2）高速带式输送机运输系统：由两条 1400mm×368m 的普通胶带输送机和单机长度为 3.95km 的高速带式输送机组成，设计输送能力 3000t/h，带速 4m/s；从尾部起下运，下运高差为 50m（水平距离 1743m），中部为水平运行，然后为上运，上运高差为 30m（水平距离 1478m）。

3　运输方案相关费用的构成与识别

3.1　固定资产投资构成

运输方案固定资产投资主要由建设投资和建设期贷

款利息两部分构成。建设投资主要包括建筑安装工程费、设备及工器具购置费、工程建设其他费用、预备费等。

3.2 固定资产投资估算

参照相关概预算定额与当时当地市场价格水平和设计工程量对采用高速带式输送机和自卸汽车两种运输方案的工程建设固定资产投资部分进行了投资估算，计算结果见表1（本项目不考虑预备费）。

表1　固定资产投资估算表　单位：元/100t

运输方式	建筑安装工程费	设备及工器具购置费	工程建设其他费用	建设期贷款利息	小计
高速带式输送机	597.10	216.45	24.41	46.93	884.89
20t 自卸汽车	531.80	196.20		40.77	768.76

采用高速带式输送机运输方式，需按设计规划修建4km隧洞及明挖段，安装两条1400mm×368m的普通胶带输送机和单机长度为3.95km的高速带式输送机。该方案需核算建筑安装工程费、设备及工器具购置费、工程建设其他费用及建设期贷款利息。

采用自卸汽车运输方式，综合运输距离7.5km。大坝混凝土浇筑平均计划强度10.40万m^3/月，成品骨料运量强度约18.20万m^3/月，按两班制组织生产运输，需新购20t自卸汽车66台；此外还需要投入资金对现有运输道路进行改扩建，以满足车辆运输组织安排和消除潜在安全隐患。需对该方案设备及工器具购置费、现有道路改造建设工程费及建设期贷款利息进行核算。

3.3 运营总成本费用估算

运营总成本费用主要包括拟采用运输方案运营过程中发生的工资及福利费、材料费、折旧摊销费、动力燃料费、修理费和其他费用等。费用估算在剔除了对运营成本费用有影响的不合理因素外，采用定额测定法和类似项目预算法进行估算分析，计算结果见表2。

表2　运营总成本费用估算表　单位：元/100t

运输方式	工资及福利费	材料费	折旧摊销费	动力燃料费	修理费	其他费用	小计
高速带式输送机	3.03	19.81	88.49	72.25	56.77	6.23	246.58
20t 自卸汽车	30.69	23.43	76.88	238.37	123.88	17.48	510.73

相关计算参数：人工费5.52元/工时；水0.58元/m^3；电0.43元/(kW·h)；柴油3.85元/kg；折旧费按10年期直线折旧法摊入运营总成本费用中。

3.4 运输总费用估算

将上述固定资产投资及运营总成本费用计算结果汇总整理，估算出两种运输方案运输总费用（见表3）。

表3　运输总费用估算表　单位：元/100t

运输方式	固定资产投资	运营总成本费用	总计
高速带式输送机	884.89	246.58	1131.47
20t 自卸汽车	768.76	510.73	1279.49

4 运输方案的定性分析与评价

成品砂石骨料作为水电站建设中混凝土生产的重要原材料，如何选择适当、经济、合理可靠的运输方式，对降低工程建设成本、保证工程建设进度、控制工程建设投资有着至关重要的作用。

4.1 决定运输方式需考虑的因素

在现代物流运输方式比选决策中，需要重点考虑运输物料品种、运输量、运输距离、运输时间、运输成本等因素。对于龙滩水电站成品骨料特定运输对象而言，运输量、运输距离、运输时间、运输成本四个影响因子相互作用就显得尤其重要。其中运输量、运输距离是不可变因子，是由运输标的自身的性质和存放地点决定的；而运输时间、运输成本属可变因子。因此，物料运输所需时间与成本费用的高低是决定选用运输方式的重要约束条件。

4.2 运输方案的比选与评价

（1）按照龙滩水电站工程建设的总体施工进度计划，针对成品砂石骨料运输这一特定对象，物料运输系统的功能主要体现在：①物料运输方式必须满足工程建设的总体要求；②在满足工程建设需要的前提下，必须结合施工现场的自然地理条件和现有运网状况选择经济合理的运输方式；③遵循技术上可行、经济上合理、安全高效、及时准确的原则综合确定最佳运输方式。即最优运输方式的选择是基于运输量、运输距离、运输时间、运输成本等变量影响的基础上最大限度地满足运输的经济性、时效性、安全性和可靠性。

（2）上述骨料运输方式影响因素的理论探讨，主要集中锁定在物料的运输时间、运输成本、运输的安全性和可靠性，以及运输的机动性、便利性和准确及时性等比选因素。根据龙滩水电站项目建设的客观条件，综合考虑以上影响因素后，确定运输的安全性和可靠性、运输费用的低廉性以及缩短运输总时间等因素是选择骨料运输方式必须考虑的关键要素。

(3) 根据龙滩水电站工程建设总体要求、现场施工运输条件、运输服务的目标，聘请物流管理专家及项目有关专业技术管理人员，对两种运输方案从经济性、时效性、安全性和可靠性四个方面进行综合评价。

1) 经济性：主要表现为总费用（固定资产投资、运营总成本）最低。总费用支出越少，则经济性越好。根据工程总体工期安排和总投资的约束指标，龙滩水电站业主要求提前完工，且最终总投资控制在批准的设计概算内，因而对缩短运输时间，降低运输成本，提高运输效率的要求越来越强烈。

2) 时效性：指砂石骨料从堆存地到目的地所需要的时间，即物料在途时间。其时间越少，时效性越好。根据现场自然条件和运输距离，施工现场备置有近10万t的成品储料罐，可满足3天的正常生产施工备料，只要做到保证设备故障的处理时间小于3天，就不会影响合同工期。

3) 安全性：指在物料运输过程中对人身、财产、环境等造成的损害和导致的损失。以事故发生频率衡量，事故率越低，安全性越好。水电工程项目的施工，是一项复杂的系统工程，施工技术复杂，参与人数、施工机具多，占地范围大，干扰因素多。工程本身的特点决定了生产安全管理的复杂性与重要性，特别是国家对安全事故的监管重视程度与惩罚力度空前。

4) 可靠性：指物料能够按照预定的时间地点准确有效地运达目的交货地。设备技术含量及自动化程度越高，故障率越低，运输能力越大，生产效率越高，生产保障度越高。

根据上述评价指标判别基准，采用专家调查法来确定各决策变量的影响重要度系数，并对各指标重要度系数达成如下共识：采用自卸汽车运输方式，各评价指标重要性排序为安全性＞经济性＞时效性＞可靠性；采用高速带式输送机运输方式，各评价指标重要性排序为经济性＞安全性＞可靠性＝时效性。按0～4评分法的规定，确定各指标重要度系数（见表4）。

表4 重要度系数评价表

运输方式	经济性	时效性	安全性	可靠性	小计
高速带式输送机	0.46	0.13	0.29	0.13	1.00
20t自卸汽车	0.33	0.17	0.46	0.04	1.00

4.3 运输方案优选决策与评价

依据上述评价指标体系与配套的评分标准，在相关专家决策系统支持下，采用专家打分法进行综合评价，加权得分＝各指标平均得分×重要度系数，计算结果见表5。

表5 评价指标加权得分表

运输方式	经济性	时效性	安全性	可靠性	加权得分
高速带式输送机	9.65	9.58	9.42	9.65	9.57
20t自卸汽车	8.32	8.16	9.05	8.72	8.64

由表5可知，采用高速带式输送机运输方案加权得分大于自卸汽车运输方案，故应该选择高速带式输送机方案。

基于上述评价结果，两种不同运输方式的功能指数、成本指数、价值指数计算结果见表6。

表6 功能指数、成本指数、价值指数计算表

运输方式	功能得分	功能指数	总费用	成本指数	价值指数
高速带式输送机	9.57	0.53	1131.47	0.47	1.12
20t自卸汽车	8.64	0.47	1279.49	0.53	0.89
合计	18.22	1.00	2410.95	1.00	

由表6可知，采用高速带式输送机运输方案价值指数高于自卸汽车运输方案，故应该选择高速带式输送机运输方案。

5 综合优选决策评价

在大型水电站工厂化生产建设中，与采用自卸汽车运输方式相比，高速带式输送机可用于生产机械设备之间构成连续生产的纽带，以实现生产环节的连续性和自动化，提高生产率，减轻劳动强度，尤其在长运距、大运量砂石骨料运输中更能体现出其优势，其综合技术经济比较见表7。

表7 两种运输方式的综合技术经济比较

单位：元/100t

运输方式	固定资产投资	运营总成本费用	总费用	固定资产占比/%	运营总成本费用占比/%	总体比例/%
高速带式输送机	884.89	246.58	1131.47	53.51	32.56	46.93
20t自卸汽车	768.76	510.73	1279.49	46.49	67.44	53.07

5.1 经济性评价

通过对高速带式输送机和自卸汽车两种运输方案成本对比分析，按大坝标段765.6万m^3混凝土设计工程量计算，二者的运输总费用分别为15159.37万元、

17142.59万元，高速带式输送机运输费用可降低11.57%。从固定资产投资方面来看，高速带式输送机为884.89元/100t，高于自卸汽车768.76元/100t；在运营总成本费用上，自卸汽车运输方案比高速带式输送机运输方案高107.13%，高速带式输送机的运输成本只相当自卸汽车运输成本的48.28%，具有极大的成本竞争优势。

5.2 运输效率评价

高速带式输送机运量大，可长距离输送，可多点进卸料，不损伤被输送物料，工作平稳可靠，噪音小。带速达4m/s，运量可达2800～3000t/h，与汽车运输相比，其输送效率和保证度明显提高。

5.3 安全可靠性评价

高速带式输送机布置在专用封闭式的路段或洞室里，可以有效地减少外部干扰；采用CST驱动自动控制系统，全自动化的中控操作、全天候的监视系统和可控停车，可有效避免系统突然失电以及满负荷运行对胶带机的动力学破坏，最大限度地保障运行人员、设备的安全。

6 结束语

综上所述，长距离高速带式输送机由于其具有清洁、环保、经济、高效、安全、可靠性，已从过去大规模用于采矿、冶金、化工、铸造、建材等行业逐步被水电站建设和港口等行业采用。龙滩水电站砂石骨料运输方式的优选决策，对降低工程建设投资、保障龙滩水电站提前建成投产起了重要作用。长距离高速带式输送机在龙滩水电站成功应用，并迅速在向家坝、溪洛渡等大型水电站施工中得到推广，事实表明在高强度生产和大运量条件下，高速带式输送机是一种经济高效的运输方式，值得重视和研究。

内蒙古东台子水利工程导截流施工技术研究

尹高云/中国水利水电第十一工程局有限公司

【摘 要】 本文以内蒙古东台子水库导截流施工为例，研究探索分期导截流施工技术在水利工程建设中的应用。针对招投标阶段提供的水文气象资料，经多次讨论研究，主要采取一期原河床导流和二期溢流坝段底孔加混凝土坝段预留缺口导流的方法，为左岸沥青心墙堆石坝高强度填筑赢得了时间，同时解决了四个汛期大坝施工期安全度汛的技术难题，达到了分期导截流水工建筑物干地施工和按期完成进度目标的目的，具有一定的推广应用价值。

【关键词】 水利工程 导截流 施工技术

1 工程概述

1.1 工程简介

东台子水库位于内蒙古西拉木伦河中上游、赤峰市林西镇东南约 50km 处。工程主要建筑物包括沥青心墙堆石坝、混凝土坝、电站和鱼道等。大坝总长 1505.6m，其中堆石坝长 1413.0m，布置在右岸山体与左岸山体之间的主河床部位；混凝土坝段长 90.6m，布置在右岸。沥青心墙堆石坝右端通过顶宽 2.0m 混凝土连接段与混凝土坝段连接。

右岸混凝土坝共分为 6 个坝段，从右向左依次为 3 个挡水坝段、2 个底孔及溢流表孔坝段、1 个引水坝段。3 个挡水坝段长度均为 13.0m；2 个底孔及溢流表孔坝段长度均为 16.8m，每个坝段布置一个底孔，两个坝段中部布置一个开敞式溢流表孔，底孔和表孔共用一个泄槽，泄槽尾部出口采用挑流消能；引水坝段长 18.0m，在高程 643.70m 和高程 652.50m 处各布置一个取水口。

1.2 水文气象

西拉木伦河流域属中温带大陆性气候，冬季主要受蒙古高压影响，天气寒冷；夏季有东南暖湿气流入境，受下垫面地形条件的影响，形成降雨天气；春秋两季少雨多风。

多年平均降水量为 384.9mm，年内分配极不均匀，主要集中在 6—8 月，占全年降水量的 73%，其中 7 月最大，占全年降水量的 32.45%；多年平均蒸发量为 1925.8mm，5 月蒸发量最大，为 339mm，1 月蒸发量最小，为 34.6mm；多年平均气温为 4.8℃，其中 7 月最高，为 21.3℃，1 月最低，为－13.6℃；多年平均最大冻土深度为 210cm；多年平均最大积雪为 23cm。

1.3 工程地质

坝址区分布的地层岩性较复杂，两岸坝肩山体基岩裸露，左岸岩性为早元古代东沟组花岗片麻岩，右岸出露岩性为第三系汉诺坝组玄武岩。河床、河漫滩及一级阶地为第四系冲洪积及风积物。钻孔揭露最大覆盖层厚度为 128m，位于河谷中间部位，主要由粉细砂、中砂夹圆砾及卵石层组成。

本区孔隙潜水以地下径流为主要补给来源，并以径流为排泄方式。除洪水期外，均为地下水补给地表水，并以地下渗流形式排泄。

2 施工导流及度汛标准

施工导流及度汛标准分别见表 1、表 2。

表 1 防洪标准采用 10 年一遇洪水施工导流及度汛标准

水位/m			P=10%	P=10%
坝址处	坝下 100m	坝下 200m	汛前/(m^3/s)	洪峰/(m^3/s)
637.06	636.72	636.44	426	1000

表 2 坝体临时度汛防洪标准采用 50 年一遇洪水施工导流及度汛标准

水位/m			P=2%
坝址处	坝下 100m	坝下 200m	洪峰/(m^3/s)
637.28	636.95	636.68	1470

3 导流建筑物设计

3.1 施工导流规划

根据河流、地形和建筑物布置特点，本工程采用分期导流方式。

一期导流采用原河床过流，使用期为第一年汛后（2018 年 10 月）至第三年汛后（2020 年 9 月）。施工导流按汛期 10 年一遇洪水标准设计，相应导流设计流量为 1000m^3/s。混凝土坝段于第一年 10 月进行土石方开挖，至第二年 3 月末完成全部土石方开挖，于第二年 4 月初开始混凝土浇筑，进水渠进口上游及泄水槽泄水口采用预留岩坎作为施工围堰。期间主要施工项目为右岸混凝土坝 647.5m 高程以下、进水渠、泄水槽、左岸岸坡 658m 高程以下堆石坝等。

二期导流采用溢流坝段底孔及混凝土坝段预留缺口过流，采用上下游围堰拦断主河床及堆石坝主坝坝体挡水。其中上下游围堰拦断主河床挡水使用期为第三年汛后（2020 年 9 月）至第四年汛前（2021 年 5 月），因此施工导流按汛期 10 年一遇洪水标准设计，相应导流设计流量为 426m^3/s，期间主要施工项目为主河床 658m 高程以下堆石坝及电站厂房下部结构等；堆石坝主坝在第四年（2021 年 6 月）的汛期到来之前挡水，主坝坝体填筑超过围堰高程，坝体施工期临时度汛洪水标准为 50 年一遇，相应汛期洪峰流量为 1470m^3/s，第四年汛期采用溢流坝段底孔及混凝土坝段预留缺口过流。

三期导流采用溢流坝段底孔过流，堆石坝主坝坝体挡水，第四年汛后（2021 年 9 月）至第五年汛前（2022 年 5 月）期间，即 2022 年汛前沥青心墙堆石坝段填筑至防浪墙底高程 676.5m、混凝土坝段施工完成，2022 年度汛采用底孔过流。

分期导流参数见表 3。

表 3 分期导流参数表

	一期导流	二期导流	三期导流
导流时段	第一年汛后至第三年汛后	第三年汛后至第四年汛后	第四年汛后至第五年全年
导流标准	汛期 10 年一遇标准，洪峰流量 1000m^3/s	非汛期 10 年一遇标准，洪峰流量 426m^3/s； 汛期 50 年一遇标准，洪峰流量 1470m^3/s	汛期 50 年一遇标准，洪峰流量 1470m^3/s
挡水建筑物	进水渠进口和泄槽出口预留挡水坎	堆石坝围堰、电站围堰及坝体	坝体
泄水建筑物	主河床	非汛期采用混凝土坝段底孔，汛期采用溢流坝段预留缺口	混凝土坝段底孔
施工项目	底孔及溢流坝段 647.5m 高程以下坝体及挡水、引水坝段 658m 高程以下坝体混凝土施工，左岸堆石坝 0+000～0+750 段坝体填筑施工	混凝土坝段施工；2021 年汛前堆石坝坝体整体填筑至 658m 高程，658m 高程以上坝体填筑及电站厂房施工	混凝土坝段施工完成及堆石坝剩余部分施工

3.2 围堰断面设计

3.2.1 一期导流

一期导流采用原河床过流，使用期为第一年汛后（2018 年 10 月）至第三年汛后（2020 年 9 月），因此施工导流按汛期 10 年一遇洪水标准设计，相应导流设计流量为 1000m^3/s。

（1）右岸进水渠进水口预留岩坎。右岸进水渠进水口设计高程 637.0m，计划在 2019 年完成进水渠施工，防洪标准采用 10 年一遇洪水，堰前洪水位为 637.7m，考虑波浪爬高、安全超高及右侧底线临时道路，堰顶高程确定为 640.5m。进水渠进口地形在 637.5～647.2m，地质构造主要为玄武岩，采取预留岩坎，宽 7m，长 88.5m，在高程 640.5m 具备挡水度汛条件。

（2）右岸泄水槽出口预留土坎。右岸泄水槽出口设计高程 636.0m，计划在 2019 年完成泄水槽施工，防洪标准采用 10 年一遇洪水，距堆石坝轴线约 550m，河床地面高程约 634.6m，堰前洪水位为 635.7m，考虑波浪爬高、安全超高及右侧底线临时道路，堰顶高程为 638m。泄水槽出口地形高程在 636.9～639.4m，地质条件为冲洪积砂卵砾石层，采取预留挡水坎，宽 7m，长 33.5m，在高程 638.0m 具备挡水度汛条件。

3.2.2 二期导流

二期导流分为汛前挡水导流和汛期挡水导流。汛前挡水导流为围堰挡水导流，取 10 年一遇洪水，汛前流量 426m^3/s，采用溢流坝段底孔过流形式；汛期挡水导流为堆石坝坝体挡水导流，取 50 年一遇洪水，洪峰流量 1470m^3/s，采用溢流坝段底孔及混凝土坝段预留缺口过流形式。

（1）二期汛前挡水导流。10 年一遇汛前流量 426m³/s，溢流堰段施工预留缺口高程 647.5m，考虑堰前水位达到 647.5m。底孔孔口泄流能力按《混凝土重力坝设计规范》（SL 319）附录 A.3.2 计算：

$$Q=\mu A_k\sqrt{2gH_w}$$

式中　Q——流量，m^3/s；

A_k——出口处的面积，m^2；

H_w——自由出流时为孔口中心处的作用水头，淹没泄流时为上下游水位差，m；

μ——孔口流量系数，取 0.63。

故堰前水位为 647.5m 时，底孔过流能力为 $442.2m^3/s>426m^3/s$，满足汛前洪水过流能力要求。

汛期挡水导流时考虑混凝土坝段预留缺口过流，缺口布置在溢流坝段，过水断面净宽 30m，缺口底板高程 647.5m。坝体预留临时缺口泄流能力计算如下（自由出流时）：

$$Q=mB\sqrt{2g}H_0^{\frac{3}{2}}$$

式中　B——缺口宽度，30m；

H_0——缺口上游水头，m；

m——流量系数，取 0.32。

取一系列堰上水头 H_0，即可得到相应的底孔泄流量和缺口泄流量（见表 4），将底孔和缺口的系列水位与其对应的泄流量分别绘制在图上，得到联合泄流曲线（见图 1）。根据 $Q_{孔}+Q_{缺}=Q$，从图 1 上可查得某一泄流量 Q 所对应的水位高度，再加上浪高及安全超高值，即得到上游围堰高程。

表 4　　底孔和缺口泄流量表

H/m	647.5	648.5	649.5	650.5	651.5	652.5	653.5	654.5	655.5	656.5
$Q_{孔}$/(m³/s)	442.2	477.0	511.2	544.2	569.7	589.5	609.2	627.8	645.6	662.5
$Q_{缺}$/(m³/s)	0	42.5	120.2	220.8	340.0	475.2	624.6	787.1	961.7	1147.5
Q/(m³/s)	442.2	519.5	631.4	765.0	909.7	1064.7	1233.8	1414.9	1607.3	1810.0

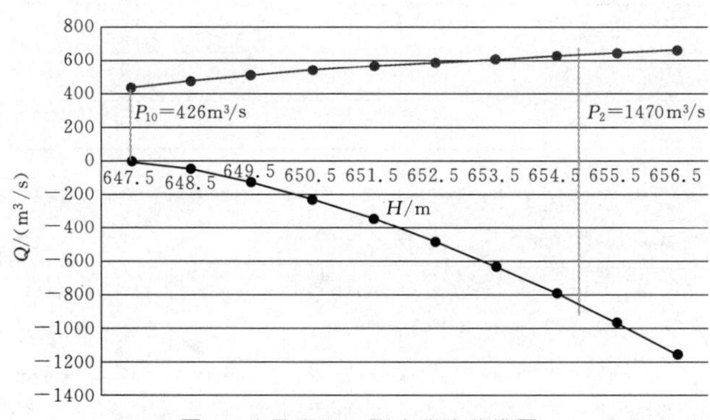

图 1　底孔和缺口联合泄流曲线图

查表得，当流量 Q 为 $426m^3/s$ 时，对应的堰前水位为 647.1m，考虑浪高及安全超高 1.3m，上游围堰堰顶高程取 648.5m，长约 550m，堰顶宽 7m，围堰边坡均取 1∶2。围堰基础采用高喷灌浆进行防渗处理，伸入河床覆盖层 20m，高喷间距 1m；围堰堰体采用土工膜防渗，在围堰迎水面铺筑一层 0.3m 厚的石渣护坡，同时在进水渠衔接段围堰 150m 内铺筑 0.5m 铅丝石笼，防止水流冲刷破坏围堰。上游围堰结构断面见图 2。

下游围堰采用 10 年一遇洪水 $1000m^3/s$，坝下 100m 水位 636.72m，综合考虑坝后弃渣填筑 641.7m 平台及堆石坝回填施工道路等因素，下游围堰堰顶高程取 638m，长约 450m，堰顶宽 7m，围堰边坡均取 1∶2。围堰基础采用高喷灌浆进行防渗处理，伸入河床覆盖层 20m，高喷间距 1m；围堰堰体采用土工膜防渗，在围堰迎水面铺筑一层 0.3m 厚的石渣护坡防止水流冲刷。下游围堰结构断面图见图 3。

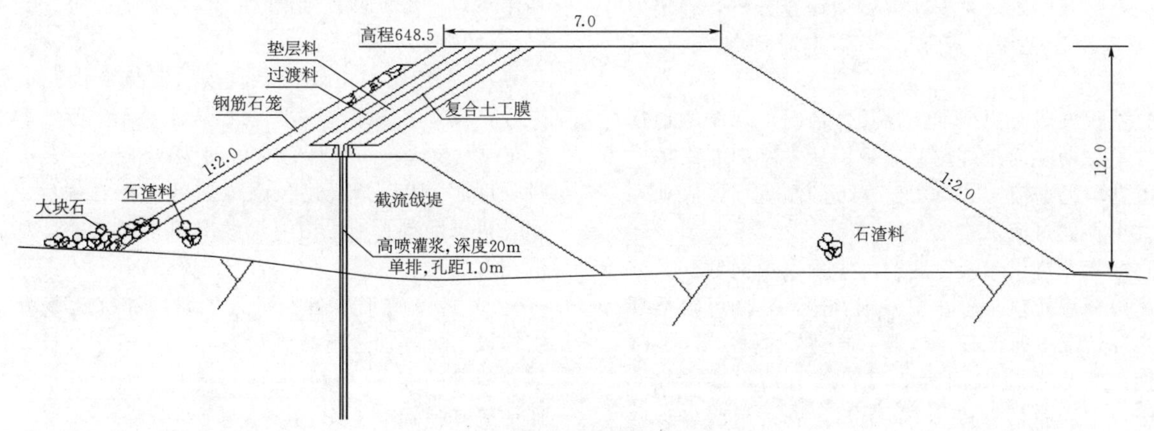

图 2　上游围堰结构断面图（单位：m）

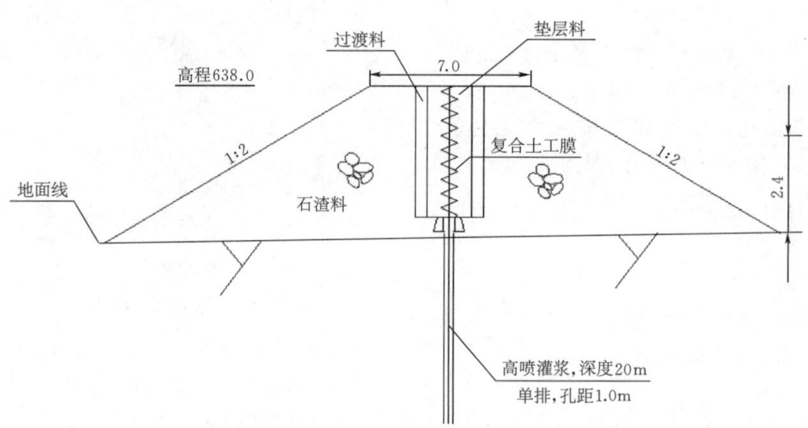

图3 下游围堰结构断面图（单位：m）

电站厂区位于右岸堆石坝下游，距坝脚约20m，地面为斜坡状，坡度10°～20°，高程636.0～645.0m。设计厂房长36.74m，宽15.50m，建基面底高程为629.79m。防洪标准采用10年一遇洪水$1000m^3/s$，坝下200m水位636.44m。综合考虑下游围堰连接闭合和施工道路等因素，电站厂房围堰堰顶高程取638.0m。围堰堰体及基础采用高喷灌浆进行防渗处理，灌浆顶高程为设计水位，灌浆底高程为伸入不透水层50cm。在围堰迎水面铺筑一层0.3m厚的石渣护坡防止水流冲刷。电站厂房围堰断面结构同下游围堰断面结构图。

(2) 汛期挡水导流。50年一遇洪水度汛流量为$1470m^3/s$，根据表4和图1，对应的坝前水位为654.8m，浪高及安全超高取值为1.2m，堆石坝体挡水时汛前填筑高程需达到656.0m。

4 导流建筑物施工

4.1 河床截流

设计河床截流主要为二期导流截流。

(1) 截流时段及截流标准。根据本工程的河流水文特征、气候条件、围堰填筑强度、主坝工程填筑强度、冬季流凌影响及施工进度安排等因素综合分析，确定二期主要为主河床截流，截流时间暂定为2020年9月中旬。

(2) 截流方式。根据本工程具体情况、现场的地形地质条件，二期主河床部位截流采用从左岸向右岸单向进占单戗立堵的截流方式，由已建成的溢流坝段底孔和混凝土大坝坝面过流。

(3) 截流龙口位置及宽度。由于采用单向截流，二期主河床段截流龙口布置在主河床右侧，具体可根据现场施工实际情况进行调整。

二期主河床截流时间为9月份，为枯水期。截流时，河床束窄后龙口宽度为2～10m，故采用麻袋装砂土或采用大块石即可以满足其抗冲流速要求。

(4) 龙口段截流备料。根据实际情况、围堰体型、河床断面初步估算出截流净抛投材料总量约$2500m^3$，备料系数均采用1.50，其中麻袋装土约$800m^3$。另外，为防止出现不可预期的较大流量，需储备同等数量的大块石。截流石料选择见表5。

表5 截流石料选择表

龙口流速/(m/s)	2.0	2.5	3.0	3.5	4.0	4.5	5.0	5.5	6.0
块石粒径/m	0.2	0.3	0.4	0.53	0.7	0.9	1.08	1.3	1.6
块石重量/kg	13	40	90	200	470	1000	1700	3000	5000
块石分类	小石		中石			大石			

根据截流时段实测流量，并进行截流流速验算后，选择相应粒径块石，提前备料。

截流材料备料场均选在围堰附近，围堰截流物料主要来自左右岸坝肩开挖料。

(5) 截流施工布置。截流施工道路布置考虑与围堰填筑施工道路结合，并尽量利用场内现有施工道路。要求主要截流道路路基坚固，路面平整，宽度满足车辆通行要求。

备料场布置主要考虑抛投料的来源、使用部位、场地平整和临时施工道路等因素，尽量将抛投料堆放在围堰附近，以保证抛投强度。

(6) 截流施工。

1) 截流施工主要特点。按照截流戗堤龙口段预计抛投，按15t自卸汽车平均每车运输$5m^3$考虑，平均每3分钟抛投1车，设计合龙历时为4h，综合考虑小时抛投强度达$150m^3/h$。抛投强度较低，在对备料、截流道路、机械配置、施工组织等做出周密详细的计划后，截流相对比较容易。

2) 截流施工准备。研究、编制和优化截流的施工组织设计。提前进行截流组织，充分做好人员、机械和填筑料等的准备，做好道路的疏通、加固及水流监测和通信等其他辅助工作。

3) 截流戗堤填筑施工。本工程采用立堵法截流，戗堤进占后，紧接龙口段合龙，连续进行。为满足截流施工要求，在设备选型上遵循以下原则：优先选用较大容量、高效率、机动性好的全液压设备；其中麻袋砂土和大块石选用 1.6m³ 反铲、3m³ 装载机进行挖装，运输设备主要选用 15t 自卸汽车，在堤头上尽量选用 TY220 大功率推土机推平，保证连续作业。

4.2 围堰施工

（1）料源布置。土石混合料、石渣、壤土等均采用在坝肩、坝基等的开挖料。

（2）道路布置。围堰施工道路主要利用已有的左右岸上坝道路及坝下施工道路，施工过程中可根据现场实际情况从开挖面修建临时施工道路至围堰填筑工作面。

（3）施工方法。土石围堰填筑均采用 15～20t 自卸汽车运至工作面进行抛填，采用 TY220 推土机分层摊铺，25t 振动碾分层碾压，局部采用蛙式打夯机辅助。土石坝段围堰上游壤土段先人工铺设土工膜，然后采用 CAT320 挖机人工配合摊铺，2t 压路机碾压；靠近土工膜部位采用人工蛙式打夯机夯实。围堰靠近水面的石渣护坡采用挖机配合人工摊铺。临一期纵向围堰护坡铅丝笼在钢加厂加工好后运至围堰施工现场，人工将铅丝笼放到指定位置后抛填石块。

围堰填筑完成后，立即组织进行围堰防渗体高压旋喷灌浆的施工。

高压旋喷灌浆施工主要集中在右岸电站厂房围堰、堆石坝上、下围堰部位，高压旋喷灌浆顶高程为枯水期水位，灌浆底高程为微风化岩层，单排孔布置，孔排距初拟为 1.2m，分两序施工。

5 围堰拆除及进出水口预留坝拆除

（1）围堰拆除。围堰拆除采用 1.6m³ 反铲直接挖装 15～20t 自卸汽车运输出渣。

1）每层拆除高度 3～4m，采用进、退拆法进行，拆除料运至渣场。

2）最后一层拆除时包括水下部分 1m，采用退拆法，在拆除过程中随时把设计标高面清理干净，确保满足设计要求。

3）拆除防渗墙混凝土时采用液压锤凿除方式，拆除渣料运至弃渣场。

4）拆除前做好安全技术交底，由于拆除时值汛期，加强水情预报工作，派专职安全人员监管和巡视水情。

（2）进出水口预留坎拆除。预留岩坎采用爆破拆除，根据在进出水渠开挖时提供的爆破振动试验参数进行爆破，主要是进出水渠混凝土及附近架设高压线等设施安全，为确保防护目标的安全，在预留岩坎拆除时对各建筑物的爆破安全距离按标准控制，拆除时拟采取的措施如下：

1）采用液压钻钻孔，钻孔直径 91mm，药卷直径 70mm，不耦合系数 0.8。

2）爆破孔错开布置，岩坎迎水面与背水面第一排均为 1：0.1～1：0.5 的斜孔，其他孔为垂直孔，靠近周边光爆孔坡度与设计坡度一致，钻孔时进行精确定位并确定高程和角度，每孔超深 1.5m。

3）爆破孔底 2/3 范围内单耗取值 1.5kg/m³，上部 1/3 范围内单耗取值 1.0kg/m³，靠拦污栅的最后一排梯段孔，采用弱松动爆破，单耗取值 0.8kg/m³。

4）为保证爆破网络的可靠性，采用复式网格，从迎水侧最外一排孔开始，向背水侧方向顺序、毫秒微差起爆。

进出水口预留预留挡水坎采用 1.6m³ 反铲直接挖装 15～20t 自卸汽车运输出渣。

6 结束语

在现有的水文气象资料下，通过多次研究，探索出分期导截流施工技术方法，有效地解决了四个汛期大坝安全度汛的技术难题，具有一定的推广应用价值。

浅谈不规则河湖土方量计算方法

张双羽　王土金/中国电建市政建设集团有限公司

【摘　要】土方量计算是河湖整治工程中不可或缺的一个环节，它关系着整个工程的工程成本概算与最优方案的决策。如何快速准确计算出土方量的大小，是业主、监理与施工方关心的问题。在实际工作中，算法的不同对于不规则湖区及河道工程量的计算也会产生不同程度的偏差。因此分析确定各种计算方法的精度和适用范围显得尤为重要。

【关键词】方格网法　断面法　不规则三角网法　土方量

不规则河湖土方计算的方法多种多样，但每种方法的计算误差存在着很大差异。本文客观分析了方格网法、断面法和三角网法相对于不规则河湖土方计算的误差，并合理地确定一种适用于该地形的方法来提高计算精度。同时总结出三种方法的计算特点，在今后的工程中选择出适合的算法，以便高效、迅速地完成土方计算。

1　常见土方量计算方法介绍

1.1　方格网法

方格网法是将场地划分成若干个 5～40m 的方格，从地形图或实测得到每个方格角点的自然标高，通过给出的地面设计标高与自然标高之间的差值（习惯以“+”表示填方，“－”表示挖方），得出零线的位置，进而求出各方格的挖填量。

1.2　断面法

断面法是用一定的间距等分场地，将场地划分成若干个相互平行的断面，按照设计高程与现状高程绘制断面图，断面线高程由实测获得。计算每条断面线所围成的面积，以相邻两断面面积的平均值乘以等分的间距，求出相邻两断面间的体积，将所有体积相加，得出总体工程量。

1.3　三角网法

三角网法是利用实测地形碎部点、特征点进行三角构网，对计算区域按三棱柱法计算土方，最后累计得到指定范围内填方和挖方的土方量。其实质就是在坐标数据的基础上建立不规则三角网后，计算三角网中每个三棱柱的土方量，汇总再计算总土方量。

2　土石方量计算方法的偏差对比

2.1　方格网法土石方量计算依据

方格网法是将场地划分为若干个具有一定间距的正方形方格，在格网点测定点位高程，对每一格网面按四角高程的平均值计算土方。挖填方宜分别冠以“－”“+”号以示区别，然后分别计算每一方格的挖填土方。将挖填方所有方格计算的土方汇总，即得场地挖方和填方的总土方量。但在方格网计算中，土方量的计算精度不高。首先绘制方格网，如果土方量计算的面积为不规则边界的多边形，那么在面积进行计算时，先判断方格网中心点是否在多边形内。如果在多边形内，则要计算该格网的面积，否则可以将该格网面积略去。此方法用于地形较平缓或台阶宽度较大的地段。

2.1.1　划分方格网

根据已有地形图将计算场地划分成若干个方格网，尽量与测量的纵、横坐标网对应，方格一般采用 5m×5m 或 10m×10m，根据不同的精度要求选择相应的方格长度，长度越小，精度越高。将相应设计标高和自然标高分别标注在方格点的左上角和左下角。将自然地面标高与设计地面标高的差值，即各角点的施工高度（挖或填），填在方格网的右上角，挖方为（－），填方为（+）。方格网法计算土方量示意图见图 1。

2.1.2 计算土方工程量

按方格网底面积图形和表1所列体积计算公式计算每个方格内的挖方量或填方量，或用查表法计算。

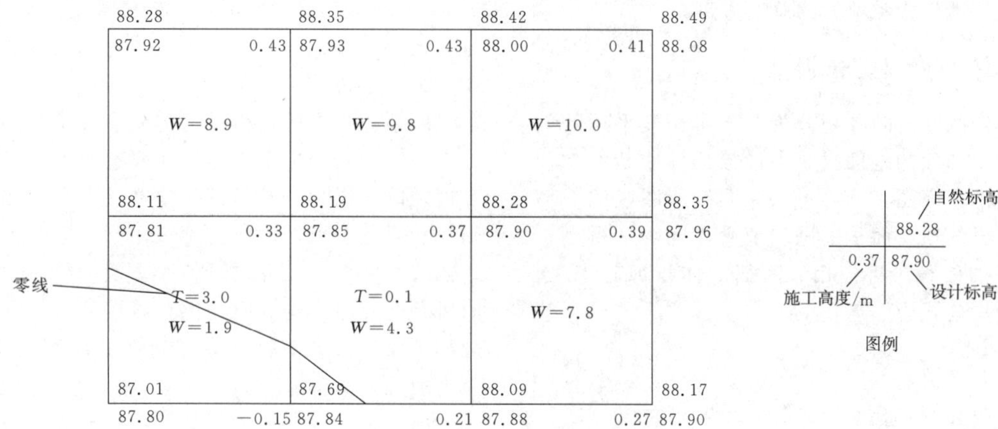

图1　方格网法计算土方量示意图

W—挖方量；T—填方量

表1　常用方格网点计算公式

项　目	底 面 图 形	计 算 公 式
一点填方或挖方（三角形）	h_1 h_2 c h_3 b h_4	$V=\frac{1}{2}bc\frac{\sum h}{3}=\frac{bch_3}{6}$ 当 $b=c=a$ 时，$V=\frac{a^2h_3}{6}$
两点填方或挖方（梯形）	b d h_1 h_2 a h_3 h_4 c e	$V_-=\frac{b+c}{2}a\frac{\sum h}{4}=\frac{a}{8}(b+c)(h_1+h_3)$ $V_+=\frac{d+e}{2}a\frac{\sum h}{4}=\frac{a}{8}(d+e)(h_2+h_4)$
三点填方或挖方（五角形）	h_1 h_2 c h_3 h_4 b	$V=\left(a^2-\frac{bc}{2}\right)\frac{\sum h}{5}=\left(a^2-\frac{bc}{2}\right)\frac{h_1+h_2+h_3}{5}$
四点填方或挖方（正方形）	h_1 h_2 h_3 h_4	$V=\frac{a^2}{4}\sum h=\frac{a^2}{4}(h_1+h_2+h_3+h_4)$

注　1. a 为方格网的边长，m；b、c 为零点到一角的边长，m；h_1、h_2、h_3、h_4 分别为方格网四角点的施工高程，m，用绝对值代入；$\sum h$ 为填方或挖方施工高程的总和，m，用绝对值代入；V 为挖方或填方体积，m^3。

2. 本表公式是按各计算图形底面积乘以平均施工高程而得出的。

2.1.3 计算土方总量

将挖方区（或填方区）所有方格计算出的土方量进行汇总，即得该场地挖方和填方的总土方量。

2.2 断面法土石方量计算依据

将场地按一定的距离间隔划分为若干个相互平行的横断面并测量各个断面的地面线，由设计的标准断面与原地面断面绘制出断面图，计算每条断面线所围成的面积；以相邻两断面的填挖面积的平均值乘以间距，得出每相邻两断面间的体积；将各相邻断面的体积加起来，求出总体积，计算公式为

$$V=\frac{1}{2}(A_1+A_2)L \tag{1}$$

式中 A_1，A_2——相邻两横断面的挖方或填方面积；

L——相邻两横断面之间的距离。

此方法称为平均断面法，计算土方体积简便、实用，是公路上目前常采用的方法。不过这种方法精度较差，按棱台体公式计算更为准确，即

$$V=\frac{1}{3}(A_1+A_2+\sqrt{A_1+A_2})L \tag{2}$$

在计算范围内布置断面线，断面一般垂直于等高线，或垂直于大多数主要构筑物的长轴线。以垂直于大地水平面的方式，设置多个相互平行的垂直截面，一般垂直截面之间的间距取相同的数值，根据精度要求和场地大小常常以 5～40m 为横断面间距。然后分别计算每个断面的填、挖方面积。计算两相邻断面之间的填、挖方量，并将计算结果进行统计。计算公式为

$$V_{总}=V_1+V_2+V_3+\cdots+V_n \tag{3}$$

断面法计算土石方量的计算条件主要是场地等高线呈现规则分布，尤其对带状场地最适用，比如道路、河道、航道、排水沟、停车场等沿纵向延伸、横向变化不是很明显的场地。

2.3 不规则三角网法土石方量计算依据

不规则三角网（triangulated irregular network，TIN）是一种 DEM 表示方法。TIN 模型根据区域有限个采样点取得的离散数据，按照优化组合的原则，把这些离散点（各三角形的顶点）连接成相互连续的三角面，在连接时尽可能使每个三角形为锐角三角形或三边的长度近似相等，将区域划分为相连的角面网格。区域中任意点落在三角面的顶点、边上或角开内。如果点不在顶点上，该点的高程值通常通过线性插值的方法得到，在边上用边的两个顶点的高程值内插；在三角形内的则用三个顶点的高程值内插。所以，TIN 是一个维空间的分段线性模型，在整个区城内连续但不可微。

2.3.1 三角网的构建

对于不规则三角网的构建，在这里采用两级建网方式。

第一步，进行包括地形特征点在内的散点的初级构网。

一般来说，传统的 TIN 生成算法主要有边扩展法、点插入法、递归分割法等，以及它们的改进算法。在此仅介绍一下边扩展法。

所谓边扩展法，就是指先从点集中选择一点作为起始三角形的一个端点，然后找离它距离最近的点连成一个边，以该边为基础，遵循角度最大原则或距离最小原则找到第三个点，形成初始三角形。由起始三角形的三边依次往外扩展，并进行是否重复的检测，最后将点集内所有的离散点构成三角网，直到所有建立的三角形的边都扩展过为止。在生成三角网后调用局部优化算法，使之最优。

第二步，根据地形特征信息对初级三角网进行网形调整。这样可使得建模流程思路清晰，易于实现。

2.3.2 三角网的调整

(1) 地性线的特点及处理方法。所谓地性线就是指能充分表达地形形状的特征线。地性线不应该通过 TIN 中的任何一个三角形的内部，否则三角形就会“进入”或“悬空”于地面，与实际地形不符，产生的数字地面模型（DTM）有错。

当地性线与一般地形点一道参加完初级构网后，再用地形特征信息检查地性线是否成为了初级三角网的边，若是，则不再作调整；否则，按图 2 做出调整。总之要务必保证 TIN 所表达的数字地面模型与实际地形相符。

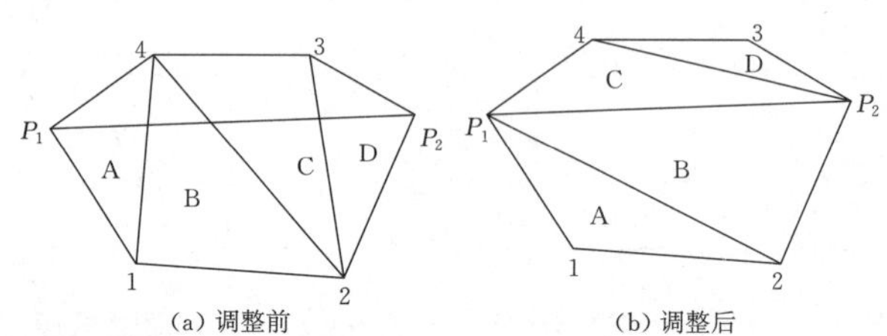

图 2 在 TIN 建模过程中对地性线的处理

如图 2（a）所示，P_1P_2 为地性线，它直接插入了三角形内部，使得建立的 TIN 偏离了实际地形，因此需要对地性线进行处理，重新调整三角网。

图 2（b）是处理后的图形，即以地性线为三角边，向两侧进行扩展，使其符合实际地形。

(2) 地物对构网的影响及处理方法。等高线在遭遇房屋、道路等地物时需要断开，这样在地形图生成 TIN 时，除了要考虑地性线的影响之外，更应该顾及地物的影响。一般方法是：先按处理地形结构线的类似方法调整网形；然后，用“垂线法”判别闭合特征线影响区域内的三角形重心是否落在多边形内，若是，则删除该三角形（在程序中标记该三角形记录）；否则保留该三角形。

2.3.3 计算土方量

三角网构建好之后，用生成的三角网来计算每个三棱柱的填挖方量，最后累积得到指定范围内填方和挖方分界线。三棱柱体上表面用斜平面拟合，下表面均为水平面或参考面，计算公式为

$$V_{+}=\frac{Z_1+Z_2+Z_3}{3}\cdot S_3 \tag{4}$$

式中 Z_1，Z_2，Z_3——三角形角点填挖高差；

S_3——三棱柱底面积（见图3）。

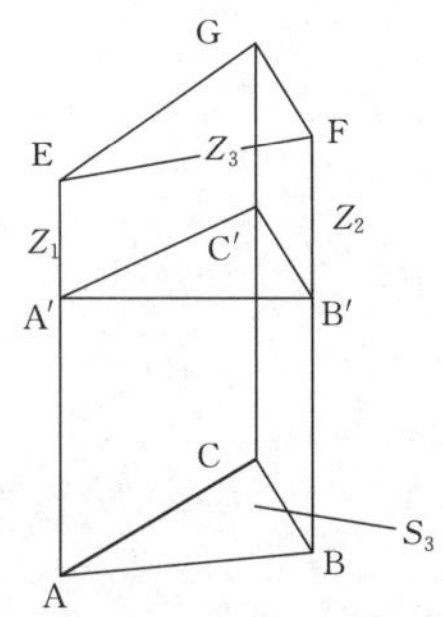

图3 单个三棱柱挖填方量计算示意图

3 不规则湖区及河道计算方法精度分析

3.1 方格网法精度分析

方格网适用于设计面为平面、斜面以及三角网的情况，用于地形比较平缓或台阶宽度较大的地段。计算方法较为复杂，但精度较高。由于正方形格网法多用于白纸测图中，故该方法必定与等高线的绘制误差有很大的关系；此外，用插值法求取格网角点高程时人眼分辨率、地形图比例尺都会影响插值精度，并将最终影响土方计算的精度。

对于不规则湖区及河道，方格网法计算需要较高精度的设计面高程及自然标高，但在实际施工中由于多种原因，实测的高程点密度不能满足计算要求，加之湖区地形复杂，后期高程点加密后与实际地形出入较大，进而产生误差。当使用土方量计算软件用方格网法计算土方量时，方格网会布满计算区域，其中一部分没有自然标高或设计标高的网格将根据周围高程点自动生成自然标高与设计标高，产生系统误差，影响土方量计算精度。

3.2 断面法精度分析

断面法土方计算主要用在公路土方计算和区域土方计算，对于特别复杂的地方可以用任意断面设计方法。使用断面法计算土方量，必须对参数的设置比较清楚。在不规则湖区及河道使用断面法进行土方计算时，需要选定好纵断面线，再进行断面的绘制。但由于设计原因，湖区轴线存在一定的曲线段，导致曲线段的横断面无法保持相互平行的状态；如果曲线的弧度过大，还会导致部分横断面线出现相交的情况。随着曲线段的长度增加，断面法的误差会逐渐增大，对最终的计算精度影响极大。不仅如此，在弃土区，若两断面间有一块洼地，但断面线上的高程均高于中间洼地，计算时就会导致洼地部分因取两断面的平均值而填平，增加计算出的总土方量；反之，中部若为凸起的土堆则会减少土方量。

3.3 不规则三角网法精度分析

不规则三角网数字高程由连续的三角面组成，三角面的形状和大小取决于不规则分布的测点或结点的位置和密度，通过在一个三角形表面对高程数据进行插值，可以估计任何位置的高程值。不规则三角网随地形起伏变化的复杂性而改变采样点的密度和决定采样点的位置，在地形变化剧烈的区域可应用可变的点密度生成一个高效精确的表面模型，因而它能够避免地形平坦时的数据冗余，又能按地形特征（山脊、山谷线等）表示数字高程特征。另外，TIN表示方法在坡度、坡向等地形计算效率方面优于等高线模型。TIN支持很多的表面分析，如计算高程、坡度、坡向、剖面图创建等，很适合对表面要素的位置和形状精度要求很高的大比例尺制图应用。对于不规则湖区及河道三角网刚好可以利用野外实测的地形特征点（离散点）构造出邻接的三角形，组成不规则三角网结构。这种结构可以很好地保留原始的地貌特征，同时还可以通过修改三角网使其更接近原始地貌。不规则三角网法的计算精度对于不规则湖区、河道和曲线地形来说都是最为微小的，受地形限制较少，能够更好地完成复杂地形及不规则地形的土方计算。

4 结束语

通过对以上三种土方计算方法的对比及分析，不难发现，三种方法都有各自的适用范围及优缺点。

方格网法适用于地形较平缓或台阶宽度较大的地段，计算速度快，信息量小，但计算精度不高，与实际误差较大。

断面法适用于地势狭长沿纵向延伸、横向变化不是很明显且设计面相对对称的地段，如水渠、公路、航道、排水沟等，但对于纵向横向都有所变化的不规则的湖区，断面法的精度就无法满足要求。

不规则三角网法适用于地势比较复杂、精度要求比较高的地段。对于不规则湖区及河道，不规则三角网法的计算不仅能够直接反映出原始的地貌，同时又能够满足精度的要求。综合比较，不规则三角网法相对于其他两种方法更适合不规则河湖的土方量计算。

紧水滩水电站大坝导流洞堵头渗漏处理技术

李晨阳/中国水利水电第十二工程局有限公司

【摘 要】紧水滩水电站运行多年后，导流洞堵头原排水管焊接回填灌浆管处破裂，阀门水封失效，出现渗漏情况。综合研究后，采用建立进洞施工条件、创建廊道和阀井施工条件、进行阀井封堵的三步施工方法，采用水玻璃加水泥浆进行双液灌浆方案进行堵头顶拱渗水处理，解决了阀井和堵头顶拱渗漏问题，取得了良好的效果。

【关键词】导流洞堵头 渗漏 封堵灌浆

1 工程概况

紧水滩水电站位于浙江省云和县境内瓯江上游大溪支流龙泉溪上，电站距云和县城 19km，距下游丽水市区 66km。工程于 1981 年开工，1987 年 4 月第 1 台机组发电，1988 年年底 6 台机组全部投产。2009 年经改造增容，目前装机 305MW。主要建筑物由混凝土拱坝、泄洪消能建筑物、发电引水系统、发电厂房、开关站、航运过坝设施等组成。水库正常蓄水位 184m，相应库容 10.4 亿 m^3；死水位 164m，相应库容 4.87 亿 m^3；校核洪水位 192.7m，相应总库容 13.93 亿 m^3，具有年调节性能。

2014 年 2 月 27 日检查导流洞，发现封堵段灌浆廊道上游侧堵头混凝土墙上 DN40（40mm）灌浆管漏水，漏水量约 1.5L/s，阀井内有明显涌水。在封堵段灌浆廊道内和下游洞口分别进行了测量，根据过流断面和估计流速进行计算，测得漏水量约为 200L/s。检查时紧水滩库水位 175.43m，尾水位 101.55m，混凝土封堵段灌浆廊道底板水深 55cm，并有较多的泥沙和杂物淤积。

2017 年 7 月，中国水利水电第十二工程局有限公司配合紧水滩水电站检查导流洞堵头封堵施工排水管阀井漏水情况，根据导流洞堵头的施工资料，走访原堵头封堵灌浆施工、技术人员，并对设计、施工情况以及监测数据进行了分析，综合研究后提出了处理方案。

2 渗漏原因分析

查阅导流洞回填、固结灌浆竣工报告，有如下描述：“导流洞封堵段的灌浆施工后已经三年多使用，未发生漏水等情况，运转良好。”（报告时间：1990 年 8 月 20 日）

首次定检时（1995 年），发现封堵段灌浆廊道阀井有漏水。

第二次定检现场检查时，发现封堵段灌浆廊道底板阀井内有大量的涌水，粗测排水有 200L/s 左右，灌浆管漏水量约 1.2L/s。

第三次定检时（库水位为 180.10m），封堵段灌浆廊道底板淹没较深，通过水面的水流速度判断，该处有涌水的现象，水量因无法精确测量，未测。

2010 年 11 月 9 日（上游水位 177.02m，下游水位 101.46m）检查时，在导流洞下游洞口测得漏水量约 200L/s，灌浆管漏水量约 1.5L/s。

2017 年 7 月 24 日检查时，在导流洞下游洞口测得漏水量约 300L/s，灌浆管漏水量约 1.5L/s。

历次导流洞检查情况见表 1。

阀井为 1.5m×1.5m，井底高程约 94m（灌浆廊道底板高程 102m），井深约 8m，与现场测深情况吻合。从导流洞堵头设计资料来看，灌浆廊道灌浆施工完毕后未将阀井回填封堵。

导流洞灌浆廊道阀井底部设有 1 根排水管及阀门，用于排泄导流洞封堵施工期间上游侧闸门与封堵段之间的积水，排水管管径约 ϕ360。运行多年后，排水管原焊

表1　　　历次导流洞检查情况表

序号	检查部位	检查时间（年.月）	检查情况
1	导流洞封堵段	1995.5	首次检查，灌浆廊道阀井有漏水
2	导流洞封堵段	2003.3	DN40灌浆管漏水量1.2L/s，灌浆廊道阀井漏水量200L/s
3	导流洞封堵段	2008.5	灌浆廊道阀井有涌水，漏水量未测
4	导流洞封堵段	2010.11	1.5寸灌浆管漏水量1.5L/s，灌浆廊道阀井漏水量200L/s
5	导流洞封堵段	2014.2	1.5寸灌浆管漏水量1.5L/s，灌浆廊道漏水量200L/s
6	导流洞封堵段	2016.10	1.5寸灌浆管漏水量1.5L/s，灌浆廊道漏水量200L/s
7	导流洞封堵段	2017.7	1.5寸灌浆管漏水量1.5L/s，灌浆廊道漏水量300L/s

接回填灌浆管处破裂及阀门水封失效造成廊道阀井漏水。灌浆廊道上游墙DN40灌浆管有出水（约1.5L/s），为原预埋回填灌浆管，当年回填灌浆时该管回填水泥量为零，运行多年后堵头混凝土收缩，出现渗流。

3　处理方案

为处理堵头渗漏问题，从导流洞下游进入灌浆廊道进行施工。灌浆廊道底高程与不发电时的下游水位基本持平，发电时的水位高于底板。观测发现，机组发电时灌浆廊道水位见表2。

表2　　　机组发电时灌浆廊道水位

序号	发电机组数/组	发电时灌浆廊道水位/m
1	1	102.10
2	2	102.58
3	3	102.95
4	4	103.26
5	5	103.60
6	6	104.00

现场处理面临的主要困难是：发电尾水会淹没导流洞下游出口、堵头灌浆廊道，现场交通、施工用电、施工环境均不理想；阀井内大量漏水，封堵施工有难度。

综合考虑渗漏原因，决定从阀井漏水处理及堵头顶拱渗水处理两方面着手全面解决紧水滩大坝导流洞堵头渗漏的问题。

3.1　创造进洞施工条件

进洞施工条件包括修建施工道路、围堰和施工用电。其施工总平面布置见图1。

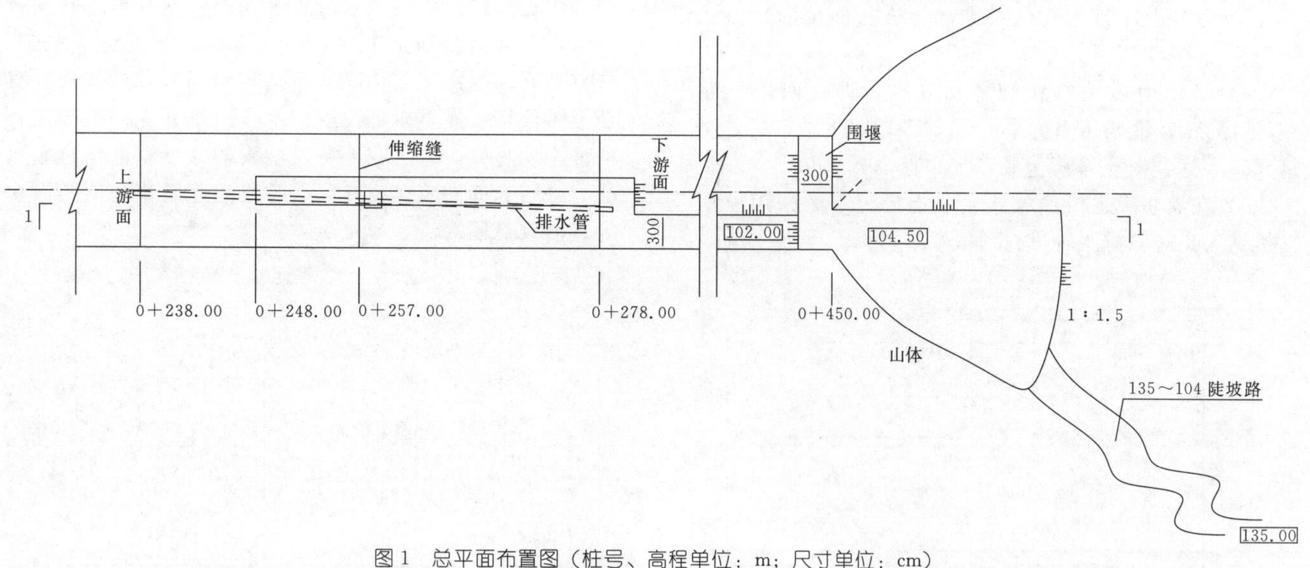

图1　总平面布置图（桩号、高程单位：m；尺寸单位：cm）

（1）为方便施工，计划从右岸岸坡135m高程修建一陡坡机械路至104.50m高程，并在104.50m高程修建一集料平台；从104.50m高程集料平台修建临时道路连接到导流隧洞口，路宽5m，长约30m。

（2）在导流隧洞口设置黏土心墙挡水围堰，围堰顶宽3m，并在左侧101.50m高程埋设2根8寸排水管。

（3）沿导流洞从挡水围堰修建临时道路至灌浆廊

道，路宽 3m，长约 170m。

(4) 从右岸筏道（高程约 155m）变电室接 400V 线路至导流洞右侧搭建的工作平台上布置的 200kW 配电箱，用于施工设备（地质钻机、灌浆机、水泵）用电和照明，长约 0.8km。施工设备用电采用专用电缆从配电箱接出。

3.2 阀井漏水处理方案

通过对在阀井内布设插筋加中深部设键槽、阀井内布设插筋加上部设键槽并和支撑、在阀井内分层回填混凝土加锚筋桩或预应力锚束等阀井封堵施工方案的分析研究，综合考虑阀井封堵结构耐久性、封堵回填混凝土的受力情况及阀井空间狭窄且深、施工条件困难等特点，决定选取在阀井内布设插筋加中深部设键槽施工方案。阀井封堵灌浆见图 2。

(1) 布设排水设备，创建廊道、阀井施工条件。

1) 在灌浆廊道的阀井内采用 2 台 8 寸潜水泵临时抽排至围堰下游，形成灌浆廊道、阀井施工条件。

2) 在阀井内搭建施工平台兼混凝土底模，阀井周边打毛、设键槽和钢筋除锈，布设 0.5m×0.5m 插筋（ϕ25），形成阀井施工平台施工条件。并布设 1 根 8 寸排水管备用排水，潜水泵故障时应急使用。

(2) 进行阀井封堵。

1) 浇筑 C25 泵送混凝土至 8 寸排水管阀门底部（高程约 99.60m）。

2) 等混凝土达 75% 设计强度后，关闭排水设备，拆除潜水泵阀门以上的管子，对潜水泵排水管进行回填灌浆（双液灌浆），灌浆压力为 0.5～1MPa。

3) 逐根关闭排水管，对排水管进行回填灌浆（水泥砂浆），灌浆压力为 0.5～1MPa。

4) 采用地质钻机在阀井钻 8 孔，进行回填灌浆（双液灌浆），灌浆压力为 0.5～1MPa；灌浆结束后，浇筑 C25 泵送混凝土至阀门井口（高程 102.00m）。

5) 在灌浆廊道沿原排水管从上游至下游采用地质钻机钻 8 孔对原排水管进行回填灌浆。

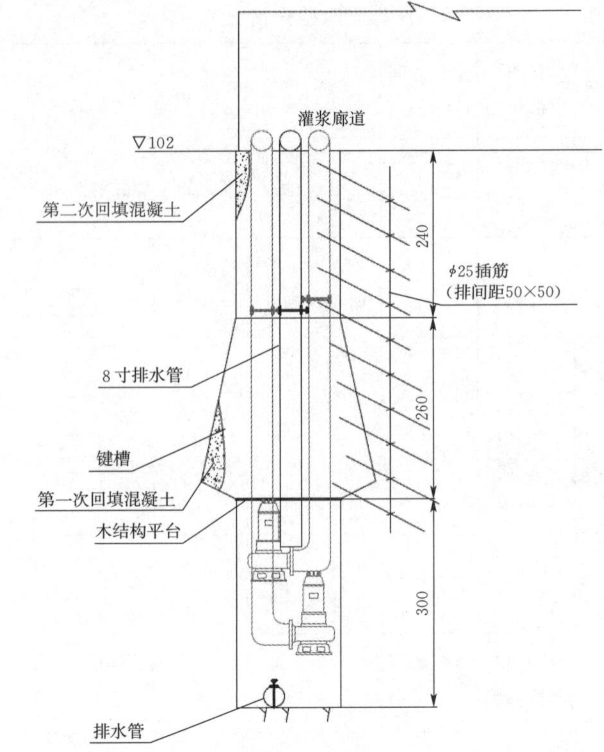

图 2 阀井封堵灌浆图（高程单位：m；尺寸单位：cm）

灌浆、封堵达到设计强度后，观察渗水情况并分析监测数据情况，检查灌浆效果，再分析是否需要采取其他处理措施。

3.3 堵头顶拱渗水处理方案

在灌浆廊道内打斜孔至上游段堵头顶拱，采用水玻璃加水泥浆进行双液灌浆。灌浆期间，现有出水孔保持出水，若浆液流动至出水孔口，应调浓浆液继续灌浆，使浆液在顶拱面能较快凝固，达到封闭缝隙的作用。直至上游段堵头靠下游部位的排水孔出水或原回填灌浆管的漏水明显减少。再在上游段堵头的靠下游部位打垂直孔，进行普通灌浆。至此，上游段灌浆结束。堵头渗水处理灌浆见图 3。

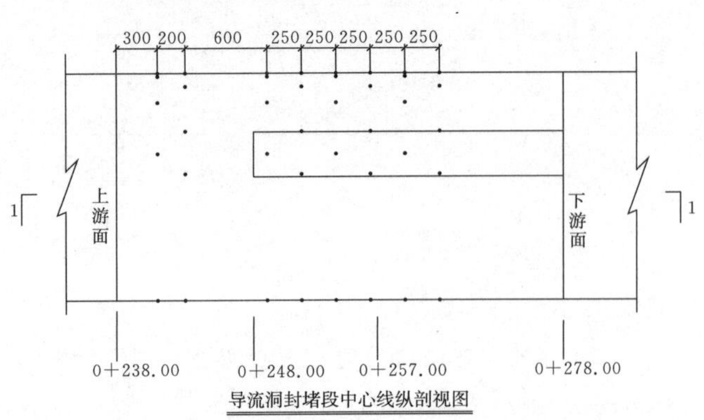

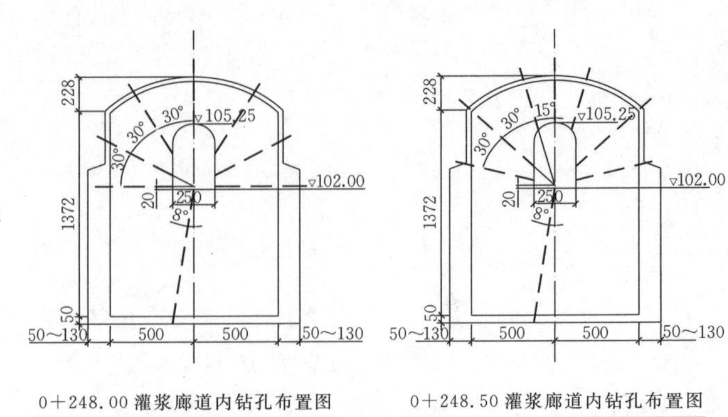

图 3（一） 堵头渗水处理灌浆图（桩号、高程单位：m；尺寸单位：cm）

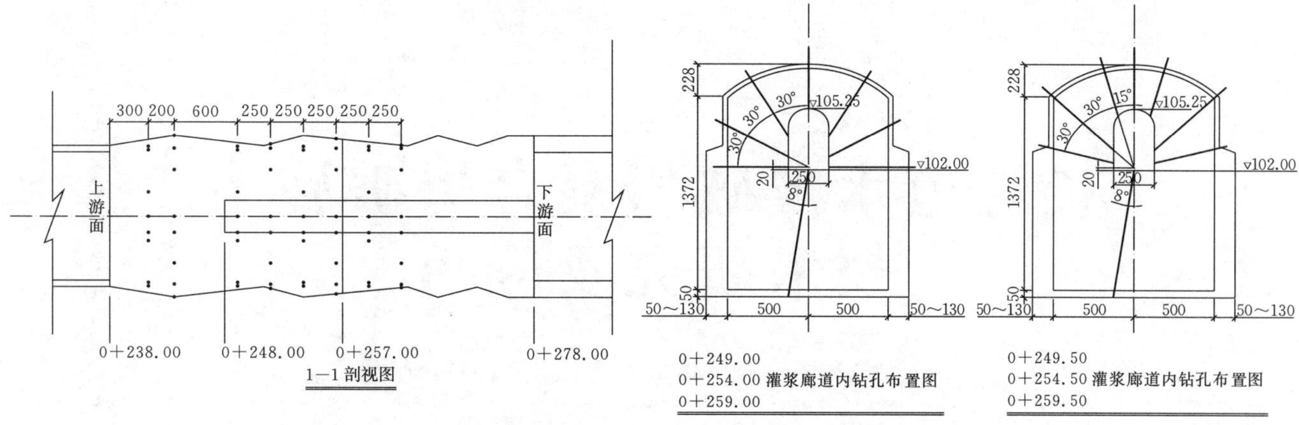

图 3（二） 堵头渗水处理灌浆图（桩号、高程单位：m；尺寸单位：cm）

4 主要施工处置

4.1 阀井渗水处理

在建立阀井排水条件后，对阀井周边设键槽处理、混凝土封堵后，利用地质钻机钻孔（8 孔）进行双孔双液灌浆，最后对预埋的排水管进行回填灌浆。

（1）灌浆钻孔孔径 75mm，并视需要埋设孔口管，孔口管埋入深度根据现场实际情况确定。

（2）水泥灌浆材料采用强度等级为 42.5 的普通硅酸盐水泥，水玻璃浓度为 16～35 波美度。

（3）在阀井对钻孔（8 孔）进行双孔水玻璃加水泥浆双液灌浆，水泥浆水灰比为 1∶0.5，初拟灌浆压力为 1.0MPa。

（4）对预埋的排水管进行回填灌浆，结合堵头顶拱渗水处理分排钻 8 个孔，采用水玻璃加水泥浆双液灌浆，水灰比为 1∶0.5，初拟灌浆压力为 1.0～2.0MPa。

4.2 堵头顶拱渗水处理

（1）堵头廊道灌浆从上游至下游分 8 排：第 1、2 排先进行水玻璃＋水泥浆灌浆形成堵头防渗环，每排布置 7 孔。第 3、4、5、6、7 堵头与围岩之间进行水泥接缝灌浆。排间分序，灌浆顺序为：第一序 1、2 排同高程两孔同时灌，目的在于上游孔灌入的浆液保护下游孔灌入的浆液，避免高压水冲击破坏，同时下游孔灌进的浆液推动上游孔浆液尽可能向上游扩散，实现两孔作用互补，以确保灌入的浆液充分固化。第二序灌第 3 和第 4 排，第三序灌第 5 排和第 6 排，第四序灌第 7 和第 8 排。排内不分序，按先灌低处后灌高处的原则进行，低处灌浆时，高处孔可兼作排气孔。

（2）灌浆孔位：第 1 排灌浆孔在廊道上游面开孔，第 2～8 排孔在廊道边墙上开孔。现场钻孔时若遇内部钢筋或其他原因不能钻孔时，可对开孔孔位和钻孔方向进行少量调整，孔口位置调整范围不大于 10cm，灌浆钻孔方位角、倾角允许偏差为 1.5°。钻孔深度不应小于设计深度，允许超深，以穿过缝面并深入围岩 0.5m 为原则进行控制。

（3）灌浆钻孔孔径 38～75mm。

（4）灌浆材料和灌浆方式：第 1、2 排灌浆采用水玻璃加水泥浆双液灌浆，水玻璃浓度为 16～35 波美度，水泥浆水灰比为 1∶1～1∶0.5。水泥灌浆材料采用强度等级为 42.5 普通硅酸盐水泥，浆液水灰比为 1∶1～1∶0.5，外掺 4%氧化镁（掺量为与水泥重量比）。为防止浆液沿围岩与混凝土之间外漏，堵头混凝土与围岩之间采用水玻璃水泥砂浆堵塞。为解决灌浆排气问题，在堵头顶拱处设置排气孔，当排气孔返浆后方可关闭阀门。

（5）前排灌浆孔初拟灌浆压力为 0.5～1.0MPa，后排的水泥灌浆初拟灌浆压力为 1.0～2.0MPa，并通过现场灌浆试验确定最终的灌浆压力，在施工过程中根据出水和出浆情况进行调整。

5 结束语

紧水滩水电站大坝导流洞堵头渗漏处理，充分参考历史数据和原有施工情况，采用建立进洞施工条件、创建廊道和阀井施工条件、进行阀井封堵的三步施工方法，采用水玻璃加水泥浆进行双液灌浆方案进行堵头顶拱渗水处理，施工过程中克服了阀井内空间狭窄且深、施工条件困难等问题，以低廉的成本取得了良好的施工效果，对类似工程具有较好的借鉴意义。

长隧道水楔破岩复合爆破施工技术研究及应用

陈小锐　段建军　赵振岭/中国水利水电第五工程局有限公司

【摘　要】 针对大长隧道施工中遇到的爆破烟尘大、施工效率低、炸药单耗高的难题，我们组织研究并应用了一种隧道水楔破岩复合爆破施工技术。此技术在隧道水压爆破的基础上进行了创新及优化，通过采用炮孔快速投影定位装置、挤压式自封口水袋、水袋批量快速充装排管、粘尘试剂水溶液及树脂快凝炮孔封堵材料等新装置、新材料，极大地提高了爆破开挖施工效率，减少了爆破烟尘的产生，降低了炸药单耗，可为类似工程施工借鉴。

【关键词】 隧道水楔破岩　复合爆破　施工技术

1　引言

高速公路隧道在我国已经较为普遍，由于山区地形的特殊性，高速公路大长隧道的数量在不断增加，施工工艺也日新月异。重庆江习高速公路四面山特长隧道为分离式和一般小净距组合式隧道，双向四车道，全长4880m，隧道穿越地层为砂岩、泥岩互层，围岩差，Ⅴ级为43%，Ⅳ级为57%。隧道起止桩号：左线LZK0+200～LZK5+080，长4880m；右线LYK0+202～LYK5+077.35，长4875.35m。此特长隧道采取钻爆法进行开挖，双向单头掘进，最大单洞单向掘进进深达2.8km。

2　工程特点及难点

四面山特长隧道工程采取钻爆法掘进施工，存在粉尘、有毒烟气生成量较大的问题；同时隧道进口属于上坡施工，其施工工况造成该隧道通风排尘难度加大，隧道内的施工环境长期处于较差状况。隧道爆破作业后由洞口布置的功率为132kW×2台的风机强压入式通风，从开始通风至作业人员到达掌子面开始施工花费时间多达1.5～3h。随着隧道不断掘进深入，施工通风难度进一步加大，132kW×2台轴流风机持续通风并加以洒水降尘措施辅助仍难以有效除尘，严重影响隧道内施工作业人员健康。

隧道施工作业具有极强的隐蔽性、封闭性特点，作业流程产尘较多的环节是掘爆。这些爆破粉尘对施工人员身体造成的危害较难消除。经现场调查，爆炸掘进作业产尘和工艺产尘可占整个隧道工程产尘量的80%～90%，需在掘爆作业过程中采取多项技术措施降低施工爆破的粉尘浓度。隧道粉尘构成见图1。

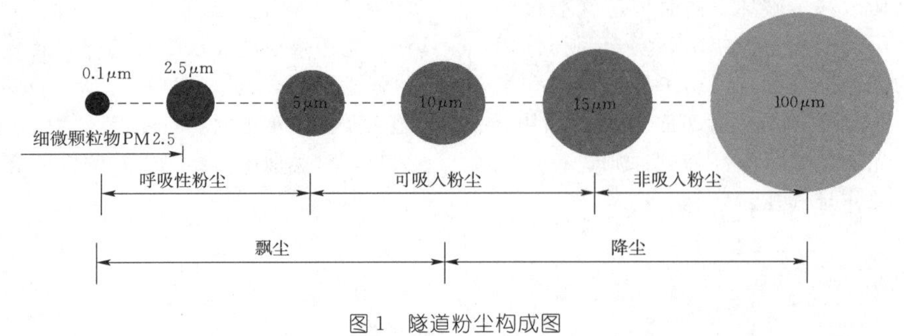

图1　隧道粉尘构成图

3　技术设计路线、原理及特点

技术设计路线：采用隧道水楔破岩复合爆破施工技术，在爆破施工的各个环节进行工艺创新和改进，在基于传统隧道爆破及隧道水压爆破的基础上进一步优化和改进。隧道水楔破岩爆破施工技术与常规爆破相比，充分体现了“三提高一保护”的技术特点，即“提高炸药能量利用率，提高施工效率，提高经济效益，保护作业环境”。

技术原理：在水压爆破技术的基础上，将掺有0.5%浓度的粘尘试剂水溶液，通过一种排管装置批量注入至一种挤压式自封口爆破水袋，批量形成爆破水卷。在不改变原有爆破参数（炮孔深度、炮孔角度、炮孔数量及布孔位置）的情况下，在每个炮孔内按特定的爆破装药结构塞入水卷，并在爆破孔口采用一种快凝树脂封堵剂进行封堵。在水中传播的冲击波由于水的不可压缩，爆炸能量无损失地经过水传递到炮孔的围岩裂隙，这种无能量损失的应力波十分有利于岩石破碎，达到在不降低爆破效果的基础上减少炸药的单耗，同时孔内爆破后的介质水体使掌子面雾化，水膜包裹岩石，从源头阻止爆破粉尘的产生，达到降尘改善施工作业环境的效果。

技术特点：通过采用一种炮孔投影技术准确快速地将掌子面爆破孔进行精确定位；研制应用一种排管注水装置批量灌注一种挤压式自封口爆破水袋，使爆破水袋装填更加饱满圆润且极大地提高了装填爆破水袋的效率；通过在灌注水源溶液加入一种粘尘试剂水溶液，提高爆破水雾与粉尘的结合率，进一步降低粉尘的产生量；再采用一种树脂类的快凝封堵剂进行炮孔封堵，极大减少爆破能量的损失，提高爆破效果，降低炸药单耗。

4　爆破装置研制及新材料应用

4.1　挤压式自封口爆破水袋的研发

4.1.1　一种挤压式自封口爆破水袋

挤压式自封口爆破水袋结构及应用见图 2、图 3。

4.1.2　工作原理及解析

按一定的爆破装药结构向爆破孔内塞入满装液体的条形水袋，通过爆破雾化和孔内二次抨击，提高爆破效率，起到排烟降尘的作用。此爆破水袋采用聚乙烯类材料，同时结构设计需将孔口进行内反包，以通过在水袋袋口位置设置两个收窄口，在水袋充水过程中将水反向挤压至孔口反包层中，水袋充水越多，压力越大，孔口反包层内挤入的水越多，袋口通过挤压收缩更紧，达到水袋储水和自动封口的效果。

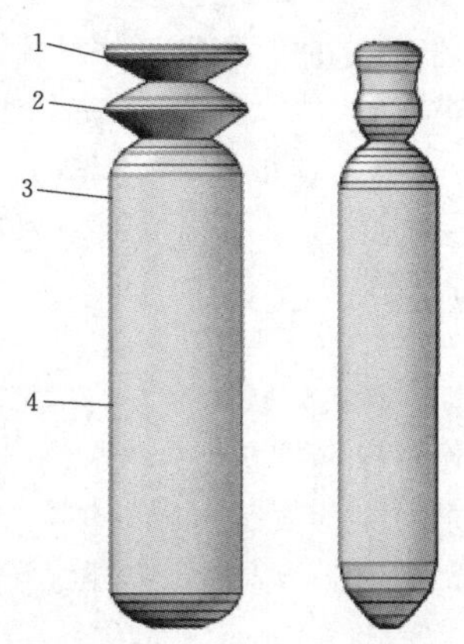

图 2　挤压式自封口爆破水袋结构图

1—袋口收缩囊；2—袋口水泡鼓包；3—袋口反压进水口；4—圆条形储水袋

图 3　挤压式自封口爆破水袋现场应用图

4.1.3　本装置的优点

（1）采用此自动挤压式封口水袋，省去了封口工序，大大提高了爆破水袋生产效率。

（2）常规人工装水袋需进行机械封口，封口后水袋内必然存在一定的未充满的空间，导致爆破水袋不够饱满、圆润，影响使用效果。而通过采用挤压式封口水袋，充水越多水压越大，水袋越饱满，封口越紧致，有利于塞入圆形的爆破孔中，装填更加容易。

（3）该爆破水袋具有结构简单、可操性强、提高功效、造价低廉等优点。

4.2　粘尘试剂水溶液的应用

吴奎斌通过使用吸管通入水袋加入0.5%浓度的粘尘试剂水溶液进行矿井下水压爆破试验，证明了这种对水炮泥的改进措施可以起到较好的降尘效果[1]。蒋仲安以润湿高度和表面张力为试验指标，运用对比试验的方法，采用多种基料和表面活性剂来降低烟尘中的粉尘成分，得出氯化钠作基料，添加 $C_{18}H_{29}NaO_3S$ 表面活性剂具有优异的润湿效果[2]。

经过市场调查，选取一种简单易得的粘尘试剂水溶液，其主要成分为十二烷基苯磺酸钠。此种物质中含量最多的是洗衣粉的主要成分。根据试验发现在水体中按0.5%的掺量效果最好。该活性剂加入水中到完全溶解需要4h左右，通过搅拌可以加速溶解过程，但会产生较多泡沫。为避免制作过程因表面活性剂未充分溶解，应提前进行溶液配置，搅拌后静置足够时间备用。

添加表面活性剂的水楔破岩复合爆破方式的主要不同在于水袋制作过程中通过向制作水袋的设备水源加入复配表面活性剂（十二烷基苯磺酸钠），使成品水袋中的水溶液均具备了较低的表面张力和较好的润湿性能。

4.3 炮孔快凝封堵材料的应用

炮孔封堵在工程爆破中发挥了一定的作用，合理的封堵可以延长爆生气体作用时间，提高炸药爆炸能量利用率，减少飞石和有害气体，降低瓦斯粉尘等爆炸的风险，改善爆破效果。然而在实际应用中，一方面人们对炮孔封堵的作用认识不足，另一方面现有的炮孔封堵技术较为落后，导致炮孔封堵情况并不好。甚至很多爆破工程往往不封堵，而通过加大炸药量来实现预期的爆破效果，存在安全隐患，同时也造成了成本增加。

通过采用一种快凝树脂锚固材料（Z2360）进行炮孔封堵，可减少爆破能量损失，提高爆破效果。这种由专用不饱和聚酯树脂与大理石粉、促进剂和辅料按一定比例配制而成的胶泥状粘接材料，用专用聚酯薄膜将胶泥与固化剂分割，呈双组份包装药卷状。这种快凝树脂锚固材料的参数见表1。

表1　一种快凝树脂锚固材料参数表

序号	参数名称	技术指标
1	密度/(kg·m^{-3})	61.4
2	闭孔率/%	93.5
3	吸水率/%	1.04
4	抗压强度/kPa	316～450
5	黏结强度/kPa	398.76
6	反应温度/℃	<200
7	凝胶时间/s	91～180

5 隧道水楔破岩复合爆破施工方案

隧道水楔破岩复合爆破，即在原常规爆破的基础上改变炮眼内部炸药装填结构及孔口封堵材料，利用爆破粉尘粘剂水雾化作用和孔口高效填塞封堵作用，增强爆破力碎岩效果，同时降低粉尘浓度。

四面山特长隧道工程采用的水楔破岩复合爆破施工工艺流程见图4。

为保证爆破效果，掌子面不同种类炮孔，其装填方式有一定区别。

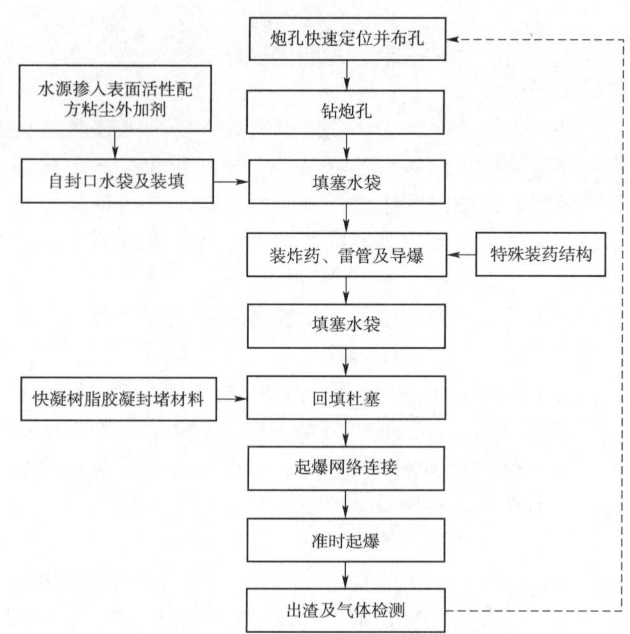

图4　隧道水楔破岩复合爆破施工工艺流程图

（1）掏槽孔：微差起爆中最先爆破，主要起爆破抛石、形成掏槽临空面作用。由于是爆破抛石的主爆孔，因此装药量多于其他类型炮孔，采用连续装药结构，1节水袋垫底后填装炸药，再装入2～4节水袋后填堵树脂快凝材料至孔口。

（2）崩落孔：部分炮孔填装炸药，采用连续装药结构，炮孔内装入1节水袋垫底后连续填装炸药，再装入2～4节水袋后填堵封树脂快凝材料至孔口。

（3）周边孔：主要起控制爆破轮廓线、形成爆破光面作用。为防止超挖现象发生，装药量较少，一般4节炸药以内，充分利用剩余空间填装水袋。若采用连续装药结构，在孔底先装1节水袋垫底后填装炸药，再连续装入4～6节水袋，最后填塞树脂快凝材料至孔口。

经过试验对比后确定最佳爆破装药结构参数，主爆孔及周边孔装药结构见图5和图6。

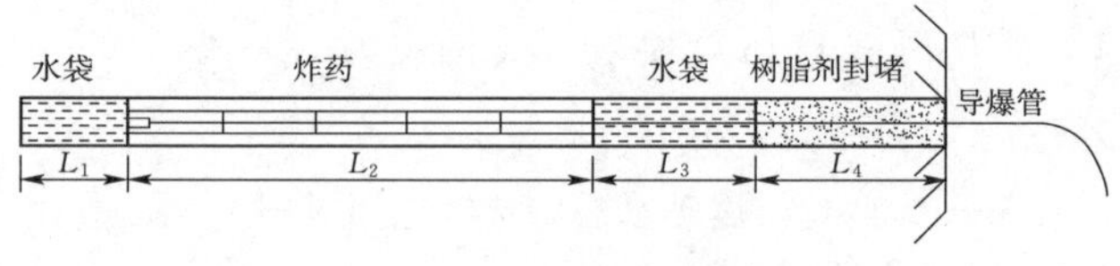

图5　主爆孔装药结构图

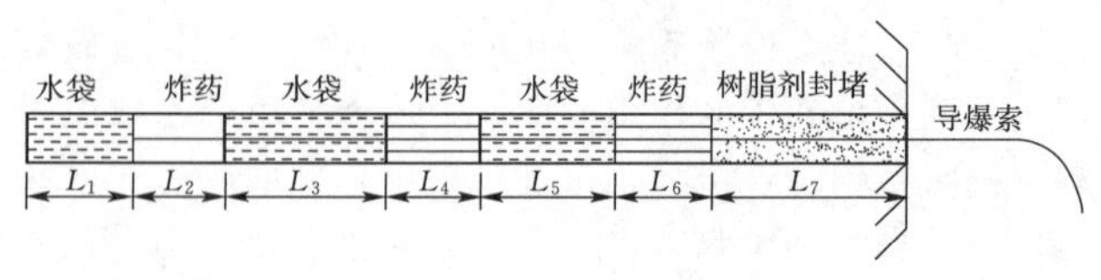

图6　周边孔装药结构图

根据现场工程实践情况统计：

（1）主爆孔炮孔装填物各段控制长度：炮孔总长为L，炮孔孔底水袋长L_1，炸药药卷全长L_2，炮孔药卷与树脂快凝封堵材料中间水袋长L_3，封堵段长L_4，其关系式为$L=L_1+L_2+L_3+L_4$。水楔破岩复合爆破主爆孔填药量为常规爆破填药量的80%～85%。

（2）周边孔炮孔装填物各段控制长度：炮孔总长为L，炮孔孔底水袋长L_1，药卷全长$L_2+L_4+L_6$，炸药与炸药间隔装填水袋为L_3+L_5，树脂封堵材料长L_7，其关系为$L=L_1+L_2+L_3+L_4+L_5+L_6+L_7$。水楔破岩复合爆破周边孔装药量与传统炸药装药量相同，只是在其炸药间隔部位装填了水袋，提高破岩效果及水雾化降尘效果。

6 爆破试验成果对比分析

6.1 常规爆破

隧道工程常规爆破为在爆破孔仅仅装炸药和雷管或导爆索进行的无回填填塞爆破，现场较多采用废纸壳进行填充或不填充。数据采集点为隧道进口左洞，采集爆破循环数为10个，里程桩号LZK1+100～LZK1+134，累计爆破进尺约34m，每个爆破循环的钻孔深度3.8m，实际爆破循环进尺3.2～3.35m，平均循环进尺3.27m，爆破效果见表2。

表2 常规爆破效果分析表

爆破类型	循环数	炸药单耗/(kg·m⁻³)	循环时间/min				PM2.5/(μg·m⁻³)	炮孔残留率/%	炮渣级配/%				抛距/m	堆渣高度/m	循环进尺/m
			钻孔	装药	通风	出渣			0～40cm	40～80cm	80～120cm	120cm以上			
常规爆破	1	0.86	235	36	30	260	620	29.5	28	37	28	7	14.5	3.1	3.3
	2	0.9	232	35	31	275	710	30.5	32	41	23	4	14.6	2.9	3.31
	3	0.9	220	39	27	255	610	29	28	38	30	4	12.9	2.8	3.2
	4	0.91	219	41	30	263	620	28.5	30	39	27	4	14.2	2.7	3.3
	5	0.87	230	40	35	245	630	30.6	26	40	29	5	14.9	3.2	3.1
	6	0.9	241	39	43	241	690	35	24	36	25	15	13.9	2.9	3.35
	7	0.91	228	41	41	265	630	29	23	40	32	5	14	2.6	3.25
	8	0.92	232	39	32	255	620	25	22	37	30	11	15.1	2.4	3.3
	9	0.93	249	38	42	220	650	23	26	42	27	5	15.2	2.1	3.28
	10	0.92	225	35	35	235	690	27	25	40	26	9	13.5	3.1	3.35
	均值	0.90	231	38	35	251	647	28.71	26.40	39.00	27.70	6.90	14.28	2.78	3.27

6.2 水压爆破

隧道工程传统水压爆破为按特定爆破装药结构向爆破孔内特定位置塞入水卷，并在孔口回填炮泥封堵填塞，通过爆破抨击液体水进行降尘破岩的一种爆破方式。数据采集点为隧道进口右洞，采集爆破循环数为10个，里程桩号LYK1+100～LYK1+135，累计爆破进尺约35m，每个爆破循环的钻孔深度3.8m，实际爆破循环进尺3.2～3.6m，平均循环进尺3.47m，爆破效果见表3。

6.3 水楔破岩复合爆破

水楔破岩复合爆破是一种基于原水压爆破的进一步优化，在爆破水卷水体内添加10%的一种增加表面活性剂，提高水袋液体与岩石粉尘的结合度，进一步降低粉尘；同时采用一种快凝封堵炮孔的树脂材料替代炮泥进行炮孔封堵，减少爆破能量损失。数据采集点为隧道进口左洞，采集爆破循环数为10个，里程桩号LZK1+135～LZK1+171.5，累计爆破进尺约36.5m，每个爆破循环的钻孔深度3.8m，实际爆破循环进尺3.59～3.7m，平均循环进尺3.65m，爆破效果见表4。

6.4 三种爆破工艺效果对比及经济效益分析

对以上常规爆破、水压爆破及水楔破岩复合爆破三种爆破数据统计汇总，结果如表5所示。

6.4.1 炸药消耗分析

表5数据显示，水压爆破较常规爆破炸药单耗节约0.1kg/m³，水楔破岩复合爆破较常规爆破节约单耗0.16kg/m³。

6.4.2 爆破循环时间分析

常规爆破单个爆破循环时间为555.4min，水压爆破单个爆破循环时间为540.4min，水楔破岩复合爆破单个爆破循环时间为531.5min，比常规爆破工序时间缩短3.4%，比水压爆破工序时间缩短2.7%，不影响工序时间。

表 3　　水压爆破效果分析表

爆破类型	循环数	炸药单耗/(kg·m^{-3})	循环时间/min				PM2.5/(μg·m^{-3})	炮孔残留率/%	炮渣级配/%				抛距/m	堆渣高度/m	循环进尺/m
			钻孔	装药	通风	出渣			0~40cm	40~80cm	80~120cm	120cm以上			
水压爆破	1	0.82	235	42	22	270	350	53	40	38	19	3	11	3.1	3.6
	2	0.79	225	43	25	281	310	59	32	44	20	4	10.9	3	3.55
	3	0.83	220	50	23	256	340	52	35	45	18	2	10.2	2.9	3.3
	4	0.81	227	45	21	235	350	54	30	47	20	3	9.8	3.1	3.6
	5	0.79	222	42	23	229	330	60	39	37	21	3	10.8	2.8	3.2
	6	0.8	225	45	17	265	330	65	36	42	18	4	12.2	3	3.4
	7	0.76	240	50	20	219	330	65	35	45	20	0	12	3	3.6
	8	0.8	235	51	18	221	310	52	43	39	16	2	9.9	3	3.35
	9	0.79	230	45	19	235	310	52	39	42	15	4	10.4	2.9	3.5
	10	0.77	242	50	16	225	260	55	40	39	18	3	11.5	3	3.6
	均值	0.80	230	46	20	244	322	56.7	36.9	41.8	18.5	2.8	10.87	2.98	3.47

表 4　　水楔破岩复合爆破效果分析表

爆破类型	循环数	炸药单耗/(kg·m^{-3})	循环时间/min				PM2.5/(μg·m^{-3})	炮孔残留率/%	炮渣级配/%				抛距/m	堆渣高度/m	循环进尺/m
			钻孔	装药	通风	出渣			0~40cm	40~80cm	80~120cm	120cm以上			
水楔破岩复合爆破	1	0.75	235	45	14	265	250	65	44	42	14	0	9	3.5	3.70
	2	0.7	220	48	13	230	260	69	42	42	15	1	8.8	3.4	3.59
	3	0.72	230	50	10	250	240	62	47	41	12	0	8.9	3.4	3.60
	4	0.73	225	50	13	250	220	60	42	46	12	0	8	4	3.65
	5	0.75	232	45	12	230	210	59	45	44	8	3	9.6	3.2	3.67
	6	0.76	243	42	14	240	190	60	44	46	10	0	9	3.6	3.68
	7	0.73	225	46	10	255	185	56	46	41	12	1	9.2	3.2	3.65
	8	0.77	225	50	14	235	220	60	43	46	9	2	9.7	3.4	3.62
	9	0.75	230	48	12	230	190	55	46	47	7	0	9.7	3.3	3.67
	10	0.75	241	46	12	235	200	60	45	48	7	0	9.1	3.5	3.65
	均值	0.74	231	47	12	242	217	60.6	44.4	44.3	10.6	0.7	9.1	3.45	3.65

表 5　　三种爆破数据统计对比表

爆破类型	振速/(cm·s^{-1})	炸药单耗/(kg·m^{-3})	循环时间/min				PM2.5/(μg·m^{-3})	炮孔残留率/%	炮渣级配/%				抛距/m	堆渣高度/m	循环进尺/m
			钻孔	装药	通风	出渣			0~40cm	40~80cm	80~120cm	120cm以上			
常规	2.7	0.90	231.1	38.3	34.6	251.4	647.0	28.7	26.4	39.0	27.7	6.9	14.0	2.8	3.3
水压	1.0	0.80	230.1	46.3	20.4	243.6	322.0	56.7	36.9	41.8	18.5	2.8	10.9	3.0	3.5
水楔爆破	0.9	0.74	230.6	47.0	12.4	246.5	216.5	60.6	44.4	44.3	10.6	0.7	9.1	3.5	3.6

6.4.3 通风时间对比

由表 5 数据分析，相比较而言主要为通风时间的变化，水压爆破较常规爆破通风时间节省 41.04%，水楔破岩复合爆破较常规爆破通风时间节省 64.16%。

6.4.4 PM2.5 粉尘浓度分析

水压爆破每个爆破循环用水袋数量为 430～500 个，水楔破岩复合爆破使用数量与其相同，通过在水袋水溶液中掺入 5%含量的水溶液表面活性剂，极大提高了爆破雾化液体与粉尘的结合度。水压爆破较常规爆破有害粉尘浓度降低 50.23%，水楔破岩复合爆破较常规爆破有害粉尘浓度降低 66.54%。

6.4.5 开挖轮廓线质量控制分析

爆破开挖炮孔残留率是衡量开挖质量的一个重要指标。由表 5 数据分析，水压爆破较常规爆破炮孔残留率提高 97.49%，水楔破岩复合爆破较常规爆破炮孔残留率提高 111.08%，隧道开挖质量明显提高。

6.4.6 炮渣粒径集中度分析

由表 5，0～40cm、40～80cm 粒径区间的炮渣集中度，水楔破岩复合爆破为 88.7%，水压爆破为 78.7%，常规爆破为 65.4%。从数据比较，水楔破岩复合爆破的小粒径集中度较高，大粒径数量较少。小粒径集中度越高，挖装运难度越小，时间越省。

6.4.7 循环进尺分析

由表 5 分析，在同质岩石、同样孔深的情况下，3.8m 爆破孔深，常规爆破平均爆破循环进尺为 3.3m，水压爆破采用炮泥封堵平均爆破循环进尺为 3.5m，水楔破岩复合爆破采用树脂快凝材料进行封堵平均爆破循环进尺为 3.6m。从数据中得出，采用树脂快凝材料封堵炮孔的水楔破岩复合爆破循环进尺最大，且较常规爆破循环进尺增加 7.9%。

6.4.8 爆破振动分析

通过现场爆破振动监测，在隧道距离掌子面 30m 位置测出最大爆破振速，常规爆破最大爆破振速为 2.7cm/s，水压爆破最大爆破振速为 1cm/s，水楔破岩复合爆破最大爆破振速为 0.9cm/s。可以得出，水楔破岩复合爆破振动明显较常规爆破振动影响更小，对山体的扰动更小，缓冲时间更长。隧道爆破振速监测情况见图 7、图 8。

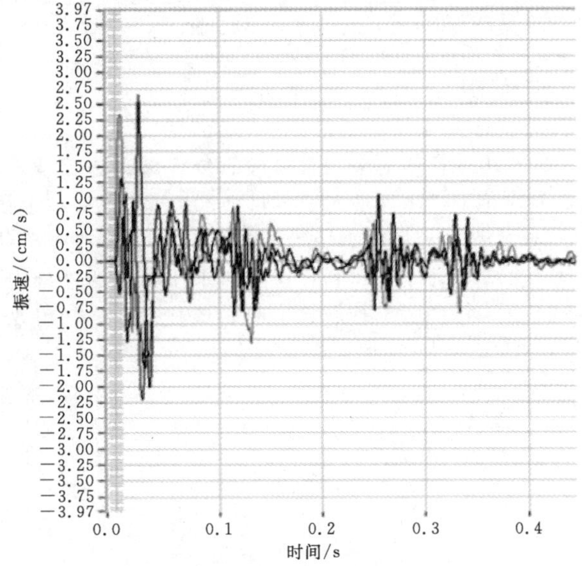

图 7 常规爆破振动波形图

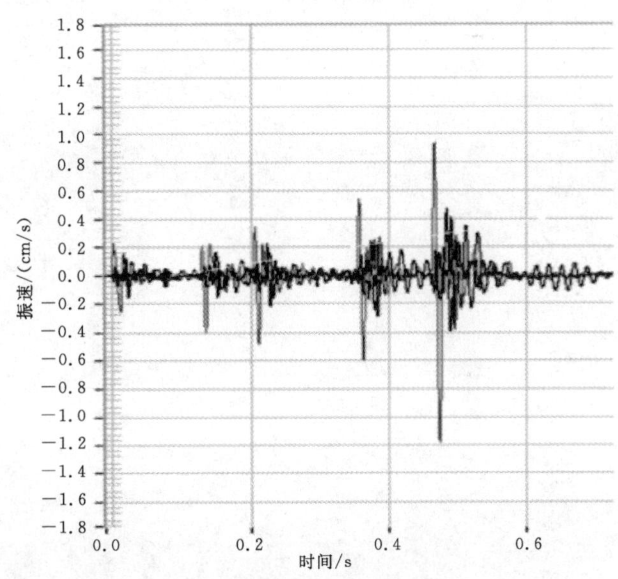

图 8 水楔破岩复合爆破振动波形图

6.4.9 经济效益分析

四面山特长隧道工程采用水楔破岩复合爆破技术后，其实际经济效益对比见表 6。

表 6 经济效益对比表

类 型	序号	项目名称	数量	单价	单项费用	合计费用
水楔破岩复合爆破	1	岩石炸药	2318.83t	19000 元/t	44057770 元	44569921 元
	2	电费（通风风机）	338738kW·h	0.8 元/(kW·h)	270990 元	
	3	封堵材料及水袋人工费	611 天	100 元/天	61100 元	
	4	水袋购置费用	2244648 个	0.08 元/个	179572 元	
	5	零星电费	611kW·h	0.8 元/(kW·h)	489 元	
常规爆破	1	岩石炸药	2751.15t	19000 元/t	52271850 元	52891257 元
	2	电费（通风风机）	774259kW·h	0.8 元/(kW·h)	619407 元	

由表6可知，采用水楔破岩复合爆破可直接节约832.13万元。

7 结束语

四面山特长隧道采用水楔破岩复合爆破施工技术，研制并应用了“一种挤压式自封口水袋”“一种粘尘试剂水溶液”“一种树脂类快凝封堵剂”“一种特殊爆破装药结构”等装置及新材料。在隧道水压爆破的基础上，进行了进一步的方案优化和提升，该技术成熟、可靠、适用性强、投入成本低，作业人员容易掌握，为隧道爆破开挖降尘、降耗施工提供了宝贵经验，值得在同类工程中推广应用。

参考文献

[1] 吴奎斌．高效水炮泥爆破防尘技术的应用［J］．能源技术与管理，2010，(4)：75-76.

[2] 蒋仲安，王伟．降低爆破烟尘的降尘剂配方的实验研究［J］．煤炭学报，2011，36 (10)：1720-1724.

象鼻岭水电站碾压混凝土双曲拱坝快速施工技术

李华兵/中国水利水电第三工程局有限公司

【摘　要】 象鼻岭水电站最大坝高 141.50m，开建时是国内在建的第二高碾压混凝土双曲拱坝。拱坝两坝肩陡峭，工期异常紧张。本文论述了该工程快速施工技术，大坝月施工强度最高上升 17m，年度上升 103m，为工程按期下闸蓄水和投产发电奠定了基础。

【关键词】 象鼻岭水电站　碾压混凝土　双曲拱坝　快速施工技术

1　工程概况

象鼻岭水电站位于贵州省威宁县与云南省会泽县交界处的牛栏江上，系牛栏江流域中下游河段梯级规划的第三级水电站。该工程以发电为主，水库正常蓄水位 1405m，电站装机两台，总装机容量 240MW。水电站枢纽建筑物由碾压混凝土拱坝、右岸引水系统和地下厂房等组成，泄水建筑物由 3 个溢流表孔和两个泄流中孔组成。拱坝坝顶高程 1409.50m，最大坝高 141.5m，坝顶长 459.21m，坝顶宽 8.00m，拱冠梁坝底厚 35m，厚高比 0.247。大坝上游面最大倒悬度 0.148，下游面最大倒悬度 0.151，最大中心角 97.433°。大坝混凝土总量约 68.9 万 m^3，其中碾压混凝土 58.9 万 m^3。

2　碾压混凝土生产、运输和入仓方式

象鼻岭水电站大坝位于高山峡谷区，边坡高度 200 余米，最大坡度达 80°，大坝范围边坡无马道，坝区狭窄，不利于大型起吊设备布置。两岸边坡较陡，混凝土的运输及入仓非常困难，同时拱坝结构复杂，在 1302～1309m 高程布置有临时导流底孔，1335～1342m 高程布置有两个泄流中孔，1397m 高程以上布置有 3 个溢流表孔。

解决好混凝土的运输、入仓是大坝快速施工的关键。

2.1　碾压混凝土生产

混凝土拌和系统布置有 HL240－2S3000L 强制式拌和楼一套、HZ180－2S3000 强制式拌和站一套和 HZ90－S3000 强制式拌和站一座，系统生产能力为 360m^3/h，高于高峰期要求的 317m^3/h，可以满足月高峰 10 万 m^3 的需求。

2.2　满管溜槽应用技术

大坝左岸 1383m 高程以上碾压混凝土坝体上下游边坡坡度大，坝基槽坡度接近 50°，碾压混凝土最大面积 1500m^2，结合现场地形情况，入仓规划布置有一套满管溜槽，溜槽尺寸 0.8m×0.8m。单套平均有效保证入仓强度 180m^3/h，可以满足左岸碾压混凝土快速上升的需要。

满管溜槽具有成本低、施工简便、效率高等优势，可以在高陡边坡、高落差输送混凝土中推广使用。

2.3　高速皮带机应用技术

为了解决小仓面和运输设备无法到达碾压混凝土坝体范围的问题，项目部联合国内机械公司研制了两套高速皮带机，主要用于浇筑中孔左岸 1329～1345m 碾压混

凝土、大坝 1376.5～1383m 碾压混凝土和右岸 1383m 以上碾压混凝土。上述范围最大浇筑面积 3000m^2，小时最低入仓强度 150m^3/h。

皮带机参数：带宽 800mm，带速 3.15m/s，单台额定输送量 200m^3/h。1＃皮带机长度为 34m，采用 37.5kW 电机驱动。2＃皮带机长度为 52m，采用 55kW 电机驱动。根据皮带机使用情况，单台皮带机平均有效保证输送量 150m^3/h，两套皮带机的投入使用可以满足混凝土入仓强度要求。

高速皮带机的应用，使大坝碾压混凝土施工中皮带机入仓浇筑混凝土量累计达到 11.8 万 m^3，完成碾压混凝土总量的 20%，有效解决了小仓面和运输设备无法到达碾压施工作业面的问题。

2.4 碾压混凝土入仓方式

早在开挖施工阶段，象鼻岭项目部就开始着手研究碾压混凝土施工入仓布置问题。通过分析借鉴近些年来重力坝碾压混凝土施工的经验，根据自卸汽车入仓保证率高的特点和大坝右岸地形的特征，施工过程中建议设计人员优化了部分开挖体型便于后期布置入仓道路，最终得出了结合多手段配合入仓的方案。

大坝 1268～1376.5m（108.5m）高程碾压混凝土入仓主要采用坝前填筑入仓道路自卸汽车直接入仓方式，入仓口放置预制混凝土封仓块（长×宽×高：1.5m×0.9m×0.6m），再架设钢栈桥（长×宽：12m×3.5m）跨上游防渗区，钢栈桥底部与混凝土接触面铺设厚度 10mm 钢板，避免自卸汽车反复在防渗区碾压，保证了防渗区碾压混凝土施工质量。

大坝 1376.5～1383m（6.5m）高程范围施工及表孔右侧 1383～1407.5m（24.5m）高程范围施工，已无法填筑入仓道路，项目部充分结合右岸边坡特点，采用布置在右岸上游的两套高速皮带机入仓。

大坝 1383～1407.5m（24.5m）高程范围施工，由于受表孔的影响，左右岸碾压混凝土结构被分成两部分，右岸采用一套皮带机入仓，左岸采用架设满管溜槽方式入仓，仓内采用自卸车转料，有效解决了小仓面难以碾压入仓的问题。

3 模板工程

通过对拱坝体型计算、坝内结构分析和模板总体规划，施工模板主要采用如下几种形式：

（1）大坝上下游面采用可翻转上升的悬臂可调式翻转大模板。根据拱坝体型图，经过计算优化，确定单块模板的外形尺寸为 3.0m×1.8m（宽×高），工作平台及栏杆采用角钢制作。单块模板可根据拱坝的曲线和垂度进行体型调整，以满足拱坝体型尺寸要求。单仓备仓高度达 5m，施工过程中随大坝连续浇筑，仓内采用 12t 汽车吊或 20t 缆机提升翻转模板，满足了大坝连续施工需要。

（2）大坝坝体灌浆廊道采用提前在预制厂内制作的预制混凝土模板，每节宽 1m，减少了大坝在底层廊道和中层廊道施工的备仓时间，提高了施工效率。

（3）诱导缝和横缝采用重力式混凝土预制模板。重力式预制模板构件尺寸为：上部宽度 12.5cm，下口宽度 35cm，高度为 27cm，长度为 100cm，可满足人工安装的要求。

结合工程特点，有针对性地规划模板结构和形式，不但方便施工，还可加快施工进度。

4 碾压混凝土施工工艺

4.1 碾压层厚度及升层高度确定

根据大坝碾压混凝土浇筑的工期计划、入仓方案、拌和运输能力、季节温度、仓面面积、模板强度和碾压混凝土的初凝时间，综合考虑碾压混凝土施工的碾压层厚度及升层高度，是保证大坝浇筑质量和施工安全的重要措施。当仓面面积小于 4500m^2 时，碾压层厚度为 30cm；当仓面面积大于 4500m^2 时，碾压层厚度为 25cm。这样可以在高温季节快速摊铺，及时碾压，减少混凝土层间结合时间，保证混凝土层间结合质量，避免混凝土的初凝，减少混凝土的温升。

大坝碾压混凝土浇筑升层高度原计划按照单仓 5～9m实施。该方案虽有利于混凝土温度控制和便于施工组织，但难以实现混凝土快速上升，不能满足进度要求。为此，通过优化资源投入，努力创造施工条件，实际施工中对大部分坝体采取 5 ～11m 高升层混凝土浇筑方法，缩减了浇筑分层数量，达到了加快施工进度的目的。同时通过加强模板固定，调整混凝土冷却通水的供水量和通水方式，保证了施工安全和施工质量。

4.2 铺料与平仓

混凝土料在仓面上采用自卸车两点叠压式卸料串联摊铺作业法。铺料条带从下游向上游平行于坝轴线方向设置，每一条带宽 7～9m。对于卸料和平仓条带表面出现的局部骨料集中采用人工分散，与模板接触的条带采用人工铺料，对反弹回来的粗骨料及时分散开，并在上下游大模板上刻画出层厚线，做到条带平整，层厚均匀，最终平仓后的整个坝面略向上游倾斜。

4.3 碾压

采用大碾压机振动碾压时，碾压遍数为：先无振 2 遍，再有振 8 遍，最后无振 2 遍，碾压机作业行走速度为 1～1.5km/h。采用小碾压机振动碾压时，碾压遍数为：先无振 2 遍，再有振 25～30 遍，最后无振 1～2 遍，碾压机作业行走速度为 1.5km/h。碾压机沿碾压条带行走方向平行于坝轴线，相邻碾压条带重叠 20cm；同一条带分段碾压时，其接头部位重叠碾压 1m；在一般情况下不得顺水流方向碾压。

4.4 VC 值控制

碾压混凝土的 VC 值对碾压的质量影响极大，应随着气候条件变化而作动态调整控制。本工程出机口 VC 值为 2～4s，仓面 VC 值 4～7s。雨天取值偏向上限值，夏天阳光照射时取值偏向下限值。经过碾压后，混凝土表面泛一层薄薄的浆体，又略有些弹性。同时，在初凝前应碾压上一层，使上层碾压振动时，上下层浆体和骨料能相互交错，形成整体。

4.5 变态混凝土施工

大坝与岩基面接触处、廊道周边等部位采用变态混凝土。其施工方法是，混凝土铺摊平仓后人工抽槽，再注入适量的水泥煤灰净浆，并用插入式振捣器从变态混凝土的边缘附近向碾压混凝土方向振捣。在岸坡变态混凝土与碾压混凝土的结合部位，顺水流方向再碾压 1～2 次；其他部位的变态混凝土与碾压混凝土结合部位，用 BW517V50 小碾压机按试验达标要求次数往返碾压，以保证其结合部施工质量。

4.6 层间结合及缝面处理

对于连续上升的层间缝，层间间隔不超过初凝时间的不做处理；同时对迎水面二级配防渗区，在每一条带摊铺碾压混凝土前，先喷洒 5mm 厚的水泥煤灰净浆，用以增加层间结合的效果。所需的水泥粉煤灰净浆严格按照试验室提供的配料单配料，洒铺的水泥灰浆在条带卸料之前分段进行，不得长时间暴露。

每一大升层停碾的施工缝面均充分凿毛，并用压力水冲洗干净。在上升时，全仓面摊铺一层 1.5～2cm 厚的水泥砂浆，以增强新老碾压混凝土的结合。

4.7 诱导缝和横缝施工

诱导缝和横缝采用重力式混凝土预制块结构形成。根据碾压分层，对层面安装诱导缝或横缝混凝土预制块，预制块内设置重复灌浆系统管路。当铺料条带在距诱导缝或横缝 5～7m 时，卸两车料后，用平仓机将碾压混凝土料小心缓慢推至诱导缝或横缝位置，覆盖预制混凝土块，并保证预制块的顶部有 5cm 左右厚度的混凝土料，这样可以避免预制块受到碾压移位或破坏。

5 施工进度情况

象鼻岭水电站 2015 年 4 月 21 日开始浇筑碾压混凝土，到 2017 年 6 月 10 日完成浇筑。其中在 2016 年“二枯”高峰时段施工中，单月完成了大坝 1312～1329m 高程通仓平层碾压混凝土浇筑（最大平铺面积约 5800m^2），月上升 17m，大坝在 5 月底按期完成了 2016 年度汛进度，为汛期大坝碾压混凝土继续施工创造了有利条件；2016 年年底，大坝浇筑至 1383m 高程，全年浇筑高度累计达 103m；2017 年 10 月 21 日，大坝实现全线封顶，在 2017 年终实现了下闸蓄水和双机发电进度目标。目前大坝运行正常。

施工中为加快进度，增加了拌和能力，加大了冷水供应量，加粗了供水主管，采用具有自主知识产权的专利模板定位软件，对加快工程进度起了保障促进作用。

6 结束语

象鼻岭水电站碾压混凝土双曲拱坝结构复杂，大坝高达 141.5m，施工过程中对碾压混凝土双曲高拱坝快速施工技术进行了的合理策划，根据不同施工部位采用不同的入仓方式和不同形式的模板，并实施科学可行的浇筑碾压工艺，实现了大坝碾压混凝土快速上升，为类似工程提供了快速施工的经验。

浅谈引水系统钢筋混凝土岔管衬砌施工技术

田卓伦 李延伟/中国水利水电第十一工程局有限公司

【摘 要】 对设有多台机组的低水头地下厂房式水电站，引水主管末端采用钢筋混凝土岔管结构，相比钢岔管造价低，但由于该结构为空间异性变截面曲面，模板制作、钢筋加工和现场安装施工技术难度较大。本文通过伊泰兹水电站钢筋混凝土岔管实践，总结衬砌施工经验。

【关键词】 钢筋混凝土 岔管衬砌 施工经验

1 工程概况

赞比亚伊泰兹水电站引水系统进入发电厂房前分叉为1号支管洞和2号支管洞。岔管段长29m（轴线总长度），其平面呈“卜”型结构，岔角65°，如图1所示。

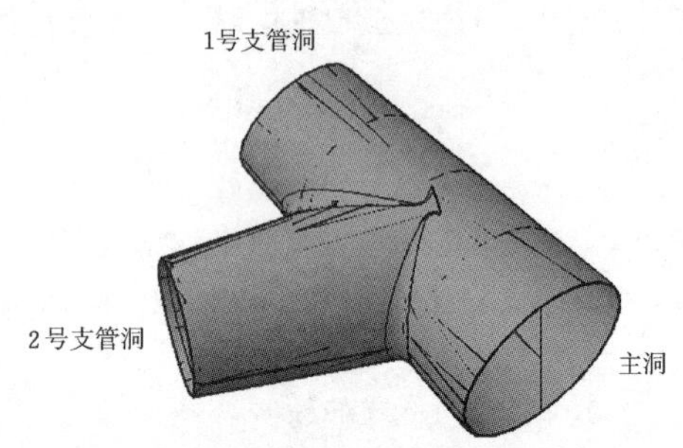

图1 岔管立体示意图

设计岔管采用钢筋混凝土衬砌，衬砌厚度1.5m，混凝土设计标号为C25，衬砌后内径由主洞9m变至支管洞6.185m。高压岔管主洞段内层配ϕ32@150mm双层环向筋，外层配ϕ25@150mm单层环向筋，ϕ20@200mm纵向筋；支管洞段内层配ϕ32@150mm双层环向筋，外层配ϕ25～32@150mm单层环向筋，ϕ20@200mm纵向筋；岔口段布置有ϕ32@150mm环向加强筋。混凝土总量约1200m^3，钢筋总量约150t。

在整个岔管段围岩内全断面布设有ϕ25@30°×2m系统锚杆，锚杆长度5m，入岩3.6m。

岔管段设计有回填灌浆和固结灌浆。顶拱部位固结灌浆孔兼回填灌浆孔。固结灌浆孔布孔长度为6m，间排距30°×3m。在混凝土浇筑过程中安装PVC管并在浇筑完成以后打孔灌浆。

2 施工方法

2.1 施工程序

鉴于本工程岔管洞径较大，体型变化复杂，钢筋密集等因素，混凝土施工分先底拱、然后边拱、最后顶拱三步完成。具体实施步骤：

(1) 安装底板模板，浇筑底板120°范围，设第一道水平施工缝，见图2。

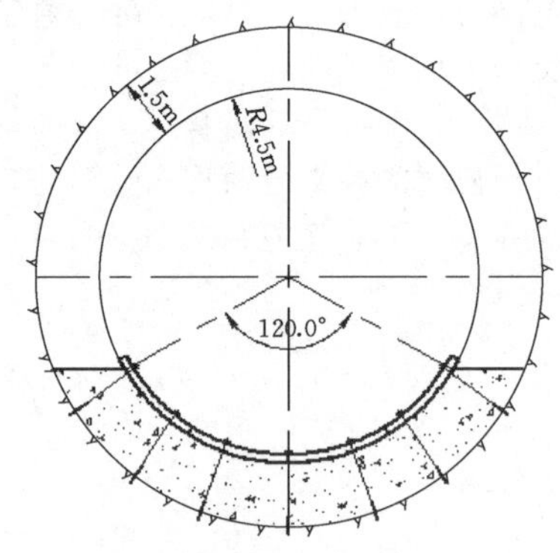

图2 岔管底板施工图

(2) 底板混凝土养护、等强达到70%以上，安装边拱模板，搭设满堂扣件式脚手架，对边模内拉外顶，完成边拱混凝土浇筑，设第二道水平施工缝，见图3。

(3) 安装顶拱模板，完成顶拱混凝土浇筑，见图4。

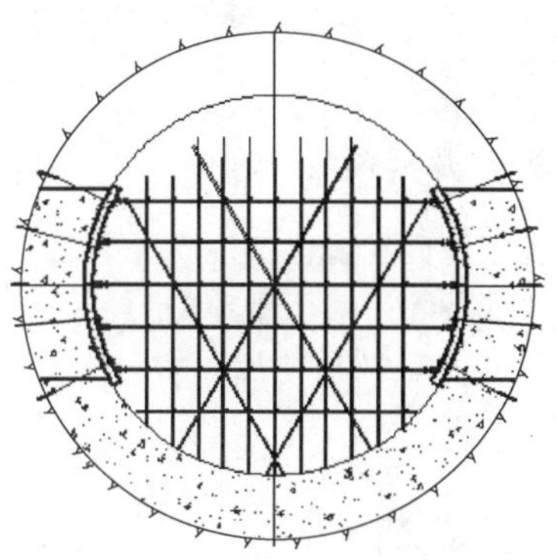

图3　岔管边拱施工图

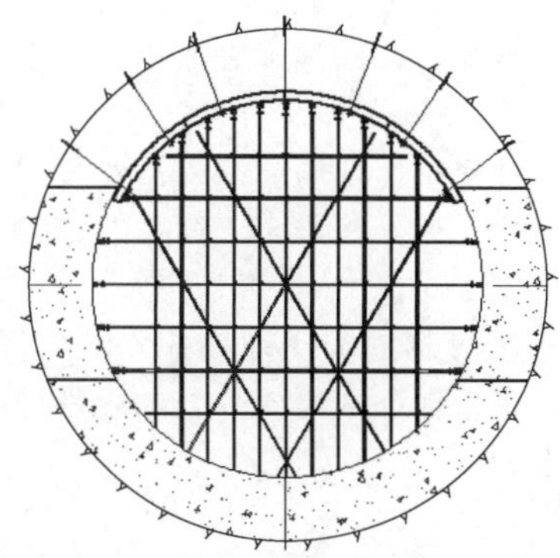

图4　岔管顶拱施工图

2.2　模板形式

2.2.1　设计思路

岔管段因具有体型复杂、衬砌厚度较大、内径渐变等特点，无法使用整体成型模板。在确保衬砌体型准确、混凝土面过渡光滑平顺等工程质量要求的前提下，本着“既要立得起、又要拆得走”的原则，确定采用组合木模板；根据浇筑流程分底拱、边拱和顶拱的特性，确定将模板划分为底拱模板、边拱模板和顶拱模板。模板制作仅考虑底拱模板，边、顶拱模板周转底拱模板。底拱模板采用双 $\phi 48$ 钢管背楞，顺隧洞上下游布置，环向间距 0.6m，并配 $\phi 16$ 拉筋加固；边拱模板加固采用满堂扣件式钢管脚手架，端部设置可调节顶托外顶和 $\phi 16$ 拉筋内拉；顶拱模板采用满堂扣件式钢管脚手架，顶部设置可调节顶托进行加固。岔管内壁纵断面剖切图见图5。

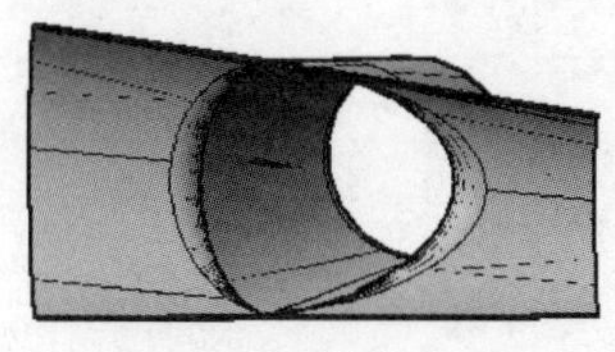

(a) 左视图

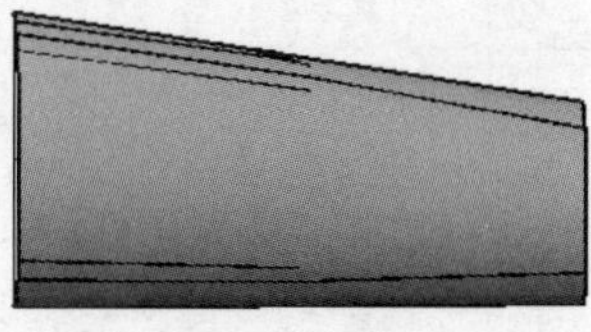

(b) 右视图

图5　岔管内壁纵断面剖切图

2.2.2　模板结构

（1）模板弧形背楞布置垂直于各洞轴线，一般均由4片组装而成（岔口处除外），每一片拱架弧长控制在1.5～2.5m，沿洞轴线制作长度1m，以减轻重量。模板弧木背楞采用 0.05m×0.2m 木板放样加工制作，背楞中心间距 0.25m；面板采用 12mm 竹胶板，采用铁钉固定在背楞上。模板加工平面、断面图见图6、图7。

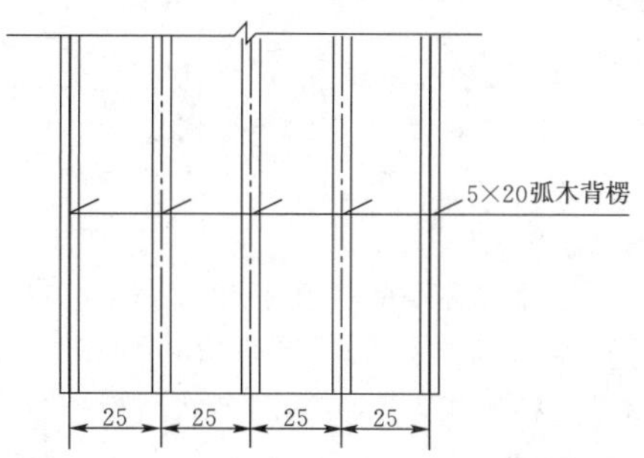

图6　模板加工平面图（单位：cm）

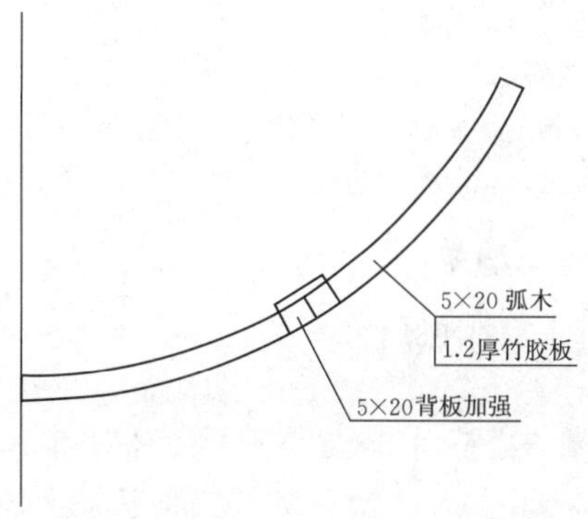

图7　模板加工断面图（单位：cm）

（2）底拱 120°范围内弧木之间采用 0.05m×0.2m 背板钉成整体。其主要承受混凝土浮力，采用双 $\phi 48$ 钢管纵向背楞配 $\phi 16$ 拉筋与隧洞底部锚杆连接加固。在模板底部间隔 1.5m 设置 15cm×15cm 混凝土下料口。

（3）边拱采用内拉外顶的加固型式，顶拱采用搭设满堂扣件式脚手架，顶部设置可调节底托，上面铺设纵向 12cm×12cm 方木进行加固。脚手架立杆间排距 0.6m×0.6m，水平杆层距 1m，沿隧洞轴线每 3m 设置一道剪刀撑，组成一个稳定、坚固的空间桁架系统。

（4）岔管模板必须在加工厂进行组装，验收满足设计尺寸后，编号、拆卸，运至洞内安装。

3　施工工艺

3.1　施工放样

为使岔管施工净空尺寸满足设计要求，施工中应注意以下问题：

（1）每 15°放一根钢筋样架控制标线。

（2）所有拐点处都要放一个点，但同一直线段只放两个点。

(3) 由于岔管是一个圆断面的渐变段，所以同一钢筋架子的点线，必须是一组对应点才能保证两点间是一条直线。

(4) 在相贯线部位，要求每隔 1m 左右放一个点。

3.2 钢筋制安

岔管段结构复杂，钢筋布置密集，种类多，型式复杂多变，有 100 多种型式，钢筋规格多数为 ϕ32。钢筋加工考虑到洞内运输、安装方便，钢筋长度不超过 9m，钢筋接头采用绑扎。

由于岔管段存在空间异性渐变曲面，有部分地段钢筋是椭圆渐变，钢筋加工厂无法放样加工，采用 CAD 三维制图工具绘制出岔管结构图，然后根据钢筋间距设置剖切线，对结构进行剖切提取剖切断面，即可取得精确的钢筋放样数据。钢筋制作加工时，严格按下发的车间图放出实样，试制合格后，再成批制作。加工好的钢筋挂牌堆放整齐。钢筋绑扎时以岔管放样点为基准焊接架立筋。钢筋安装按“先外后内，先弯后直，层次清晰，相互配合”的原则进行。

3.3 混凝土浇筑

3.3.1 底拱混凝土浇筑

底拱混凝土浇筑采用 2 台 HBT60 拖泵泵送混凝土入仓，采取台阶分层下料，下料厚度控制在 30cm 左右，从下游浇筑至上游。先浇至底拱面层钢筋高程以下 20cm 左右，然后根据来料情况，从两侧边墙均匀下料，高差不超过 50cm，浇筑至底拱 120°位置。此部位根据设计图纸要求需设置一道水平橡胶止水带，在浇筑过程中加强对止水带的定位和保护。混凝土振捣采用 ϕ50 软轴振捣棒进行振捣。由于底拱是反弧段，混凝土不宜排气，底拱混凝土表面宜出现气泡以及孔洞等质量缺陷，应根据混凝土的凝结时间，适时拆除底部模板，进行原浆抹面。

3.3.2 边拱混凝土浇筑

边拱混凝土浇筑输送泵管敷设在搭设好的满堂支架上，两侧边拱各布设一根输送混凝土的软导管，以方便混凝土从边拱模板顶面沿侧壁入仓，顶面两边拱混凝土浇筑对称下料，高差不得超过 50cm，采用插入振捣。混凝土浇筑前，在老混凝土面上先铺一层 3～5cm 厚的与设计混凝土同强度的富浆混凝土，再分层浇筑混凝土。

3.3.3 顶拱混凝土浇筑

由于岔管段混凝土设计厚度 1.5m，顶拱 120°范围内混凝土浇筑采用退管法，仓内导管从内外层钢筋之间穿过，并用 ϕ12 钢筋吊于外层钢筋上，且尽量高吊，以确保顶拱混凝土能够浇满。顶拱混凝土振捣时，操作人员必须进入仓内，采用插入式振捣器振捣。在靠近堵头的部位，采取在堵头模板上部预留振捣孔进行振捣，并在堵头模板最高点设置观察孔观察混凝土是否浇满。

3.4 模板拆除及混凝土养护

对侧面模板，应在能保证混凝土表面及棱角不因拆模而损坏时才能拆除。对于承重的顶拱模板，应在混凝土达到设计强度的 70%后才能拆除。模板拆除后继续洒水养护 21 天。

4 质量保证措施

(1) 岔管段施工前，编制钢筋混凝土岔管施工技术要求和作业指导书，并对施工人员进行详细的技术交底及培训。

(2) 施工过程中，现场技术人员要严把工艺关，做到完成一道工序，验收一道工序，第一道工序不合格，不得进入第二道工序。

(3) 岔管段衬砌混凝土厚度 1.5m，钢筋密集，在混凝土浇筑过程中加强混凝土拌合物的性能检测，确保满足浇筑要求。

5 安全措施

(1) 采用组合木模板进行混凝土施工时，要在仓面搭设人行通道和作业平台。

(2) 混凝土振捣棒设备使用前要经过全面检查。

(3) 仓号内照明采用低压 36V 照明灯。

(4) 采用两台混凝土拖泵施工时，两侧入仓均匀下料，防止单侧受力集中，保证支撑结构的稳定性。

(5) 设专职质检员全程旁站，关键控制混凝土浇筑速度、下料位置及振捣情况。

6 资源配置

6.1 主要施工设备配置

主要施工机械设备配置见表 1。

表 1　主要施工机械设备配置

序号	机械名称	规格和型号	数量	用　途
1	混凝土输送泵	HBT60	2 台	岔管段混凝土浇筑
2	软轴振捣器	ϕ50	8 台	混凝土振捣
3	电焊机	BX-500	2 台	岔管段架立筋以及拉筋焊接
4	混凝土罐车	6m^3	3 辆	混凝土运输
5	木工机床	锯、刨、钻三合一一体机	1 套	模板制作

6.2 主要劳动力配置

主要劳动力配置见表2。

表2 主要劳动力配置表

序号	工种	单位	数量
1	工长	人	2
2	技术质检员	人	2
3	模板工	人	8
4	钢筋工	人	12
5	混凝土工	人	8
6	电工	人	1
7	驾驶员	人	3
合计		人	36

7 成型效果

赞比亚伊泰兹水电站岔管段钢筋加工、安装规范，衬砌模板及支撑形式简单、稳定、可靠。衬砌完成拆模后，经检查，混凝土衬砌体型满足设计图纸要求，表面曲线过渡光滑平顺，特别是月牙肋部位成型效果良好。

8 结束语

赞比亚伊泰兹水电站岔管段衬砌通过分底拱、边拱、顶拱三阶段组织施工，模板可周转使用，降低了工程成本，同时利用CAD三维制图成功解决了复杂异性渐变曲面钢筋放样加工的问题。实践表明，该方案实用、可行，可供同类工程借鉴。

浅谈圆筒型钢筋混凝土高水位软基沉井施工技术

孙　波　王　琨　张福军/中国水利水电第三工程局有限公司

【摘　要】陕西大荔县洛北水系供水工程管道需穿越洛河，在河滩和河床内施工。该地段地下水位高，河床淤泥厚，粉沙和软基多，施工困难，不宜采用大开挖方案。本文叙述了为保证穿越河床的顶管机在干地组装及顺利顶进、施工供水管道顺利锚设而设置的沉井施工技术。

【关键词】穿越河床　高水位　软基沉井　施工技术

1　概述

大荔县洛北水系连通生态治理PPP项目主要包括15km供水工程和荔北湖、东府湖两个蓄水湖面的整治工程。

供水工程水源取自沙苑湖，供水管线穿越洛河河床，采用顶管施工，过洛河段为两道ϕ800mm的管道，每道的长度760m，间距20m，设计管轴线高程327.6m。为保证顶管机穿越河床施工，两条供水管道在河滩和河床上布置了10个操作沉井，作为顶管机的安装、操作和撤出的工作间。其中4个工作井，内径尺寸为ϕ9.0m，外径尺寸ϕ10.8m；6个接收井，内径尺寸为ϕ4.5m，外径尺寸为ϕ6.3m。钢筋混凝土井壁厚均为0.9m，刃脚踏面宽度0.2m。最深沉井17.06m。沉井平面布置见图1，典型沉井剖面见图2。

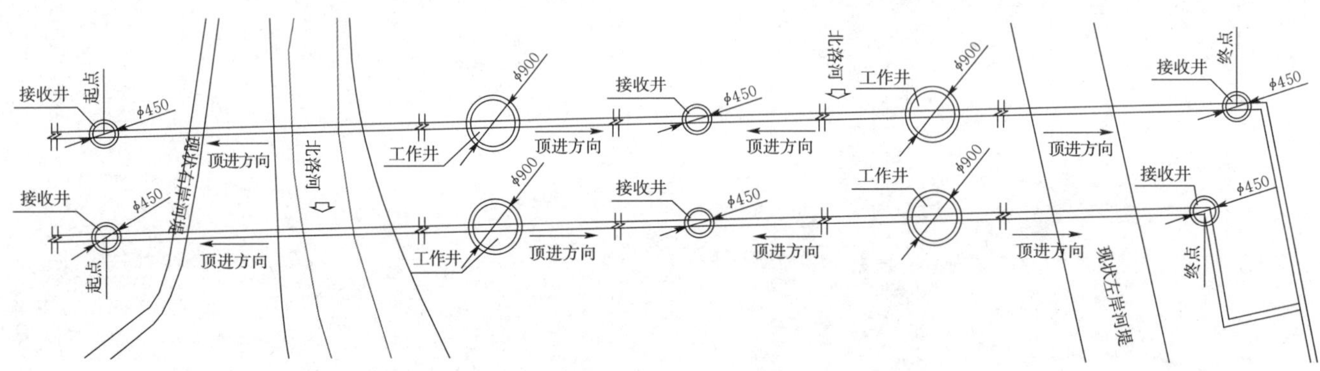

图1　沉井平面布置图（单位：cm）

圆筒型钢筋混凝土沉井施工技术在国内已经有广泛应用。其工艺是依靠现浇的混凝土井筒自重，克服井壁摩阻力后下沉到设计标高，在钢筋混凝土井筒内挖土，然后用混凝土封底，使后续工作在干地进行。

本施工区域由于河床漫水冲刷浸泡，表层胶泥状淤泥厚度0.5～1.5m，前期施工3～4m深基坑基本已淤平，地下水深1～2m，土壤含水饱和度高，且淤泥细粉沙层厚。沉井基坑开挖放坡及支护难度大，边坡稳定性差，细粉沙层、淤泥及饱和的软弱地层不利于大型设备的停靠和作业，施工难度大。

2　施工方案选定

钢筋混凝土沉井法能有效解决不利的地质情况，闭水性较好，能安全进行深基坑的操作施工。基于以上原因，经多方案比较后，决定地面3m以上采用反铲开挖，3m以下采用钢筋混凝土沉井方案。

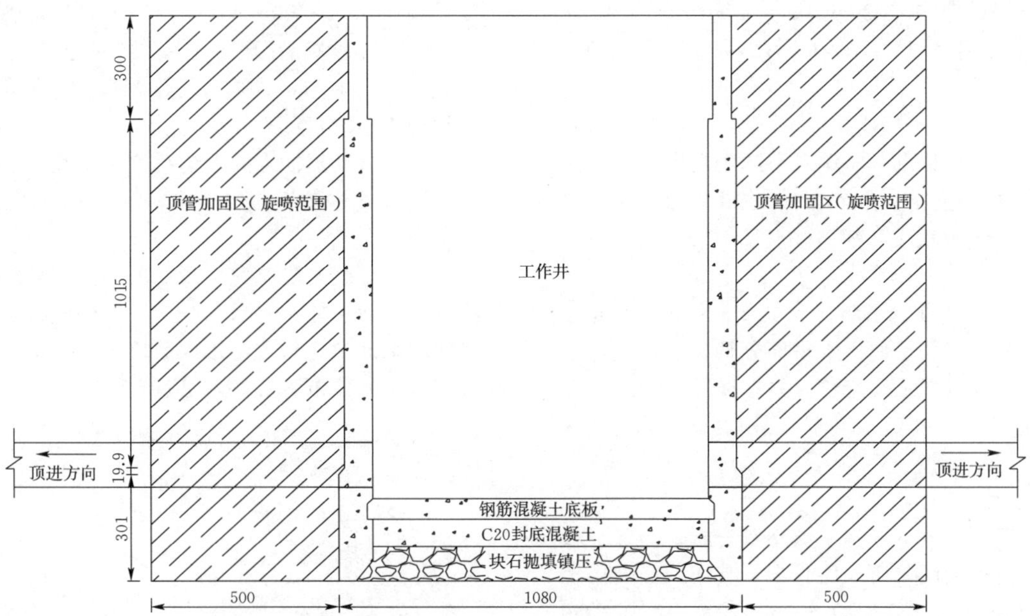

图 2　典型沉井剖面图（单位：cm）

根据成品顶管单节规格（6m 长）、顶管机施工设备及工艺要求，以及井的深度受力分析，设定沉井为圆筒型钢筋混凝土结构，其中工作井内径 9m，接收井内径 4.5m，最高井深 17.06m。

3　沉井施工方案

3.1　总体安排

高度在 7m 以上的采用分次浇筑，分次下沉。第一次浇筑高度为沉井高度的 50%～60%，待第一次下沉至场地面以上 50cm 时，进行第二次浇筑，第二次浇筑高度一般为 3m，最后进行剩余部分浇筑，并下沉至设计高程。每次下沉时，混凝土强度不低于设计值的 85%。下沉方法采用高压水枪射水下沉，地表以下 3m 深度范围采用长臂挖机挖土下沉的施工方法。

3.2　施工工艺

沉井施工工艺流程见图 3。

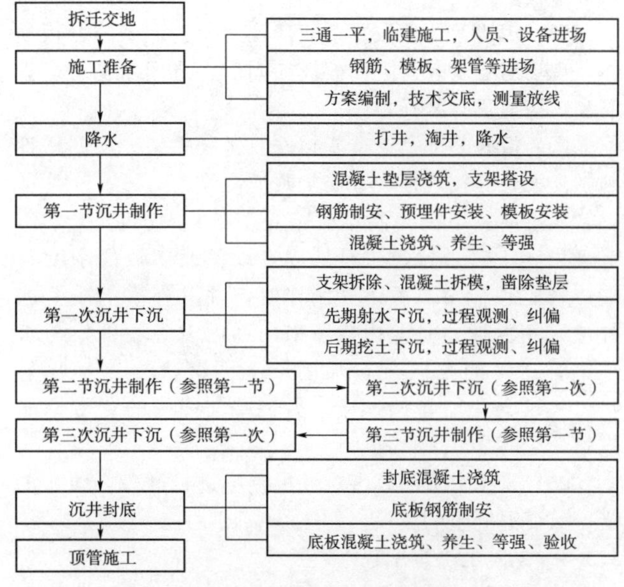

图 3　沉井施工工艺流程图

3.3　沉井制作

3.3.1　素混凝土垫层

素混凝土垫层直接承受沉井重力的作用，不能偏小过薄（受冲切和局部受压而被破坏），亦不能偏大过厚，给下沉施工造成困难。经混凝土垫层扩大作用后的压力要小于天然地基的容许承载力（$[\sigma]$）。即

$$G/b \leqslant [\sigma] \tag{1}$$

式中　G——沉井沿圆周单位长度重量，kN/m；

b——C15 素混凝土的宽度；

$[\sigma]$——粉砂地基的容许承载力，kPa。

为了确保沉井新浇筑混凝土的质量，尽量减少立模、浇筑过程中地基的沉降量，其垫层厚度 h 需满足以下公式：

$$h \geqslant G(b-b_0)/(2N+1.2b\times f_t) \tag{2}$$

式中　h——混凝土垫层厚度，m；

G——沉井沿圆周单位长度重量，kN/m；

b——C15 素混凝土的宽度；

f_t——C15 混凝土的轴心抗拉强度设计值；

b_0——刃脚踏面宽度，m。

由式（1）可得：$b \geqslant G/[\sigma]=1.39$m。

C15 素混凝土的宽度，为满足施工，沉井内满铺，

沉井外延伸 50cm，大于 1.39m，满足规范要求。

由式（2）可得：$h \geqslant G(b-b_0)/(2N+1.2b \times f_t)=0.13\mathrm{m}$。

厚度取 15cm，满足规范要求。

综上所述，为保证沉井制作时刃脚座在同一平面上和便于浇筑沉井，施工时铺设 15cm 厚混凝土垫层。混凝土垫层采用 C15 混凝土，超出井壁外 50cm。

3.3.2 钢筋工程

钢筋按照放样单进行下料，先立 2～4 根竖筋与插筋绑扎牢固，并在竖筋上划出水平筋分档标志，然后在下部和齐胸处绑扎两根横筋定位，并在横筋上划出竖筋的分档标志，接着绑扎其他竖筋，最后再绑扎其他横筋。井壁钢筋逐点绑扎。

3.3.3 模板工程

（1）模板采用 10mm 厚优质涂塑胶合板。为保证模板的整体性，模板加固采用双层骨架，其中：竖向围檩采用 10mm×6mm 方木，间距 500mm，水平背带采用两根 ϕ22 钢筋连接，层间距 500mm，井壁内外模板采用螺杆对拉。

（2）刃脚等体形较复杂的部位，加工定型胶合板模体，现场组合安装。大面模板加固后，再用木楔子、钢筋和顶撑等进行补强加固。

（3）沉井外部搭设金属扣件双排脚手架，内部搭设满堂支架，并按规范设置安全防护装置。

（4）第一节沉井制作时，井壁的内外模板均采用上、中、下三道抛撑进行加固，以保证模板的刚度与整体稳定性。第二节沉井制作时，井壁外模仍按上述方法采用抛撑，井壁内模可采用井内设中心排架与水平钢管支撑的方法进行加固。水平钢管支撑呈辐射状，一端与中心排架连接，另一端与内模的背带钢筋连接。

（5）采用宽透明胶带对模板拼缝进行处理，防止漏浆，保证混凝土的质量。

3.3.4 混凝土浇筑工程

（1）混凝土采用汽车泵直接布料入仓，每层浇筑厚度控制在 300～500mm。采用插入式振动器，操作要做到“快插慢拔”。在振捣上一层混凝土时，振动器插入下层混凝土中 5cm 左右。上层混凝土的振捣在下层混凝土初凝之前进行。

（2）振动器插点要均匀排列，防止漏振。为了防止模板变形或地基不均匀下沉，沉井的混凝土浇筑对称、下料均衡。

（3）混凝土浇筑完毕后 12h 内采取养护措施。可对混凝土表面覆盖和浇水养护，井壁侧模拆除后应悬挂草袋并浇水养护，每天浇水次数应满足能保持混凝土处于湿润状态的要求。沉井施工过程见图 4。

图 4 沉井施工过程

3.4 沉井降水

3.4.1 布设位置与要求

根据需要降水的深度范围和渗流量，采用沉井射流法降水。根据计算，降水井内径 30cm，每口深井的有效降水面积约 300m²，深度至少满足最大开挖深度时地下水位保持在开挖面以下 1m，用以保证降水效果能满足沉井封底时在无水环境下施工作业。

降水井位置沿井筒内壁外扩 5～8m 环状均布，相邻间距不大于 5m，且避开地下顶管顶进、接收位置。工作井周围布置 9 个降水井，接收井周围布置 8 个降水井。降水井布置示意见图 5。

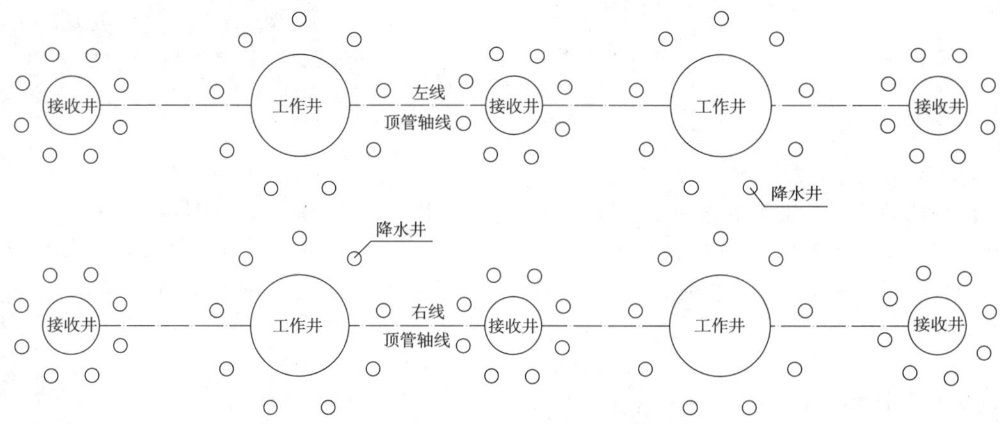

图 5 降水井布置示意图

根据井深和沉井区域土层的含水量，在井底 0.5m 以上设置一节长度为 4.0m 的滤管，并在自然地面以下 4.0m 处设置一节长度为 2.0m 的滤管。深井泵吸水头应放在滤水管下口处沉沙管部位，以便有效地抽取地下水。

每口降水井配置一台潜水泵，排量为每小时 10m^3，扬程 40m。

3.4.2　工艺流程

为了保证施工质量，深井的布置打设应符合施工技术规范的要求。降水井施工工艺流程见图 6。

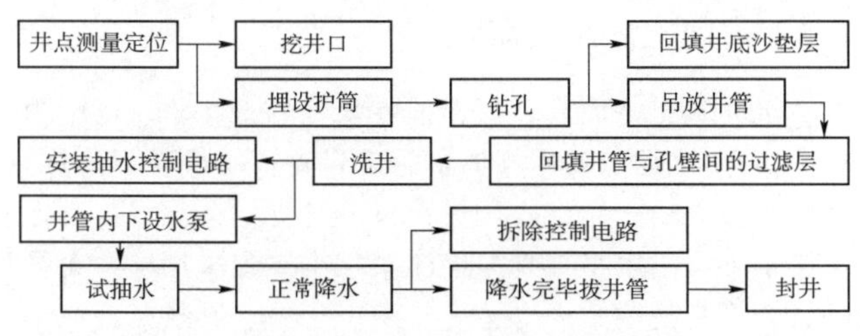

图 6　降水井施工工艺流程图

（1）测定井位：根据井位平面布置图并结合沉井基础图施测降水井井位，井位可适当调整。

（2）埋设护筒：开挖井位，以挖至原土为宜，然后埋设护筒，其中心位置偏离既定井位不超过 10cm。

（3）井位就位：使冲击钻头下落时落在护筒中心，同时钻机支腿要落在实处，并保证其牢固。

（4）开钻、成孔：开钻初始，向孔内注水，人工扶持钻头钢丝绳，防止钻头偏移，并限制落距，待钻头进深 2m 左右后加大落距，以利钻进。成孔完毕后将孔内泥浆冲净，泥浆比重控制在 1.05 以下。

（5）选管、下管、回填过滤层：成孔后马上下管，防止井孔塌孔。下管前，选择坚固无裂缝的无砂管下到最底处，用导向架上的钢丝绳将管一根根放进孔内，直至设计深度，要求露出地表 20cm 左右。下完管后马上回填过滤层填料，选择粒径在 0.2～0.5cm 的干净砾石沿井管周边顺序回填捣实。

（6）洗井：下管完毕后进行洗井，洗至清水为止。

（7）洗井完毕后，移机下一井位，重复上述工艺施工。

3.5　沉井下沉

3.5.1　下沉前的验算

沉井下沉时，必须克服井壁与土间的摩阻力和地层对刃脚的反力，其比值称为下沉系数 K，一般应不小于 1.15。井壁与土层间的摩阻力计算，通常的方法是：假定摩阻力随土深而加大，并且在 5m 深时达到最大值，5m 以下时保持常值。

沉井下沉系数的验算公式为

$$K=(Q-B)/(T+R)$$

式中　K——下沉安全系数，一般应大于 1.15；

Q——沉井自重及附加荷载，kN；

B——被井壁排出的水量重力，kN，如采取排水下沉法时，$B=0$；

T——沉井与土间的摩阻力，kN，$T=\pi D(H-2.5)f$；

D——沉井外径，m；

H——沉井全高，m；

f——井壁与土间的摩阻系数，kPa，查地质资料；

R——刃脚反力，kN，如将刃脚底部及斜面的土方挖空，则 $R=0$。

根据该公式计算最深沉井第一节 7m 段：$K_1=1.69>1.15$，满足下沉验算要求。

第二节 14.56m 段：$K_2=1.37>1.15$，满足下沉验算要求。

由此得出，沉井可以依靠自重条件进行下沉，无需对沉井增加荷载辅助下沉。

3.5.2　沉井下沉

（1）射水冲泥下沉法。用高压水枪先将土层破碎，稀释搅拌成泥浆，然后用泥浆泵将泥浆排出井外，先冲井底中央部分的土形成锅底形，然后再均匀冲刃脚边部，使沉井靠自重挤土下沉；在密实土层中，刃脚土体不易向中央坍落，则应配以高压射水枪冲土。

现场在沉井基坑边挖一个约 400m^2 的平流式泥浆池，深 4m。池型呈长方形，泥浆泵抽出的水从池的一端流入，水平方向流过池子，从池的另一端流出。在池的进口处底部设储泥斗，其他部位池底设有坡度，倾向储泥斗。储泥斗装满时用反铲装入汽车倒入出渣场。

（2）挖土下沉法。本工程首次 3m 内沉井下沉，采用长臂反铲开挖井内中间部分的土方。井内靠周边的土方以人工开挖为主。

（3）沉井下沉控制。

1）沉井位置与标高的控制：在沉井外部地面及井壁顶部设置纵横十字中心线和水准基点，通过经纬仪和水准仪的经常测量和复核，达到控制沉井位置和标高的目的。

2）沉井垂直度的控制：在井筒内按 4 等分或 8 等分作出垂直轴线的标记，各吊线坠逐个对准其下部的标板以控制垂直度，并定期采用经纬仪进行垂直偏差观测。挖土时，应随时观测沉井的垂直度，当线坠离标板墨线达 50mm 时，或四周标高不一致时，应停止下沉施工，及时采取纠偏措施。

3.6　沉井封底

3.6.1　封底技术措施

当沉井下沉至距设计底标高 10cm 时，停止井内挖土和排水，使其靠自重下沉至设计底标高，即可进行沉井封底。沉井封底的施工要点和主要技术措施如下：

(1) 对工作井井底进行修整使其形成锅底形状，对接收井进行基底垃圾清理及平整。

(2) 先进行1层1m厚、粒径30～50cm的块石抛填护底，对井底开挖面进行镇压，再在井底浇筑厚80cm的C20素混凝土封底至底板基础高程。

(3) 封底块石镇压及封底混凝土浇筑完成，混凝土达到50%设计强度时，进行底板备仓和底板钢筋绑扎。钢筋应按设计要求伸入刃脚的凹槽内。新老混凝土的接触面应冲刷干净。

(4) 底板混凝土浇筑时，应不间断由四周向中间推进，并采用振动器振捣密实。

3.6.2 抗浮稳定性验算

沉井封底后，整个沉井受到地下水向上浮力的作用，如沉井自重不足以平衡地下水的浮力，沉井的安全性会受到影响。为此，沉井封底后应进行抗浮稳定性验算。

沉井外未回填土，不计井壁与侧面土反摩擦力的作用，抗浮稳定性计算公式为

$$K=G/F\geqslant 1.1$$

式中 G——沉井自重力，kN；

F——地下水向上的浮力，kN。

经验算，$K=1.12>1.1$。

根据上述计算可知，沉井封底后，沉井自重可以抵抗地下水的浮力。因此，沉井封底后，待底板混凝土强度达到75%，即可停止降水。

3.7 纠偏和处理措施

在沉井下沉过程中，应避免对称壁面有超过5mm的倾斜，但如果因土质变化等原因发生接近5cm的倾斜时，应采取以下纠偏技术措施。

冲洗沉井较高一侧刃脚下的土体，而另一侧刃脚下的土体不冲洗。

在倾斜高处一侧井顶上压配重，配重根据具体情况，经计算确定。

利用在沉井较高一侧的预埋注浆管，压入膨润土泥浆和压缩空气，使该侧井外壁摩阻力减少。

沉井下沉到离设计标高还有1m时，应放慢下沉速度。加强井顶标高监测。由其自然下沉到设计标高后进行封底，刃脚下的土体不能挖空。防止沉井在下沉过程中突沉。

3.8 周围土体注浆加固

沉井施工完成后，顶管前在操作井周围5m范围内注0.5∶1水泥浆加固土体，深度自支护墙底至刃脚底，确保井体周围土体密实，顶管施工安全。

本工程采用小导管深层注浆。小导管采用ϕ42无缝钢管，管身前端2.5m范围布置6～8mm泄浆孔。注浆长度因为地质原因最长达到18～20m。注浆孔采用梅花形布孔，孔间距20～30cm，本工程选用孔间距30cm布置梅花形注浆孔。

4 结束语

洛河河滩及河床地质复杂，水位较高，淤泥及软弱地层较厚，采用圆筒型沉井施工顶管机的操作井技术，成功解决了水位高和地质复杂难题，所建成的沉井保证了顶管机的正常施工，施工中未发生一起塌方、涌水和安全事故，井壁倾斜均在规范允许范围内，顶管准确对接，其技术可为同类工程提供借鉴。

赞比亚伊泰兹水电站普通混凝土小型空心砌块生产技术

邓兆勋　张　成/中国水利水电第十一工程局有限公司

【摘　要】 赞比亚伊泰兹水电站及基础设施工程需22.5万块混凝土空心砌块，由于工程所处位置偏僻，当地建材供应困难，运输成本高，施工单位利用废弃材料，自己生产，解决了问题。本文论述了普通混凝土小型空心砌块的生产设备、原材料、混凝土配合比、生产工艺以及赞比亚检验标准，可供类似工程借鉴。

【关键词】 空心砌块　配合比　生产技术　检验标准

1　工程概述

伊泰兹水电站位于赞比亚南方省，距首都卢萨卡以西约320km的凯富河上。伊泰兹水电站扩机项目包括主体工程和基础设施工程两部分，主体工程是将大坝施工时的南岸导流洞改建为引水隧洞，并开挖新的引水隧洞连接新建调压井、地面厂房及尾水渠，建成装机容量120MW的水电站，工期41个月；基础设施工程包括业主永久营地、污水处理系统及当地乡镇所需的供水系统，工期12个月。

伊泰兹水电站地处偏远，当地建筑材料匮乏，可供选择的墙体砌筑材料多为水泥制品，且运输路途遥远，综合采购成本较高，质量、规格和供应量均无法保证。施工单位利用原电站施工的弃渣废料，自己在施工现场生产普通混凝土小型空心砌块，减少了环境污染，降低了成本，保证了工期。所生产的普通混凝土小型空心砌块技术指标和数量见表1。

表1　普通混凝土小型空心砌块技术指标和数量

砌块类型	空心砖规格（长×高×宽）/mm	使用部位	数量/万块
A型（2.5）	400×200×200	房屋地坪以下基础部分	6
	400×200×150	承重墙	15
B型	400×200×100	非承重墙	1.5

注　表中A型（2.5）即为承重型砌块，强度等级为2.5MPa；B型即为非承重型砌块，无强度等级，但其平均强度必须大于1.5MPa。

2　生产设备

2.1　砌块机

砌块机本着一机多用、操作简单的设计原则，分模具、模具架和电机三部分。可通过更换模具来生产不同规格的空心砌块，属小型半自动成型设备，由赞比亚大学校办工厂加工而成。其技术参数如下：

（1）成型块数：①400×200×200（mm）4块/模；②400×200×150（mm）5块/模；③400×200×100（mm）8块/模。

（2）成型周期：30～40s。

（3）振动频率：3000次/min。

（4）电机总功率：1.5kW。

（5）外形尺寸：1200mm×1200mm×1100mm。

（6）生产场地：1800m^2。

2.2　拌和机

拌和机采用的是双锥350型拌筒正转搅拌、反转出料的自落式混凝土搅拌机，进料容积为560L，出料容积为350L，额定生产率为10～14m^3/h，满足砌块成型机生产效率。

2.3　发电机

由于赞比亚整个国家电力短缺，供电紧张，伊泰兹地区拉闸限电时有发生，为不影响砌块生产，砌块生产场自备发电机。

3 生产原材料及配合比

3.1 水泥

选用赞比亚 Chilanga 生产的 CEM Ⅱ/B－L 32.5N 水泥，属普通硅酸盐袋装水泥。以 30t 为单位，7～8 天为一周期，分批次进场。水泥存放于干燥、防潮的现场仓库中，每天领用。其抽检批次物理力学性能见表 2。

3.2 细骨料

细骨料采用工地附近河砂，经检验，含泥量为 1.2%，其他指标均符合英国标准 BS 882 规范要求。其颗粒级配见表 3。

表 2　水泥物理力学性能试验结果

检验项目	安定性	比重/(g/cm^3)	终凝凝结时间/min	抗压强度/MPa		
				2d	7d	28d
检测结果	1.5	3.11	296	—	33.4	41.2
BSEN 197－2－2000 要求	≤10	—	≥75	—	≥16	≥32.5

表 3　河砂颗粒级配分析表

筛孔尺寸/mm	10.0	5.0	2.36	1.18	0.6	0.3	0.15	0.075
通过率/%	100	96	88	79	62	29	6	0.1
BS 882 规范要求/%	100	89～100	60～100	30～100	15～100	5～70	0～15	—

3.3 石屑

虽然天然砂品质良好，但其储量不多。加之单纯使用天然砂作为砌块混凝土骨料，要想达到一定强度等级，与掺加粗粒料相比，水泥用量大，极不经济。经多方考察，在工地原有采石场附近发现大量废弃的石屑，蓄量约为 2500m^3，为建坝时加工土石坝填料的副产品。在征得建设单位同意使用后，取样检测。其洛杉矶磨耗值、小于 0.075mm 颗粒、有机质含量等技术指标均符合英国标准 BS 882 的要求。其颗粒级配见表 4。

表 4　石屑颗粒级配分析表

筛孔尺寸/mm	14.0	10.0	5.0	2.36	1.18	0.6	0.3	0.15	0.075
通过率/%	100	96	41	26	18	13	9	4	2
BS 882 规范要求/%	100	95～100	30～65	20～50	15～40	10～30	5～15	0～8	—

从表 4 可以看出，该石屑大于 5mm 的相对骨料占 59%，其他级配颗粒均为规范要求的下限。

3.4 配合比

(1) 粗细骨料混合比例。粗细骨料混合比例见表 5。

(2) 混凝土配合比选择。以投标技术要求及水泥厂家推荐的砌块配合比，即 1 袋水泥∶4 小推车骨料比例为中间值分别向两端延伸做生产性试验，以期考察成型砌块的外观及物理性能。不同配比混凝土砌块试验结果见表 6。

(3) 生产配合比。合理的混凝土配合比除满足强度、耐久性和节约原材料要求外，还应满足制作混凝土空心砌块时干硬性、和易性的要求。本工程经过比较，最终选择河砂与石屑按体积比 1∶4 混合的混合砂做骨料，以 1 袋水泥∶1 小推车河砂∶3 小推车石屑（全部为平车）为最终生产配合比。

表 5　粗细骨料混合比例表

筛孔尺寸/mm		14.0	10.0	5.0	2.36	1.18	0.6	0.3	0.15	0.075
级配	河砂/%	100	100	96	88	79	62	29	6	0.1
	石屑/%	100	96	41	26	18	13	9	4	2
分配比例	河砂/25%	25	25	24	22	20	16	7	2	0
	石屑/75%	75	72	31	20	14	10	7	3	2
合成级配/%		100	97	55	42	34	26	14	5	2
BS 882 规范要求/%		100	95～100	30～65	20～50	15～40	10～30	5～15	0～8	—

表 6　　　　　　　　　　　　　　不同配比混凝土砌块试验结果表

骨料品种	灰砂比（1 袋水泥：x 小推车骨料）	生产宽度 200mm 砌块数量/块	成品质量描述	吸水率 /%	抗压强度 /%
河砂	1∶3	16	密实、外壁光滑	8.3	3.5
	1∶4	22	密实、外壁光滑	9.2	2.7
	1∶5	25	稍密实、外壁光滑	10.1	1.8
石屑	1∶3	17	密实、外壁光滑	9.7	4.3
	1∶4	23	稍密实、外壁粗糙	11.1	3.3
	1∶5	27	上部不密实、外壁多蜂窝	13.4	2.4
河砂与石屑按 25%∶75%比例的混合砂	1∶3	16.5	密实、外壁光滑	8.5	4.0
	1∶4	22.5	密实、外壁光滑	9.6	3.1
	1∶5	26	稍密实、外壁麻面	10.6	2.2

4　混凝土砌块生产

4.1　生产工艺

混凝土砌块生产工艺见图 1。

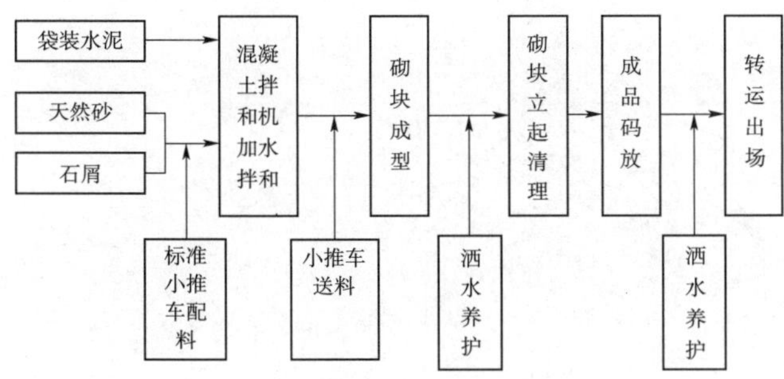

图 1　混凝土砌块生产工艺图

4.2　生产方法

（1）配料。按照确定的配合比，水泥以袋为计量单位，骨料以当地标准小推车为计量单位，每盘料 1 袋水泥、1 车河砂、3 车石屑。为保证材料计量的准确性，配料的小推车必须采用平尺荡平。

（2）拌和。拌和按河砂、水泥、石屑依次投料，干拌 1min 后再加水搅拌 2min。用水量加入的多少以混凝土稠度手抓成团、成型后不变形易翻浆为宜。混凝土应随拌随用，如出现特殊情况，如混凝土水分蒸发变白失去塑性时，严禁二次加水，应做弃料处理。

（3）成型。混凝土小型空心砌块的成型采用振动加压半自动小型砌块成型机（见图 2）。混凝土入模前，地面需铺撒 3～5mm 厚的细砂，以便于后期砌块与地面的分离。混凝土入模后震动成型，为确保砌块的密实度，震动加压（不低于 15s），四周翻浆后慢慢匀速提模。如发现脱模后的砌块出现缺角、裂缝等质量缺陷，应立即移入拌和机重新拌和，并检查模具是否变形或者模具转角、侧壁附有黏结物。

图 2　正在成型中的混凝土小型砌块机

（4）养护。砌块静停期间，对湿砖采取封盖、遮蔽等措施，防止直接雨淋、日晒造成水泥浆流失和水分的缺失。24h 后开始浇水养护，每日浇水 3 次以上，应保持产品为湿润状态。静停 3 天后，砌块立起清理底部，移至场外继续浇水养护至 14 日，待混凝土砌块达到 28 天龄期，保持干燥状态出场。

（5）成品码放。混凝土砌块应分规格码放，堆垛上设标记和日期便于识别；堆放现场必须平整，堆放高度不宜超过 1.6m，堆垛之间保持适当通道，应有防雨和排水措施。砌块移除场外码放时，砌块强度不高，容易被压伤、碰伤而掉棱缺角或形成内伤，最终影响混凝土砌块的质量。因此，码放时必须轻拿轻放。

（6）成品倒运。混凝土砌块养护龄期必须达到 28 天以上，强度达到设计要求方可出场。砌块进入工地现场必须按照施工现场要求码放整齐，不得倾倒卸车，以减少砌块的机械损伤。

5　检验标准

砌块成品检验采用赞比亚标准《预制混凝土和砂

子-水泥砌块》（ZS 007：1973），经多批次取样检测均符合标准，特别是抗压强度基本稳定在 2.9～3.1MPa 之间。

6 生产率

在保持 8～9 人的情况下，每班消耗水泥 70 袋，生产规格 400mm×200mm×200mm 砌块，每班 1550 块左右；生产规格 400mm×200mm×150mm 砌块，每班 1950 块左右；生产规格 400mm×200mm×100mm 砌块，每班 2600 块左右。

7 生产成果及推广

赞比亚伊泰兹水电站基础设施混凝土砌块从开始生产至结束生产共生产各种规格混凝土砌块近 15 万块，质量满足要求，解决了建材匮乏、供应运输困难的工程难题，保证了工程的正常进行，降低了成本。

该生产工艺 2015—2018 年在赞比亚下凯富峡水电站基础设施建设中进行了推广。不同的是，下凯富峡水电站采用强度等级 42.5 的水泥，同时混凝土骨料毛料中含石屑石粉弃料，按本文中提到的计量方法 1∶5 比例进行生产，每包水泥拌和的混凝土可生产规格 400mm×200mm×200mm 砌块 30～33 块，质量满足技术要求，降低了成本。

从赞比亚两个工程的应用情况来看，采用高标号水泥、河砂和含石粉石屑的材料，都可制成合格的砌块。

8 结束语

就地取材，利用部分废弃材料，自力更生生产建筑使用的空心混凝土砌块，对于相对落后、建材匮乏、供应运输困难的地区，非常可行，不但可保证工期，利于环保，也可保证质量，节省成本。其设备投入较小，工艺可靠，操作简单，便于推广，值得借鉴。

顶管施工技术在富水砂层地段的应用

许长庆/中国电建市政建设集团有限公司

【摘　要】 城市雨污分流改造工程涉及范围广、协调难度大，施工障碍和干扰因素多，尤其会给市民的生活和交通出行带来较大影响。为减少干扰、保护环境，对车流量大、重载交通路段的改造工程，优先采用顶管技术，进行不开槽施工。本文结合地层特点，阐述顶管施工穿越富水中砂地层的施工技术。

【关键词】 富水砂层　顶管技术　旋喷桩　泥浆减阻

1　引言

深圳龙岗河流域雨污分流工程为避免穿越富水砂层地段施工对道路交通、地下管线和周围建筑物造成影响，根据富水砂层特点和变形控制要求，采取高压旋喷桩止水、注浆等一系列技术措施，保证了较长距离富水砂层顶管施工的安全顺利进行。

2　工程概况和施工要求

2.1　工程概况

深圳龙岗河流域雨污分流工程 EPC 顶管施工总长度 2719.67m，其中穿越富水砂层地段顶管长度 280.9m，管径 1000mm（内径），管线埋深 5.5～8.5m，工作井挖深 7.1～11.5m。地层自上而下主要为第四系素填土、沉积淤泥质土、砂质黏性土、粉质黏土和中砂层。地下水位埋深 2.1～2.4 m，为孔隙潜水及基岩裂隙水，透水性和富水性强，渗透系数为 9.28×10^{-5}cm/s，顶管与土体摩擦系数 0.4，天然重度 19.7kN/m^3，内摩擦角 25°，内聚力为 2.4kPa。

2.2　施工要求

（1）地上道路交通繁忙，重载、特重载车流量大，不得中断交通；对道路沉降变形控制严、要求高，要确保道路和周围建（构）筑物的沉降、变形符合设计要求；施工工期紧。

（2）顶管穿越地层地下水位高，地下水丰富、水压力较大，砂土在扰动后极易液化，产生流砂、漏水、沉降等现象，给顶管施工带来极大障碍。

（3）富水砂层顶管施工容易坍塌，施工阻力较大，顶进轴线控制较难，稍有不慎就会使得轴线偏位，需制定严密的测量方案，对顶进方向精准控制。

3　施工方法

目前常用的机械顶管方法有泥水平衡式、土压平衡式和气压平衡式机械顶管。泥水平衡式机械顶管具有平衡效果好、结构紧凑、施工速度快、顶进长度长、地表沉降少、土质适应性强等特点，尤其在本工程地下水位高、路面重载交通车流量大、变形控制要求高，以及穿越富水砂层、水压力大等条件下，选择泥水平衡式机械顶管施工具有可行性和技术优越性。

泥水平衡式机械顶管是以泥水平衡原理为基础，采用机械刀盘切削泥土，通过改变泥水仓的送、排水量和顶进速度来控制排土量，循环调节泥水压力以平衡地下水压力和正面土压力，在挖掘面上形成一层不透水的泥膜，阻止泥水向挖掘面渗透，从而保证开挖面的稳定。通过借助泥浆泵水力运送废弃土，实现了边顶边排。同时，顶管机本身具备多项可调装置，通过调整土压力、切泥口、纠偏量、给水压力、顶速、刀盘伸缩，确保管道的顺利顶进。

工作井采用沉井法施工，其强度等级 C30，抗渗等级 P6。为减少降水对道路和周边建筑物的影响，采用整体制作、一次不排水下沉方式。下沉时平稳、均衡、缓慢。如发生偏斜，通过调整开挖顺序和方式“随挖随纠、动中纠偏”。沉井封底前自沉速率应小于 10mm/8h，水下混凝土封底厚度 1600mm，导管间混凝土浇筑面平均上升速度不小于 0.25m/h。采用抗拔锚杆对沉井进行抗浮设计，封底前根据水压力再次复核验算沉井抗浮能力，确保沉井安全。

4 顶管施工技术

4.1 高压旋喷桩

4.1.1 止水围护

(1) 工作井周围利用双排直径 600mm 高压旋喷桩作围护结构，起到支护和防水截水作用，在工作井和接收井周边形成全围式防护止水帷幕，并预埋水平和竖向注浆管，作为工作接收井渗漏水或涌水涌砂的应急处置措施。

(2) 高压旋喷桩用作止水帷幕是目前应用较广泛的基坑支护结构，作业时用钻机将注浆管钻至土层的设计位置，之后进行注浆施工。当钻机钻到设计标高后，通过钻杆内注浆管和钻杆底部安装的特殊喷嘴，利用高压设备使喷嘴以 20MPa 以上的压力把浆液喷射出去，冲击切割土体。在强大的动能作用下，周围土体被切割破碎，浆液与土体充分搅拌混合，并随注浆管的旋转和提升而形成圆柱形桩体。浆液与土体经过一系列的物理化学反应，固结成桩，并相互搭接咬合，从而起到支护、止水、截水帷幕的作用，确保工作和接收井处于无水状态。

4.1.2 施工参数

高压旋喷桩采用单管注浆法，各项施工参数：①注浆压力为 22～25MPa；②喷嘴直径为 ϕ2.3mm，设 2 个喷嘴；③注浆流量为 50～60L/min；④钻杆提升速度为 20～30cm/min；⑤钻杆旋转转速为砂性土 20r/min、黏性土 25r/min；⑥水泥为 42.5 级普通硅酸盐水泥，用量为 160kg/m；⑦浆液配比为水泥：水：早强减水剂：水玻璃（防渗）=100：100：2.5：2。

4.1.3 平面布置和强度要求

(1) 平面布置。根据工程地质水文勘察报告资料，在圆形井、方形井周围进行高压旋喷桩施工，桩长为 10～14.2m，桩端位于井底以下 2～3m 处。方形井高压旋喷桩平面布置见图 1，圆形井见图 2。

(2) 强度要求。旋喷桩桩体试块在标准养护下 28 天的立方体抗压强度平均值 f_{cu}不小于 1MPa。施工完成 14 天后，对桩身完整性进行检测：开挖检查比例为 100%；抽芯检测数量不少于总桩数的 0.5%，且不少于 3 根。高压旋喷桩搭接宽度应符合表 1 的要求，搭接宽度为 150mm。

表 1　　高压旋喷桩搭接宽度要求

高压旋喷桩深度	10m 以下	10～15m	15m 以上
双排桩搭接宽度	100mm	150mm	200mm

根据规范要求并结合本工程实际，当高压旋喷桩深度在 10m 以下时，双排桩搭接宽度不小于 100mm；当深度在 10～15m 之间时，搭接宽度不小于 150mm；当深度在 15m 以上时，其搭接宽度不小于 200mm。本工程高压旋喷桩深度在 10～15m 之间，搭接宽度选定为 150mm。

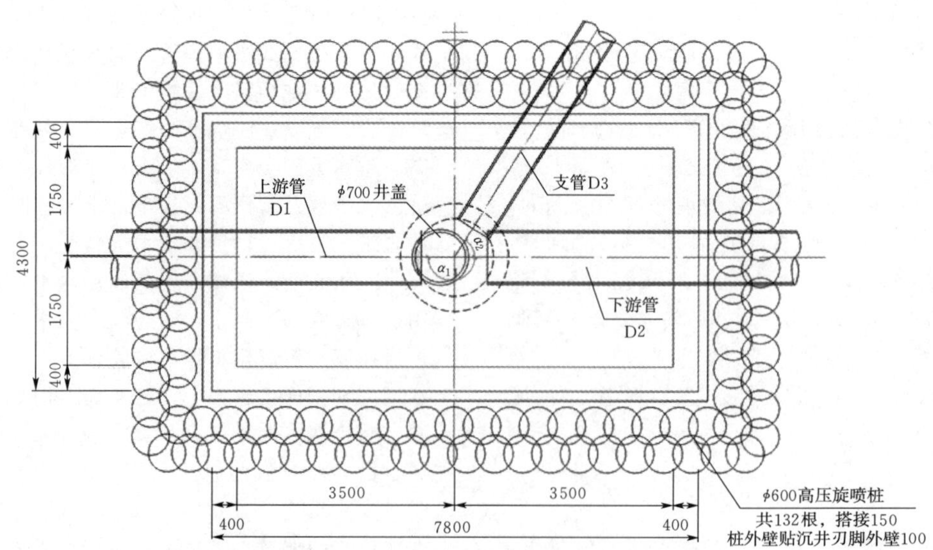

图 1　方形井高压旋喷桩平面布置图（单位：mm）

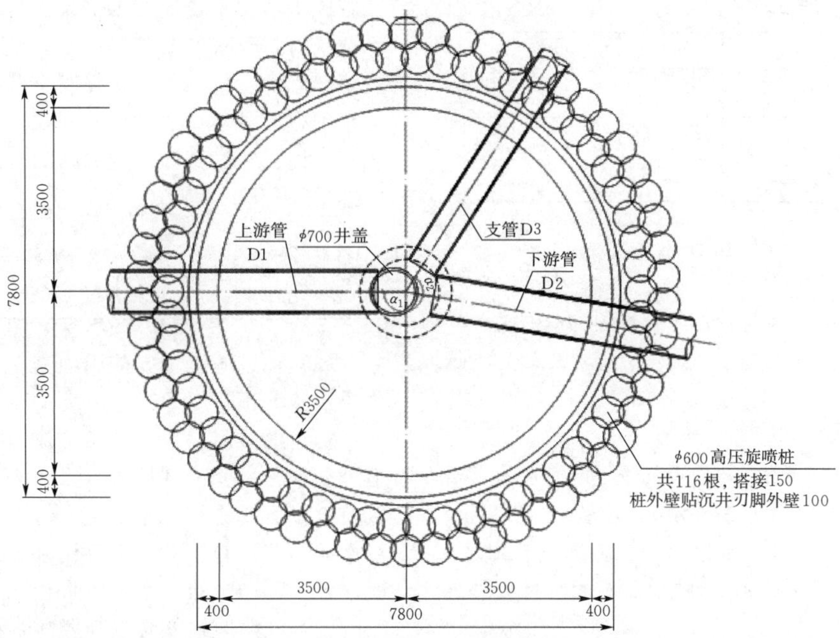

图 2　圆形井高压旋喷桩平面布置图（单位：mm）

4.2　洞口止水和双向注浆

4.2.1　止水装置

洞口止水装置将直接影响顶管能否顺利进出洞，尤其在富水的砂层顶管中，洞口止水是十分重要的环节。为确保混凝土管周边触变泥浆套完整，防止地下水流入和洞口上方路面沉陷，应确保止水装置安装质量。止水装置是由橡胶板、垫圈、预埋法兰底盘、钢压板和螺栓等零件组成的前墙止水圈。法兰底盘应提前预埋在混凝土沉井内，并确保其预埋位置准确，预埋牢固，端面平整，螺栓的丝扣采用塑料薄膜保护，前墙止水圈与井壁之间的缝隙采用防水砂浆封堵密实，确保不漏浆不漏水。洞口围护墙凿除完成后，顶管机迅速靠上开挖面，并调整洞口止水装置，贯入工作面进行加压顶进，尽量缩短开挖面暴露的时间。

4.2.2　双向注浆

洞圈与管节的间隙是顶管进洞过程中的薄弱环节，为确保洞圈处止水可靠，在顶管机出洞口四周 6.5m×5.5m×5.5m 的区域采用水平方向和竖向双向压浆对土体进行加固。一是在水平方向洞圈四周预留 4 根 1.2m 长带球阀的注浆管，水平压注双液浆。二是考虑发生涌水涌砂可能性，竖向打入两排 6 根注浆管，外侧注浆管深度到管道底标高下 0.5m，中间注浆管深度到管道顶标高上 0.25～0.35m，随注随拔，直至管道顶标高上 0.5～1m。双向压注双液浆可加固管道周边土体，形成有一定强度和防渗能力的复合加固体，包裹管道，隔绝地下水通道。双液浆的强度及凝结时间可通过试样测得，该处使用的水泥浆水灰比为 1∶1，水玻璃浓度为 30°Bé，水泥浆与水玻璃比为 1∶0.8，压浆泵压力控制在 0.3～0.5MPa。

4.3　总顶力计算

本工程一次顶管长度考虑到穿越地层土质、地面交通条件、井室位置及开挖条件、顶管允许最大顶力、后背承受最大顶力等因素，按照一次顶进管段长度 106.2m 计算。

最大顶距＝86.2－(工作井宽度＋接收井宽度)/2＝86.2－(7＋5)/2＝80.2 (m)。式中，86.2m 为管道的计算顶进长度。

根据《给水排水工程顶管技术规程》(CECS 246)，顶力采用下式计算。

$$F_0 = F_1 + F_2 \tag{1}$$

$$F_1 = \pi D_1 L f_k \tag{2}$$

$$F_2 = \frac{\pi}{4} D_g^2 \gamma_g H_g \tag{3}$$

式中　F_0——计算总顶力；

F_1——顶进阻力；

F_2——迎面阻力；

D_1——管道外径，1.2m；

L——管道的计算顶进长度，80.2m；

f_k——管道表面与其周围土层的平均摩阻力，其值一般通过试验确定，本工程采用触变泥浆减阻技术，按表 2 选用粗砂土层 11kN/m^2；

D_g——顶管机外径，为 1.1m；

γ_g——管道所处土层的重力密度，取最大值 19.7kN/m^3；

H_g——地面至掘进机中心的高度，取最大埋深 8.51m。

表 2　　采用触变泥浆平均摩阻力　单位：kN/m^2

管材＼土类	黏性土	粉土	粉、细砂土	中、粗砂土
钢筋混凝土管	3.0～5.0	5.0～8.0	8.0～11.0	11.0～16.0
钢管	3.0～4.0	4.0～7.0	7.0～10.0	10.0～13.0

按式（2）计算，$F_1 = 3.14 \times 1.2 \times 80.2 \times 11 = 3324.13$（kN）。

按式（3）计算，$F_2 = 3.14/4 \times 1.1^2 \times 19.7 \times 8.51 = 159.24$（kN）。

按式（1）计算，$F_0 = 3324.13 + 159.24 = 3483.37$（kN）。

则总顶力 $P = F_0/g = 355.45$（t）。为此确定直径1000mm混凝土管的总顶力为355.45t，顶管机主顶装置采用2个250t油缸，顶推力可达500t，满足施工最大顶进力要求，设计顶距86.2m，适宜现场条件且经济合理。

4.4　管道允许顶力验算

设计采用钢筋混凝土Ⅲ级管，内径1000mm，外径1200mm，混凝土强度等级C70，管道壁厚100m。

钢筋混凝土管顶管传力面允许最大顶力按式（4）计算。

$$F_{de} = 0.5\frac{\phi_1\phi_2\phi_3}{\gamma_{Qd}\phi_5}f_cA_p \tag{4}$$

式中　F_{de}——混凝土管道允许顶力设计值；

ϕ_1——混凝土材料受压强度折减系数，可取0.90；

ϕ_2——偏心受压强度提高系数，可取1.05；

ϕ_3——材料脆性系数，可取0.85；

ϕ_5——混凝土强度标准调整系数，可取0.79；

f_c——混凝土受压强度设计值，依据产品检测试验报告数据取 $27.5N/mm^2$；

A_p——管道的最小有效传力面积，$A_p = 3.14 \times 600^2 - 3.14 \times 500^2 = 345400$（$mm^2$）；

γ_{Qd}——顶力分项系数，可取1.3。

根据上述数据计算混凝土管道允许顶力设计值：

$F_{de} = 0.5 \times (0.9 \times 1.05 \times 0.85)/(1.3 \times 0.79) \times 27.5 \times 345400/1000 = 3714.54$（kN）

根据设计要求和验算结果，本工程采用钢筋混凝土Ⅲ级管，管壁承受的最大顶力为3714.54kN，大于计算的最大总顶力3483.37kN，管材满足最大顶力要求。

4.5　触变泥浆减阻

（1）触变泥浆有两个作用：减摩和控制沉降。本工程顶管施工中，利用膨润土作为触变泥浆在管道周围形成浆套，减小管道外壁与地层之间的摩擦力，是长距离顶管施工至关重要的技术措施。膨润土的主要矿物成分为蒙脱石，要求其蒙脱石含量为4%～5%。膨润土泥浆主要起润滑、抗渗作用。膨润土较贵，顶进施工前要做泥浆配合比试验，通过做不同掺量的试样，优选最佳泥浆配合比。经过试验确定的膨润土泥浆配合比见表3。

表 3　　膨润土泥浆配合比　　单位：kg

材料名称	水	膨润土	碳酸钠
配合比	100	31.5	1.05

（2）顶进施工中，使用触变泥浆是减小顶进阻力的主要措施。顶进时通过管节上的压浆孔，向管道外壁压入一定量的减阻泥浆，从而形成一个泥浆环套，减小管节外壁和土层间的摩擦力，以减小顶进时的顶力。顶管管节上设有4个压浆孔，它们呈90°环向分布。顶管机后面的3节顶管管节上都有压浆孔，其后每4个管节里有一道（环向分布4个）压浆孔。

（3）注浆时，要合理布置注浆孔，使所注润滑泥浆在管道外壁形成比较均匀的泥浆套。压浆时遵循“先压后顶、随顶随压、及时补浆”的规则，压浆泵和输出压力控制在0.3～0.4MPa。

（4）顶管结束后进行触变泥浆置换，并采取以下技术措施。

1）顶管结束后，泥浆的减阻作用不再存在，最主要的是控制后期地表沉降。可采用水泥砂浆、粉煤灰水泥砂浆等易于固结或稳定性较好的浆液，置换触变泥浆填充管外侧因超挖、塌落等原因形成的空隙。置换浆液应具有一定的缓凝性能，以延长凝结时间，便于注入管道与孔壁之间，一般水泥中粉煤灰的掺量为20%～40%。经试验，本工程采用的置换混合浆液组成为粉煤灰、水泥、石膏，相应配比为88%∶10%∶2%，置换率在30%～50%之间。置换后增强了泥浆对覆土和管道的承载能力，避免了重载交通路面后期不均匀沉降的发生。

2）拆除注浆管路后，将管道上的注浆孔严密封闭。

5　轴线控制与纠偏措施

5.1　监控量测和精度控制

采用激光全站仪导入轴线和高程控制点，然后利用顶管掘进机头带有的光电接受靶和自控装置进行精确控制。按照“勤测量、勤纠偏、微纠偏”原则，严格控制顶进速度和方向，及时纠偏和小角度纠偏。本工程采用刀盘式顶管机，采取调整刀盘方向和切土方向，改变切削刀盘转动方向等措施，以确保按设计轴线顶进。在顶进中对管道轴线与标高偏差进行及时测量与记录，测量频率为每顶进500mm测量1次；在进入接收工作井前

50m进行顶管机位置和姿态测量，并根据出口位置提前进行调整；遇有软土层时将前3～5节混凝土管体与顶管机联成一体，防止管节飘移。

5.2 纠偏要点

由于钢筋混凝土管的纵面呈柔性，且是逐段顶进，在富水砂层中较容易出现轴线偏差。轴线偏差的纠偏可采取调整千斤顶伸缩量的方法，应适当加密测量次数，勤测量，多微调，使得轴线偏差值不断减少至与设计轴线相符，可采取以下技术措施。

（1）及时纠偏和小角度纠偏。

（2）挖土纠偏和调整顶进合力方向纠偏。

（3）纠偏时开挖面土体应保持稳定；采用挖土纠偏方式，超挖量应符合地层变形控制和施工设计要求。

（4）刀盘式顶管机纠偏时，可采用调整挖土方法，调整顶进合力方向，改变切削刀盘的转动方向，在管内相对于机头旋转的反向增加配重、压重纠扭等纠偏措施。

6 结束语

由于采用了综合技术手段和超前加固措施，使得顶管穿越富水性、透水性强砂层地段时能正常顺利顶进，施工顶进速度可达10～12m/d，满足了工期进度要求。同时，监测资料显示，路面最大沉降值为5mm，沉降均匀，未发现明显裂缝，避免了在车流量大的重载交通路段顶管受阻改为明挖或开天窗施工的尴尬境地，最大限度地实现了交通不受干扰、环境不受影响、现场安全环保的文明施工目标。

拉哇水电站工程区冲沟排水方案综述

王　迎/中国电建集团中南勘测设计研究院有限公司

【摘　要】 拉哇水电站工程区冲沟较发育，为确保工程施工及运行安全，根据冲沟地形地质及水文气象条件，结合工程布置及冲沟利用情况，对各冲沟治理措施进行综合分析，推荐安全可靠、施工方便、经济的排水方案。

【关键词】 拉哇水电站　冲沟　排水

1　工程区冲沟概况

1.1　冲沟分布

拉哇水电站工程区位于金沙江上游川藏界河段，该河段为高山峡谷地带。坝址附近11km河段内自上而下主要发育有左岸的必英沟、拉哇沟、格茸沟、让通沟，右岸的下松洼沟、曲引朗沟等，其中必英沟、拉哇沟、曲引朗沟规模较大，常年流水。

1.2　冲沟区域利用情况

拉哇水电站工程区河谷深切，两岸基岩裸露，岸坡陡峭，阶地不发育，可供布置施工场地的平缓地带较少，施工布置条件较差。经施工总布置规划比选分析，施工场地相对集中布置在左岸必英沟及下游高程约2700m的山坡上；工程开挖弃渣和可利用料主要集中堆存在右岸曲引朗沟内；拉哇沟沟口地势较平缓，布置拉哇沟混凝土系统；格茸沟堆存筹建期工程开挖弃渣，其回填石渣形成的场地作为综合仓库及施工场地；让通沟区布置为机械修配站、汽车保养站等场地。

拉哇水电站工程区冲沟分布及主要场地布置见图1。

1.3　冲沟水文特性

本工程区多年平均降水量489.1mm，最大日降水量42.3mm，降水量年内分配极不均匀，5—10月降水量占全年降水量的94.9%，11月至次年4月降水量仅占5.1%。工程区5—10月气温回暖，山顶冰雪融化，地表水补给丰富。

必英沟位于坝轴线上游约2.8km的左岸，主沟长度13.93km，流域面积63.75km^2，流域相对高差约2457m，沟道平均纵比降17.7%。拉哇沟位于坝轴线下游约330m的左岸，地表形态呈“Y”字形，主沟长度约8.7km，流域面积27.54km^2，冲沟下游段沟道坡降

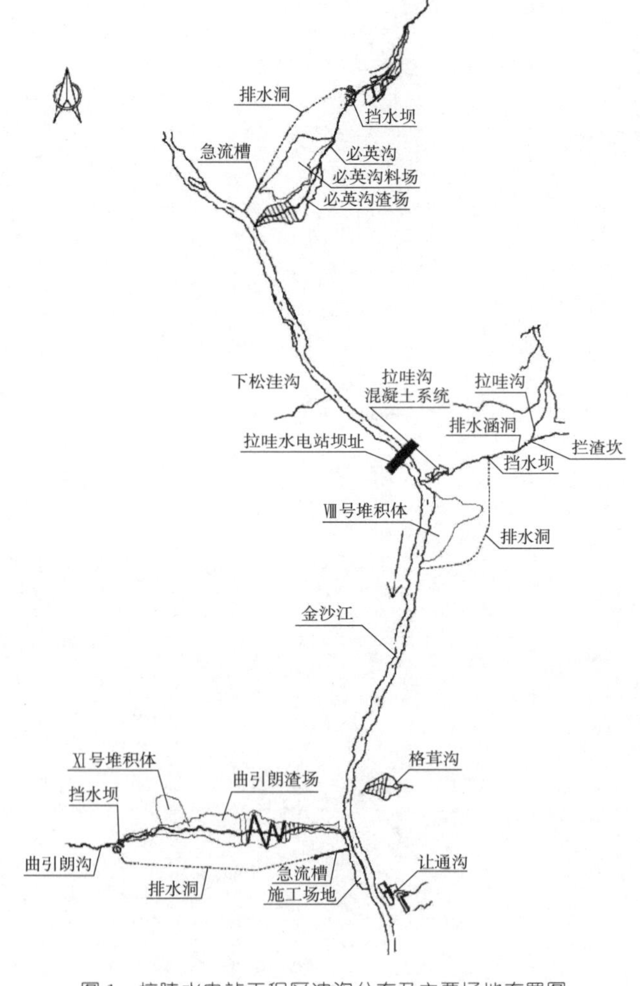

图1　拉哇水电站工程区冲沟分布及主要场地布置图

多在 8%～12%。格茸沟位于坝轴线下游约 3.6km 的左岸，为季节性流水沟，冲沟长度约 4.9km，流域面积 4.13km^2。下松洼沟位于坝轴线右岸上游，冲沟常年有水，流域面积 5.29km^2。曲引朗沟位于坝轴线下游约 4.0km 的右岸，冲沟长度约 20.8km，流域面积 86.09km^2，冲沟下游段沟底平均坡降约 14%，沟口坡降 5%。

各冲沟设计洪水及多年平均流量成果见表 1。

表 1　各冲沟设计洪水及多年平均流量成果表　单位：m^3/s

冲　沟	各频率设计洪水							多年平均流量
	1%	2%	3.33%	5%	10%	20%	50%	
必英沟	84.7	75.3	68.5	63.7	53.7	44.6	31.8	0.809
拉哇沟	49.9	44	39.1	36.4	30.7	24.5	16.4	0.349
曲引朗沟	80.1	70.7	64.3	59.7	50.2	42	29.6	1.09
下松洼沟	16.6	14.6	13	12.1	10.2	8.16	—	0.116
格茸沟	—	11.8	—	—	—	—	—	0.099
让通沟	—	12.6	—	—	—	—	—	—

1.4　冲沟泥石流特性

工程区发育的 6 条冲沟均为低频小型泥石流沟。左岸必英沟、拉哇沟和右岸曲引朗沟规模大，另外 3 条冲沟沟内泥石流物源不丰富，且冲沟远离水工建筑物，对工程的施工及电站的运行影响较小。

必英沟高程约 3300m 以上沟道两岸基岩裸露，植被茂密，松散固体物质来源少；高程在 3300～2800m 之间的沟段，沟底较缓，松散堆积物主要为峡谷上游沟谷两岸分布的滑坡堆积体以及必英村居民区堆积体，此段堆积体处于基本稳定状态，强降雨期诱发大～中等规模型泥石流的可能性小；高程 2800m 以下沟段，两岸为基岩陡壁，沟底松散堆积物少，主要为两岸坡脚小型崩塌堆积体。

拉哇沟高程 3400～2865m 沟段，沟谷狭窄，左岸基岩裸露，右岸多为崩坡积物，厚 3～8m，该段沟谷及两岸松散固体物质少；高程 2865m 以下沟段，左岸为基岩陡壁，右岸为拉勉堆积体，沟谷狭窄，沟底见有基岩跌坎，高度约 20m，拉勉堆积体为拉哇沟可能发生泥石流固体物质的主要来源。

曲引朗沟高程约 2860m 以上沟段，沟谷狭窄、切割深，多为基岩裸露，植被较发育，松散固体物质来源少；高程 2860m 以下沟段，沟谷切割深，谷底较开阔，松散固体物质主要为沟左岸Ⅺ号崩塌堆积体，其为曲引朗沟可能发生泥石流的主要固体物质来源。

2　冲沟综合治理分析

为保证冲沟区布置的施工场地满足工程安全、环保及水保需求，冲沟需进行综合治理。治理重点为：对于大坝基坑内的冲沟，冲沟汇水导排至基坑外；对于基坑外布置施工场地的冲沟，设置泄洪设施排水，保证渣场或场地边坡稳定；对可能发生泥石流的冲沟，采取稳定自然边坡、拦挡松散沉积物、控制固体物源等措施。治理主要原则如下：

（1）临时性排水方案。临时场地施工期度汛，进行临时性排水，设计标准相对较低，主要采用岸坡设置截水沟、沟底设置盲沟及排水涵管、场地表面设置排水渠等。

（2）永久性排水方案。主要采用沟内截水、沟外引排方式。必英沟、拉哇沟和曲引朗沟冲沟规模大、洪水流量大，根据工程布置需要，修建挡水坝挡水，采用排水洞或埋设排水涵管将冲沟汇水引排至金沙江内。

（3）拦渣方案。对存在松散固定物质来源的冲沟，在挡水坝上游设置拦渣坝，挡水坝预留沉渣库容，并定期清理坝前淤积物。

3　冲沟排水方案

3.1　必英沟

3.1.1　设计标准

必英沟渣场最大堆渣高度大于 150m，渣场级别为 1 级，相应防洪建筑物等级为 1 级，排水设计标准采用全年 100 年一遇，洪峰流量 84.70m^3/s。排水工程为永久建筑物，在永久排水工程运行前，弃渣场临时排水设计标准采用全年 10 年一遇，洪峰流量 53.7m^3/s。

3.1.2　挡水坝

挡水坝采用土石结构，轴线布置在沟底高程约 2838m 处，坝轴线处崩坡堆积体发育，覆盖层较深。挡水坝坝顶高程 2862.50m，坝顶轴线长 97.187m，坝顶宽 12m，最大坝高 33m。挡水坝坝体及坝基覆盖层采用塑性混凝土防渗墙防渗，坝肩和坝基强卸荷带下限以上基岩采用帷幕灌浆防渗。为减少坝前水位变幅对堰脚石渣及冲沟两岸边坡松散堆积体的冲刷，在坝面设计水位以下设置30cm厚干砌石护坡，在挡水坝上游侧冲沟两岸设置钢筋石笼压坡。

3.1.3 排水洞

必英沟排水洞轴线布置在冲沟右岸，为降低洞内流速，经比较，排水洞布置为缓坡隧洞，出口设急流槽。排水洞为城门洞型，尺寸5m×6m（宽×高），进、出口底板高程分别为2855m、2845m，洞线长1372.50m，纵坡0.73%，洞内设计流速约4m/s。洞内Ⅳ、Ⅴ类围岩进行全断面衬砌，其他洞段的洞壁进行喷锚支护。出口急流槽平均坡比约1∶0.8，以喷锚支护为主。排水洞进口设置钢筋网格拦污栅。

3.2 拉哇沟

3.2.1 设计标准

拉哇沟沟口为大坝填筑区，为保证大坝基坑干地施工条件，不影响大坝下游坝坡坡脚的安全及永久公路的运行，排水工程按永久建筑物设计，设计标准为全年100年一遇，洪峰流量49.9m³/s。

3.2.2 排水洞

拉哇沟2条支沟汇合点至沟口可分为3段：上段沟底较缓，右岸分布拉勉堆积体，左岸基岩裸露；中段沟底坡降大，分布有基岩跌坎，右岸局部为拉勉堆积体，左岸局部有松散崩坡堆积物；下段岩门下游沟底平缓开阔，两岸地质条件较好。沟口对岸为进厂交通洞，沟口下游金沙江左岸分布有Ⅷ号堆积体，场内①、③、⑤号交通洞跨拉哇沟布置。

排水洞适宜布置在冲沟左岸，轴线走向需考虑对交通洞、拉勉堆积体、Ⅷ号堆积体的影响，排水洞出口宜布置在堆积体下游基岩区。根据进水口位置不同，规划高线、中线、低线方案。高线方案对拉勉堆积体和Ⅷ号堆积体影响最小，但是排水洞高差大，消能问题特别突出，施工难度大，工程投资大，低线方案对Ⅷ号堆积体的稳定有影响，从保证工程安全、利于施工、节省投资等因素分析，综合推荐中线陡坡隧洞方案。排水洞进口底板高程2725m，出口底板高程2560m，洞身段长1571.20m，纵坡为10.5%。排水洞为城门洞型，尺寸3m×4m（宽×高），洞内设计流速约16m/s，Ⅳ、Ⅴ类围岩洞段全断面衬砌，其他洞段设计水位以下部位进行钢筋混凝土衬砌。

3.2.3 排水涵洞

为避免冲沟右岸拉勉堆积体前缘局部崩塌、落石在冲沟内堵塞形成泥石流，给排水洞运行带来安全隐患，在沟内布置排水涵洞。涵洞进口设置一字形挡墙，涵洞采用拱涵型式，断面为城门洞型，尺寸3m×3.5m（宽×高），涵洞轴线水平投影长314.469m，进口底板高程2853.00m，出口底板高程2788.36m，平均纵坡为20.6%。

3.2.4 挡水坝

根据排水洞中线方案的布置，挡水坝布置在沟底高程约2722m处，沟谷狭窄，两岸为裸露的基岩，沟底有少量冲洪积物。因冲沟纵坡较陡，坝轴线基岩裸露，挡水坝推荐混凝土重力坝，坝顶高程为2731.50m，坝顶轴线长19.5m，坝宽2m，最大坝高12m，坝顶设置1个高1m、宽12m的缺口。

3.2.5 沟道拦渣措施

为减少排水洞进口上游沟道内推移质对排水洞运行的不利影响，在拉哇沟沟道高程约2864m处设置一道钢筋石笼拦渣坎。拦渣坎高度2m、顶宽2m。拦渣坎下游拉勉堆积体分布范围内的沟道可由排水涵洞阻止落渣滚石。

3.3 下松洼沟

3.3.1 设计标准

下松洼沟沟口处于上游围堰轴线上游约32m，冲沟流水对上游围堰边坡复合土工膜防护层及防渗墙的冲刷破坏等有影响，需将水流引至上游围堰防渗墙上游侧。设计标准与导流建筑物一致，采用全年30年一遇，洪峰流量13m³/s。

3.3.2 排水设施

下松洼沟流量相对较小，当上游围堰遇设计洪水时，围堰上游设计洪水位较高，水流对围堰的冲刷影响有所减小。在右岸趾板外侧设置素混凝土边墙以形成排水明渠进行引排，明渠底宽2.5m，边墙高1m。

3.4 曲引朗沟

3.4.1 设计标准

曲引朗沟内主要布置有弃渣场、开挖利用料存渣场、表土场等场地，规划渣顶高程2810m，最大高度280m，规划容量约2800万m³，为永久性弃渣场。电站运行后渣场处于电站尾水位以上，渣场失事后对拉哇水电站及巴塘水电站运行影响巨大，故弃渣场级别为1级，排洪工程级别为1级。因此，曲引朗沟排水洞和挡水坝设计标准采用全年100年一遇，洪峰流量80.1m³/s。曲引朗沟沟口弃渣场及存渣场在排水洞施工期开始堆存，其临时排水设计标准采用全年10年一遇，洪峰流量50.2m³/s。

3.4.2 挡水坝

根据曲引朗渣场布置，挡水坝靠近曲引朗弃渣场尾部布置，挡水坝轴线处沟底高程约2850m，该处两岸地形陡峭，沟底较为宽缓，左、右岸均可避免布置在小型崩坡堆积体处。土石挡水坝坝顶高程2864m，顶宽10m，最大坝高23m，坝身及坝基基岩上部采用塑性混凝土防渗，强风化下线上部基岩采用帷幕灌浆防渗。

3.4.3 排水洞

曲引朗沟左岸有Ⅺ号崩塌堆积体，沟口下游金沙江右岸有基岩滑坡堆积体，沟道右岸山体雄厚，基岩裸露，排水工程适宜布置在右岸。右岸地形陡峭，无明渠布置条件，适宜采用排水隧洞。排水洞进口与沟道出口高差300余m，设计比较了缓坡隧洞+出口急流槽方案、陡坡洞方案、2条缓坡洞+竖井方案等。经数值模拟、水工模型试验验证，为节省投资，保证工程长期运行安全，推荐缓坡隧洞+出口急流槽布置方案。排水洞进、出口底板高程为2857m、2847m，洞线长2086m，纵坡4.85%，出口急流槽顶部高程2847m，出口高程2536.20m，高差310.80m，平均坡比约1∶1，急流槽底宽6m，底板采用C30钢筋混凝土消力台阶消能，边墙采用C30钢筋混凝土衬砌，边墙高3.5m，厚0.5m。急流槽下部接跌水井消能，并通过排水箱涵，将水流引至金沙江。

3.4.4 沟道拦渣措施

曲引朗沟为低频泥石流沟，天然条件下产生泥石流的主要固体物质来源分布在高程约2860m以下沟道两侧的堆积体，高程2860m以上沟道为清水区段，难以形成泥石流。为减少排水洞进口上游沟道内有推移质进入洞内发生过流堵塞，在排水洞进口上游沟道内设置钢筋石笼拦渣坎。拦渣坎下游至排水洞进口沟底采用钢筋石笼护面，排水洞进口设置钢筋拦污栅。

3.4.5 临时排水措施

在工程筹建期，部分工程的开挖弃渣和可利用料转存需利用曲引朗沟口作为转弃渣场，其中弃渣场顶部高程2550m，高程2550～2590m之间为转料区。因此，在排水洞运行前，须对沟水进行临时排水处理。考虑临时使用时间较短，临时排水设计标准采用全年10年一遇，流量为50.02m^3/s。枯水期，沟内排水采用钢筋混凝土圆管涵，圆涵进口设置一字墙挡水，渣体表面渗水由盲沟排出；汛期，由表面明渠排水和圆管涵联合排水。

3.5 格茸沟

3.5.1 设计标准

沟水处理工程设计标准为全年50年一遇，洪峰流量为12.4m^3/s。

3.5.2 排水设施

冲沟沟水由道路涵洞经场平两侧表面排水渠排至下游巴拉路涵洞内，汇入金沙江。表面排水渠尺寸1.5m×1.5m，边坡两侧坡面排水渠尺寸0.7m×0.8m。沟底设置盲沟。在场平回填期间，经历1个汛期，由底部设置的2根直径1m圆管涵进行排水，设计标准为全年10年一遇，洪峰流量8.67m^3/s。

3.6 让通沟

让通沟场地分布于巴拉路及⑤号道路两侧，沟水均被道路排水系统截走，道路防洪标准为全年25年一遇，洪水流量10.8m^3/s，场地只需做好表面排水即可。

4 结语

（1）冲沟治理是本工程推进的关键环节，将影响施工工期、工程施工及运行安全，冲沟治理投资大。因此，冲沟排水设计应根据冲沟汇水情况，结合现场施工布置，充分利用现有地形条件，本着满足冲沟排水量要求、施工方便、节约成本的原则确定适宜的方案。

（2）大型冲沟挡水坝下游沟段汇水面积较大，下游区的场地仍需设置表面截排和沟底排水设施，降低挡水坝下游施工场地的运行风险。

（3）对于大型冲沟，冲沟流量大、纵坡陡，采用排水洞引排的方案可靠性较高，但存在出口水流消能问题。本工程必英沟和曲引朗沟排水工程采用洞外急流槽消能的方式，经模型试验和工程验证，急流槽台阶消能率高，消能效果较好，但高陡急流槽施工难度大，应严格控制施工质量，并对施工安全加以重视。

（4）本工程冲沟均为低频泥石流沟，对于物源较丰富且流量较大的冲沟，宜设置拦渣建筑物并加强清理维护，永久排水洞应提高混凝土的抗冲耐磨强度等级，以免排水洞结构磨蚀破坏，影响安全运行。

南水北调渠道带水运行缺陷处理施工技术

吕　磊　陈敦刚/中国水利水电第十一工程局有限公司

【摘　要】 南水北调中线工程于2014年12月12日正式通水后，缓解了河南、河北、京津地区水资源的紧缺。在南水北调中线渠道运行中，沿线发现了一些质量缺陷，虽短期内不会对渠道运行造成危害，但从渠道长期运行考虑，仍需在渠道运行的同时，对渠道存在的质量缺陷进行处理，以保证调水工程达到持久、可持续安全运行的目的。

【关键词】 渠道　缺陷处理　沉箱　修补材料

1　概述

南水北调渠道缺陷主要出现在渠道边坡混凝土防护面板部位。防护面板的主要作用是对渠道全包土工布防水进行防护，在提高渠道运行耐久性、减少渠道边坡表面糙度在水流运行时的损失等方面具有较好的作用。因此，对面板的缺陷及早发现和处理，是运行管理工作的一个重点。同时，南水北调渠道作为京津地区引水的大动脉，运行后对沿线城市和地区供水起到了不可替代的作用，要求在渠道缺陷的处理过程中保证调水工作正常进行。故对混凝土缺陷的处理提出了相应要求。中国水利水电第十一工程局有限公司承担了对渠道混凝土缺陷部位进行隔离，并使缺陷部位在修复过程中保持旱地作业条件设备的研发任务，主要包括设备进出场转移和移动，设备制作、安装、固定等技术研究，以及对渠道混凝土缺陷进行快速化处理，包括选用新型的修补材料及修补工艺的技术研究。

根据现场调研，渠道防护面板缺陷修复中采用了自制半封闭椭圆形箱体钢围堰，将渠道坡面隔绝水体，其底部设置柔性橡胶进行止水，确保渠道正常调水不受缺陷修复的干扰。为达到满意的止水效果，止水橡胶带采用变形能力强、柔软性好的橡胶制作，经液压推出后与混凝土衬砌板挤压密实，在箱体压重作用下，实现与混凝土板的紧密贴合，起到止水作用，将渠道内的水与修复作业面隔离，使渠道缺陷修复处理实现了旱地作业，减少了工程施工难度。

2　沉箱围堰设计

沉箱由箱体、止水结构、浮力调节装置等组成，其构造见图1。

图1　沉箱构造

2.1 箱体

使用10mm厚钢板加工成一个半封闭的椭圆形箱体，整体宽度4800mm（内空尺寸4600mm），迎水侧箱壁高1550mm，顶部为吊装撑杆，周围加工浮桶固定卡扣，用于固定浮筒。

2.2 止水结构

止水结构位于箱体底部，由止水带卡槽、充水带、止水带组成。止水带卡槽加工为楔形结构，高度300mm，下口宽度50mm，上部宽度80mm。

止水带由厂家用专用模具制作，高度250mm，厚度80～50mm（与混凝土接触面厚为50mm）。为了更好地使止水带和衬砌面板紧密贴合，达到止水效果，止水带由液压推出。即在卡槽内先安装一条柔性水带，水带直径100mm，止水带由手压泵充水形成液压，将止水带推出。同时，止水带具有一定变形能力，能在混凝土衬砌板30mm/2m不平整度的情况下，经液压推出与混凝土衬砌板接触，在浮箱压重作用下与混凝土板紧密贴合，起到止水效果。

2.3 浮力调节装置

考虑到箱体外浮力均衡，在箱体周围安装浮桶12个（箱体内外各6个），固定在箱体预留的卡扣上，每个浮桶容积200L。浮桶布置进水管与排水管，采用水泵对浮箱注水，使用压缩空气（小型空压机3.5L，0.8MPa）将浮桶内的水进行外排。

2.4 主要配套设备

手动压水泵：型号SY-5，额定压力5MPa，流量40mL/次，用于止水槽内的水带充水，以便推出止水带。

空气压缩机：微型往复活塞空气压缩机，型号V-0.12/8，标称流量0.12m³/min，排气压力0.8MPa，额定功率1.1kW，用于向浮箱充气排水。

水泵：QD×30-6潜水泵，额定流量30m³/h，扬程6m，功率1.5kW，用于沉箱内排水，兼向浮箱内充水。

发电机：汽油发电机，2.5kVA，给现场施工设备供电。

3 沉箱运行

3.1 运行程序

总体运行程序：沉箱就位→排干积水，形成处理条件→缺陷处理→养护完成后移除沉箱。

3.2 沉箱就位

3.2.1 沉箱吊装

采用随车吊将箱体运至渠道现场，吊放在需要处理的边坡衬砌面板附近水中。吊放作业由专人指挥，避免箱体磕碰混凝土造成新的缺陷。吊装过程中，作业人员在渠岸上拉动缆绳精确定位，并将缆绳固定在渠岸，防止水流将沉箱冲走。

3.2.2 沉箱沉放

箱体放入水中，此时由于浮箱浮力，整体处于漂浮状态。采用水泵抽取渠水（水泵设在沉箱内部），向浮箱充水，使沉箱缓慢下沉，直至沉到混凝土面板上。

3.2.3 沉箱密封

考虑到渠道衬砌面板局部不平整，箱体贴压到混凝土面板后，止水带和衬砌面板之间局部存在漏水现象。继续抽排沉箱内积水，漏水量可以通过沉箱内水位下降情况观测。采用两种措施实现沉箱的密封：

（1）用手压泵往止水槽内水带压水，通过水带内压力将止水带缓慢推出，使止水带外露长度加大，增大变形量，使之与混凝土面板因不平整度产生的间隙相匹配。推出到位后，关闭进水阀门，保持压力，防止止水带回缩漏水。

（2）继续向浮箱充水，增加密封止水带压重，使止水带和渠道衬砌面板紧密贴合，达到密封效果。

3.3 沉箱排水

继续排除沉箱内积水，此过程和沉箱密封过程相辅相成。如果密封效果良好，则水位下降较快，如有渗漏情况，重复密封过程，直至密封良好。对沉箱内剩余少量水泵无法抽排的积水，用真空吸水设备，或人工用铁勺舀至胶皮桶内，倒至渠道外部，再用棉纱擦干，直至无渗漏且具备缺陷处理条件。作业情况参见图2和图3。

图2 沉箱下沉及排水

图3 止水效果良好

3.4 缺陷处理

见“4 缺陷修补”。

3.5 沉箱移除

缺陷处理完成并养护到位、检测合格后，拆除沉箱等，清扫干净后移除沉箱。其步骤为：

(1) 打开止水槽内的水带注水阀门泄压，使止水带回缩。

(2) 打开空压机，向浮箱内充气，使浮箱排水上浮，直至浮出水面。

(3) 采用随车吊将箱体吊至汽车上，运至下一处处理部位。

4 缺陷修补

4.1 修补材料选择

选用中国水利水电第十一工程局有限公司郑州科研设计有限公司研制的 NE 型水泥基聚合物干粉砂浆。该产品精选优质胶凝材料、细骨料、超细活性填料等无机材料组成刚性骨架体系，利用柔性高分子聚合物材料在骨架体系中的均匀分布进行改进的作用，辅以其他功能性外加剂复合而成的高性能聚合物修复材料。产品主要特点如下：①无机粉体材料，不燃、不爆，对人和环境无毒害；②使用方便，加水即可，操作时间可调；③黏结强度高，低自收缩；④防水抗渗效果好；⑤抗冻性好。

修补材料的主要技术指标见表 1。

表 1 NE 型水泥基聚合物干粉砂浆技术指标

序号	项　目		技术要求	性能指标
1	凝结时间	初凝/min	≥45	≥172
		终凝/h	≤24	≤7.5
2	抗渗压力(涂层试件)/MPa	7d	≥0.5	≥0.5
3	抗渗压力(砂浆试件)/MPa	7d	≥1.0	≥1.0
		28d	≥1.5	≥1.5
4	抗压强度/MPa	28d	≥24.0	≥42.9
5	抗折强度/MPa	28d	≥8.0	≥8.6
6	柔韧性(横向变性能力)/mm	28d	≥1.0	≥1.2
7	黏结强度/MPa	7d	≥1.0	≥1.1
		28d	≥1.2	≥2.2
8	耐碱性		无开裂剥落	无开裂剥落
9	耐热性		无开裂剥落	无开裂剥落
10	抗冻性		无开裂剥落	无开裂剥落
11	吸水率/%		≤4.0	≤3.4
12	收缩率/%		≤0.15	≤0.12

4.2 施工工艺流程

冻融破坏混凝土缺陷处理的施工工艺流程见图 4。

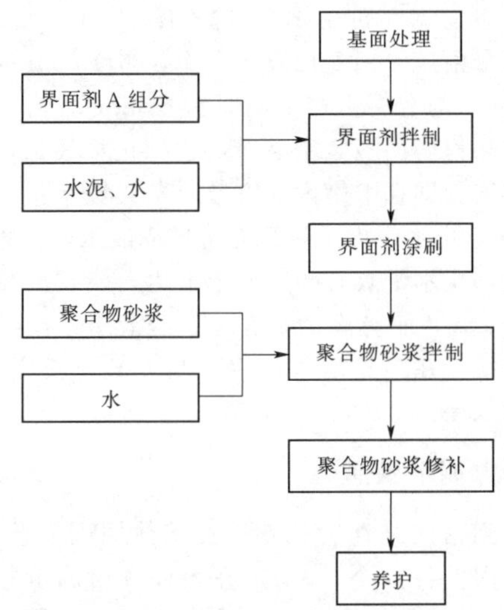

图 4　冻融破坏混凝土缺陷处理施工工艺流程

4.3 基面处理

凿除缺陷部位松散混凝土。先对拟处理部位周边划定处理边界线，处理边界呈矩形，即横平竖直。采用角磨机沿边界线切割边界，界面稍向外倾，形成倒楔形，利于修补砂浆与母体混凝土结合紧密。

采用尖錾子等工具对修补面冻融破坏混凝土凿除，直至露出密实混凝土，并清除松动颗粒，然后用清水冲洗干净，采用钢丝刷和棕毛刷进行洁净处理。

洁净处理之后，在混凝土基面上洒水湿润，在涂刷界面剂之前使基面达到吸水饱和的潮湿状态，且基面无明水、无积水。

基面处理完毕并经验收合格（周边混凝土密实，湿润，无松动颗粒、粉尘、水泥净浆层、起砂、起皮等）后，进行下道工序作业。

4.4 界面剂的拌制和涂刷

4.4.1 界面剂的拌制

先将称量好的 A 组分倒入广口容器（如小盆）中，再按给定的配比将相应量的水泥、水倒入容器中搅拌，直至搅拌均匀（材料颜色均匀一致）后，方可施工使用。为避免浪费，界面剂每次不宜拌和太多，可视施工速度以及施工温度而定，界面剂的耗材量为0.5～1.0kg/m^2。拌好的界面剂如出现暴聚、凝胶等现象时，应废弃重新拌制。

界面剂拌制现拌现用，避免时间过长影响涂刷质量，造成材料浪费和黏结质量降低。

4.4.2 界面剂的涂刷

界面剂涂刷前，应再次用毛刷蘸水涂刷混凝土基面，以确保基面处于湿润饱和状态。

界面剂拌制后，用毛刷均匀地涂刷在基面上，要求界面剂刷得尽可能薄而均匀、不流淌、不漏刷。涂刷后的界面剂出现固化现象（不粘手）时，需要清除干净，再次涂刷界面剂后，才能涂抹聚合物砂浆。涂刷界面剂和涂抹聚合物砂浆交叉进行，以确保施工进度和施工质量。

界面剂涂刷后静停至手触有黏稠现象时，方可涂抹聚合物砂浆。

4.5 聚合物砂浆的拌制和涂抹

4.5.1 聚合物砂浆的拌制

先把称量好的聚合物砂浆放入广口低身容器中，再按配比称量水的质量，混合搅拌均匀（颜色均匀一致）后，即可施工使用。大规模拌和也可采用专用拌和机进行拌和，其中水的加入量根据现场拌和物的施工要求，在给定的用水量范围内进行调整。

聚合物砂浆现拌现用，当拌和好的聚合物砂浆出现凝结、发硬等现象时，应废弃重新拌制。每次拌和的砂浆量视施工速度以及施工温度而定。

4.5.2 聚合物砂浆的修补

砂浆摊铺前，应检查基底是否符合基底处理的要求，摊铺完毕立即压抹。注意压抹时向一个方向抹平，操作速度要快，如遇气泡要挑破压紧，保证表面密实，尤其是边角接缝处要反复压实，避免出现空洞或缝隙。

聚合物砂浆的涂抹厚度一般每层不超过15mm。对于厚层修补，采取分层施工，层与层施工时间间隔以12～72h为宜。再次涂抹聚合物砂浆之前还需要涂刷界面剂。

4.6 养护

聚合物砂浆终凝后12～24h应及时养护，养护温度不低于5℃和不高于40℃，并保持水泥砂浆处于湿润状态，养护时间不少于7d。聚合物水泥砂浆未达到硬化状态时，不得浇水养护或直接受雨水冲刷。在潮湿环境中，可在自然条件下养护。养护期间防止人踏、车压、硬物撞击等。

季节性施工要求：聚合物砂浆防水层不宜在雨天施工；冬季施工时，气温不宜低于5℃，基层表面温度应保持在0℃以上，并做好采暖和保温措施；夏季施工时，不宜在40℃以上或烈日照射下施工，并做好防晒及砂浆养护工作。

5 结语

中国水利水电第十一工程局有限公司在荥阳段渠道冻融破坏处理中，成功地研制了第一代沉箱钢围堰，并采用中国水电十一局郑州科研设计有限公司研制的NE型水泥基聚合物干粉砂浆对南水北调渠道混凝土进行缺陷处理。第一代钢围堰可用于水面以下1.2m范围内混凝土缺陷的处理施工，荥阳段渠道已处理26块衬砌板表面冻融缺陷，效果良好。

高填方下PHC预应力管桩加固深层软土路基施工技术

邵　亮/中国电建市政建设集团有限公司

【摘　要】本文主要对PHC管桩、桩帽、褥垫层组合的深层软基加固技术进行探析，使PHC管桩、桩帽、褥垫层有效结合，提高地基承载力。同时，通过路堤填筑形成土拱效应，避免桩（帽）土顶面的差异沉降辐射到路面，减少路基沉降引起的道路病害。

【关键词】PHC管桩　深层软基处理　桩帽　褥垫层

1　工程概况

安庆市高新区山口片外环西路全长4068m。外环西路道路规划为城市主干路，道路红线宽60m。工程所经范围内广布滩涂、湖泊、岗地，依次穿过石门湖湖区、彭加仓岗地、黄金咀岗地及杨湖水系。其中，石门湖段、杨湖段存在深层软基，需进行处理，以提高地基承载力。设计采用PHC（Pre - stressed High - strength Concrete）管桩、桩帽、褥垫层组合软基处理技术，处理段总长约1200m。

PHC管桩采用ϕ300 PHC管，壁厚70mm，类型A型，桩身C80混凝土。PHC管桩分2m×2m和2.5m×2.5m两种布置形式。石门湖段自上而下为：③层软塑粉质黏土层，厚0.5～3.8m；④层软塑～流塑状淤泥层，厚2.3～10.3m；$⑤_2$层软塑状黏土层，厚1.1～2.4m，平均设计桩长16m。杨湖段自上而下为：0.5m厚淤泥及4～5.5m厚③层软塑粉质黏土，平均设计桩长9m。根据地勘资料和设计要求，管桩桩端持力层为⑧层强风化砂岩，持力层的允许承载力值为360kPa，桩端深入⑧层强风化砂岩不少于1m。管桩单桩竖向极限承载力设计值为955kN。

2　施工工艺

主要工艺流程：桩基素土平台填筑→PHC预应力管桩施工→成桩检测→桩帽施工→褥垫层施工→路堤填筑。

2.1　施工流程

PHC预应力管桩施工流程见图1。

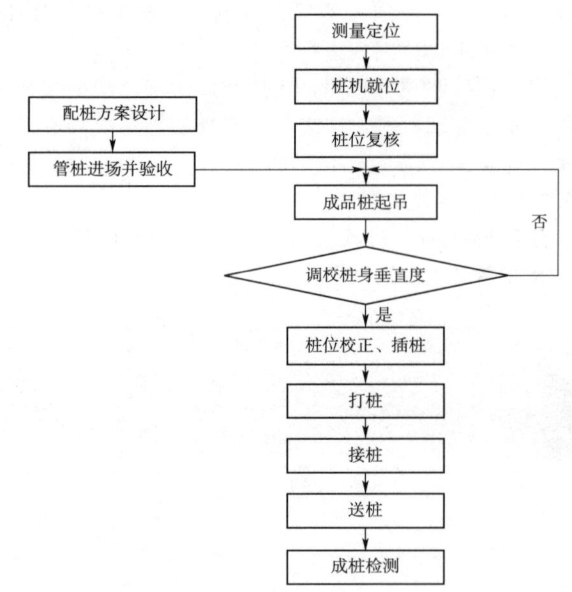

图1　PHC预应力管桩施工流程

2.2　施工要点

2.2.1　施工准备

机械设备选择ZYC600型液压静力压桩机，其主要性能参数为最大压桩力6000kN、最快压桩速度5.9m/min、一次压桩行程2m。该设备具有无污染、无噪声、无振动、压桩速度快、成桩质量高等显著特点。同时根据工程进度需求配备机械操作人员、电焊工和施工人员。

(1) 测量定位。准确无误地测量放样出各个桩位。

(2) 桩机就位。夯实场地使打桩机能顺利进入。若地基较软，可在地基上加铺大块钢板或木板，以加大承载力。

(3) 复核桩位。测量人员对桩位进行复测、校核，其偏差不得大于40mm。

(4) 根据施工图绘制桩位编号图，并合理确定配桩方案，根据现场实际情况确定沉桩顺序。

(5) 在桩身上画上以米为单位的长度标记。施工前应逐根检查混凝土桩有无严重质量问题，对管桩两端应清理干净，施焊面上有油漆杂物污染时，应清刷干净。

2.2.2 吊装、插桩

用1台25t自行式吊车配合打桩机进行吊装，人工配合打桩机准确快速地卡入桩，然后移至桩位，过程中有专人指挥协调。

插桩在一般情况下入土30～50cm为宜，然后进行调校。打桩机操作手在工长指挥下，掌握好双向角度尺，使打桩机纵横方向保持水平，调校垂直度在允许值以内才能沉桩。沉桩过程中施工员随时观察桩的进尺变化，如遇地层有障碍物、桩杆偏移时，应分行程逐渐调直。插桩前应注意相邻桩的接头位置错开，同一断面接头不超过25%。

桩打入过程中修正桩的角度较困难，因此就位时应正确安放。第一节管桩插入地下时，要尽量保持位置方向正确。开始要轻轻打下，认真检查，若有偏差应及时纠正，必要时要拔出重打。校核桩的垂直度可采用垂直角，即用两个方向（互成90°）的经纬仪使导架保持垂直（见图2）。通过桩机导架的旋转、滑动及停留进行调整。经纬仪应设在不受打桩影响处，并经常调平，使之保持垂直。插好后将桩锤压向桩顶，此时应缓缓地沉入地层，同时再检查桩锤的桩帽中心是否与中轴一致，并检查桩的方位有无移动，以便进行必要的纠偏。如一切均已妥当，方可开锤施打。

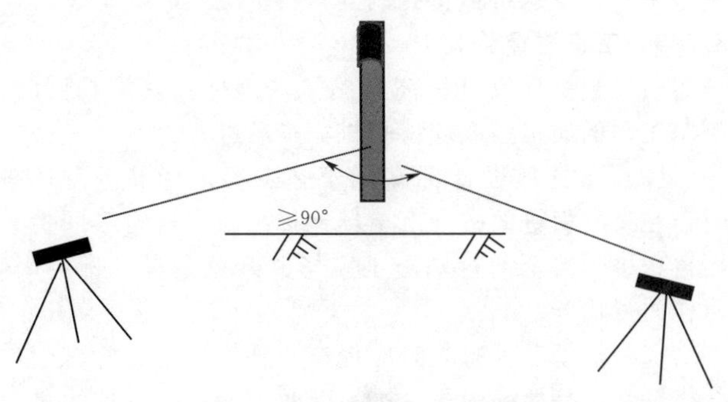

图2 现场垂直度控制示意图

2.2.3 压桩

在整个压桩过程中，要使桩锤、桩帽、桩身尽量保持在同一轴线上。必要时应将桩锤及桩架导杆方向按桩身方向调整。要注意尽量不使管桩受到偏心受压，以免管桩受弯。每根桩宜连续一次压完，不要中断，以免难以继续压入。打桩时采用与桩相适应的桩帽和硬木垫层。打桩时详细填写打桩记录。

2.2.4 接桩

接桩时要注意新接桩节与原桩节的轴线一致，两施焊面上的泥土、油污、铁锈等要预先清刷干净。当下节桩的桩头距地面0.5～1.2m时，即可焊接接桩。接桩时可在下节桩头上焊接2根钢筋，以便新接桩节的引导就位。上节桩找正方向后，对称点焊4～6点加以固定，然后施焊，最后将导向钢筋拆除。管桩焊接应由有经验的焊工按技术规程要求认真操作。施焊第一层时，宜适当加大电流，加大熔深。采用手工焊接，第一层用$\phi3.2$或$\phi4.0$的E43型焊条，第二层以后用$\phi4.0$～5.0的E43型焊条，要保证焊接质量。焊接完毕应自然冷却，5～10min后方可再施打。

2.2.5 送桩

为将管桩打到设计标高，需要送桩。送桩采用送桩器。送桩器用钢管制作，长度一般比原地面至桩顶设计标高的距离长50cm左右。送桩器的设计原则是打入阻力不能太大，容易拔出，能将冲击力有效地传到桩上，并能重复使用。

送桩工具紧接桩顶部分，安放保护桩顶的硬木垫层，安放前要先将桩顶损伤部分清除并修理平整。桩与送桩工具的纵轴线要尽量保持在同一直线上，送桩必须与打桩一样连续打到规定标高，不得中断。送桩应特别注意最后贯入度，即最后100cm桩长的锤击及桩的贯入度。

2.2.6 截桩

当PHC管桩由于某种原因无法施打至设计标高时，在征得设计方的同意后，对于高出设计标高的部分进行截除。截除桩头宜用锯桩器切割，严禁用大锤横向敲击或强行扳拉截桩。

2.2.7 桩帽施工

桩帽是将褥垫层中的土压力传至桩身的重要构件，桩顶位于桩帽正中心并插入桩帽一定厚度。施工时先按设计要求的桩帽尺寸及标高开挖到位后，架立桩帽四周侧模，绑扎钢筋，检验合格后浇筑混凝土并养护。

2.2.8 褥垫层施工

褥垫层施工工艺流程：铺设碎石→铺设双向钢塑格栅→铺设碎石→夯实。

(1) 铺设褥垫层应在桩帽混凝土强度达到设计强度，并经检验符合设计要求后进行。褥垫层厚度应符合设计要求，碎石级配和粒径不得大于规范要求。填土前碾压采用小型打夯机进行压实，褥垫层的摊铺厚度应确保压实厚度不小于设计厚度。

(2) 双向钢塑格栅采用16号铁丝（约1.626mm）绑扎搭接，横幅之间搭接宽度0.2m，纵幅搭接宽度 0.3m。

(3) 铺双向钢塑格栅前先人工整平，铺设时理顺、拉直、绷紧土工格栅，不得有褶皱和破损。

3 质量控制要点

3.1 静压法施工质量控制要点

(1) 压桩机的型号和配重可根据设计要求和岩土工程勘察报告，或根据试桩资料等选择。

(2) 沉桩场地应满足压桩机接地压力的要求，当不能满足时，应采取有效措施确保压桩机稳定。

(3) 静压法沉桩用于软土地区时，必须充分考虑地基承载力问题。

(4) 沉桩顺序和作业应符合下列原则：①空旷场地沉桩应由中心向四周进行，某一侧有需要保护的建(构)筑物或地下管线时，应由该侧向远离该侧的方向进行；②根据桩型、桩长和桩顶设计标高，宜先深后浅，先长后短，先大后小；③沉桩机运行线路应经济合理，方便施工；④管桩沉桩时，首节桩插入时，垂直度偏差不得大于 0.5%；⑤压桩时压桩机应保持水平，沉桩宜连续一次性将桩沉到设计标高，尽量缩短中间停顿时间，应避免在接近持力层时接桩。

(5) 沉桩过程应有完整的记录。

(6) 压完一根桩后，若有露出地面的桩段，应先截桩后移机，严禁用压桩机将桩强行扳断。

(7) 沉桩过程中出现压桩力异常、桩身漂移、倾斜或桩身及桩顶破损，应查明原因，进行必要的处理后，方可继续施工。

(8) 终压标准应根据工程地质条件、设计承载力、设计标高、桩型等综合考虑，应通过试桩确定终压力及单桩承载力特征值，终压力不得小于 2 倍特征值，且终压力保持 3min 时间内桩顶位移未发生突变。

(9) 终压后的管桩应采取有效措施封住管口，送桩遗留的孔洞应立即回填或覆盖。

3.2 工程质量检验和验收要点

3.2.1 一般规定

PHC 预应力管桩桩基工程应进行桩位、桩长、桩径、桩身质量和单桩承载力的检验。PHC 预应力管桩桩基工程的检验按时间顺序可分为三个阶段：施工前检验、施工过程检验和施工后检验。

(1) 施工前检验。管桩运到工地后，应检查以下各项：管桩规格、型号，管桩的尺寸偏差、外观质量，管桩端板或机械啮合接头连接部件（抽检），管桩结构钢筋（抽检），管桩堆放及桩身破损情况等。

(2) 施工过程检验。压桩施工过程中，工程质量检查和检测包括以下各项：

1) 桩的定位及压桩就位前的复测。桩位经施工单位放线定位后，监理人员应对桩位进行复核。在压桩过程中，应随时注意桩位标记的保护，防止桩位标记发生错乱和移位。

2) 压桩机具的检查。

3) 桩身垂直度检测应符合下列规定：首先应检查第一节桩定位时的垂直度，当垂直度偏差不大于 0.5% 时，方可开始压桩。在压桩过程中，应随时注意保持送桩器和桩身的中心线在同一直线上。送桩前，应按施工工艺中有关规定检查桩身的垂直度。测量桩身垂直度可用吊线锤法，需送桩的管桩桩身垂直度可利用送桩前桩头露出自然地面 1.0～1.5m 时测得的桩身垂直度作为该成桩的垂直度。

4) 桩接头施工质量监控。

5) 终压监控。

6) 压桩记录的审核。

7) 桩挤土穿过（进入）密实的砂土或密实的粉土层、穿过（进入）超固结黏性土可能产生挤土效应造成桩身上浮时，沉桩时的桩顶标高和全部工程桩沉桩完成后的桩顶标高监测。上浮桩顶标高测量主要工作包括：压桩过程中，对工程桩总数的 20% 进行单桩沉桩完成时的桩顶标高（单桩沉桩完成时立即测量桩顶标高并记录）和全部工程桩沉桩完成后对先前测量过桩顶标高的桩进行桩顶标高复测并记录，计算前后标高差。当发现桩顶上浮超过 10mm 时，应对全部工程桩进行复压。

(3) 施工后检验。施工结束后应对桩进行下列检验：①截桩后的桩顶标高；②桩顶平面位置；③桩身的完整性；④单桩承载力。

3.2.2 压桩对周围环境影响的监测

压桩过程中，应根据施工工艺的规定和施工组织设计，监控压桩顺序。压桩挤土可能危及四周的建(构)筑物、道路、市政设施等，压桩时应密切注意四周建(构)筑物和工地现场土体的变化。沉桩完成后，应检查基桩管口及送桩遗留孔洞的封盖情况。

3.2.3 工程质量验收

(1) 当桩顶设计标高与施工场地标高基本相同时，桩基工程的质量验收应待打桩完毕后进行。

(2) 当桩顶设计标高低于施工场地标高，需送桩时，在每一根桩的桩顶沉至场地标高时应进行中间检查后再送桩，待全部桩基施工完毕并开挖到设计标高时，再作质量检验。

(3) 桩基工程验收时应提交下列资料：①管桩出厂合格证，产品检验报告，进场验收记录；②桩位测量放线图，包括桩位复核签证单；③经批准的施工组织设计或管桩施工专项方案及技术交底资料；④沉桩施工记录汇总，包括桩位编号图、沉桩完成时桩顶标高、复压后桩顶标高及开挖完成后桩顶标高；⑤管桩接桩隐蔽验收记录；⑥沉桩工程竣工图（桩位实测偏位情况、补桩位置、试桩位置）；⑦质量事故处理记录；⑧试沉桩记录；⑨桩基静载试验报告和桩身质量检测报告；⑩管桩施工措施记录，包括孔内混凝土灌实深度、配筋或插筋数量、混凝土试块强度等。

4 结束语

（1）采用PHC预应力管桩对软基进行加固，其桩身混凝土强度高，可打入密实的砂层和强风化岩层，由于挤压作用，桩端承载力可比原状土质提高70%～80%，桩侧摩阻力提高20%～40%。

（2）液压静力压桩机，具有无污染、无噪声、无振动、压桩速度快、成桩质量高等显著特点。

（3）PHC预应力管桩的单位承载力造价比沉管灌注桩、钻孔灌注桩和人工挖孔桩低，且其机械化施工程度高，避免水下施工、改善劳动条件，施工速度快、工效高，有利于缩短工期，可提前实现项目的经济效益和社会效益，可在市政道路工程等软土路基处理中推广应用。

浅谈差异化控制爆破技术在河床式电站纵向围堰拆除中的应用

王志伟/中国水利水电第十二工程局有限公司

【摘　要】江西省峡江水利枢纽混凝土纵向围堰在拆除时，通过对不同部位主控目标的分析，对渣块块径、落渣方向、破碎程度、飞石飞散距离、爆破振动、水上水下冲击波等方面进行区别控制，采用差异化控制爆破拆除技术，达到了安全、快速、高效的拆除效果。

【关键词】河床式电站　控制爆破　纵向围堰　拆除

1　引言

河床式水电站多数采用混凝土纵向围堰分期导流进行度汛和施工，混凝土纵向围堰需要在后期拆除。拆除时，电站的部分永久机电设备及构筑物已投入运行或使用，周围环境复杂，爆破危害效应控制安全标准高，被保护建筑物或永久机电设备类别高，爆破空间受限，渣体拆解转运困难，还必须满足防汛、度汛和电站安全运行的要求。同时，拆除施工时段和工期受汛期和电站发电要求的限制。因此，如何快速、高效、安全地拆除围堰是电站后期运行的关键。

2　工程概况

江西省峡江水利枢纽是一座以防洪、发电、航运为主，兼顾灌溉、供水等综合效益的水利枢纽工程。坝址以上流域面积 62710km^2，水库正常蓄水位 46m，死水位 44m，设计洪水位 49m，校核洪水位 49m。水库总库容 11.87×10^8m^3，电站安装 9 台水轮发电机组，装机容量 360MW。主要建筑物有混凝土泄水闸、混凝土挡水坝、河床式发电厂房、船阀、左右岸灌溉进水口鱼道等，坝轴线总长 864m。

3　围堰爆破拆除环境简述

本工程采用分期导流方式，共分三期：2010—2011 年枯水期，一期枯水围堰挡水，施工右岸厂房、厂房相邻的 18＃泄水闸及一期全年围堰，左岸缩窄的河道导流；2011 年汛期，一期全年围堰挡水，施工右岸厂房，左岸缩窄的河道过流。2011—2012 年枯水期，二期枯水围堰围左岸船闸及左侧 6.5 孔泄水闸施工，中部缩窄的河道导流；2012 年汛期，二期枯水围堰拆除，一期全年围堰挡水，施工右岸厂房，左岸缩窄的河道泄流。2012—2013 年枯水期，三期枯水围堰围中间河床剩下的 11 孔泄水闸，左岸已建的 6 孔泄水闸导流；2013 年汛期，三期枯水围堰上加高子围堰连同一期全年围堰挡水，施工右岸厂房、中间河床 11 孔泄水闸的剩余施工项目，左侧已建的 6 孔泄水闸泄流。

本工程需爆破拆除的建筑物包括三期上、下游纵向围堰，一期上、下游纵向围堰及 18＃泄水闸上、下游导墙，总计拆除方量为 29.9 万 m^3。被拆除体紧邻厂房、泄水闸，见图 1。

图 1　峡江水利枢纽围堰爆破拆除环境概况图

拆除工程有如下特点：

（1）工程量大，保护对象对爆破施工的控制要求高，因环境限制，拆除工程分为水上和水下两部分。

（2）被拆除体的材质多样、型体复杂、结构差异性大，拆除时要求不同。

（3）爆破石渣掉落方向受限，爆破块度控制要求高，爆破设计复杂。

（4）爆破施工不能影响电站的正常运行。

4 爆破方法研究

通过对已有资料分析发现，混凝土纵向围堰传统拆除方法一般采用爆破法一次性拆除，爆破后用机械装运清除渣料。这种方法需做大量的被动防护工作，且不同部位的主控目标难以同时达到，加之多数渣块需要二次破拆后才能清运，不利于限时、高效、安全地完成施工。

本项目为了达到高效、安全的施工效果，经研究采用以下几点技术对围堰进行差异化控制拆除：

（1）运行同步爆破技术。针对爆区周边环境状况，进行科学定量、精细计算，设计出合理爆破参数，既要使围堰充分解体，便于清理，又要对爆破振动、冲击波等有害效应严格控制，确保泄水闸、闸墩及船闸等不受破坏。为此，采取措施，比如通过水封爆破减少振动、控制爆破落渣方向避免落渣影响电站正常运行、做好主动防护和被动防护等，达到安全施工的效果。

（2）切割预裂爆破技术。针对混凝土围堰堰体的断面形式及爆破控制要求，通过爆破参数设计，形成定向切割效果，把混凝土切成条状块状，再利用机械转运，控制了爆破渣石的掉落，达到高效施工的效果。

（3）差异化爆破设计技术。针对混凝土围堰堰体的断面形式（矩形、倒梯形、直角梯形）、材质（钢筋混凝土、碾压混凝土等）、堰体块内联系情况（结构钢筋、面层钢筋等）、拆除堰体临空面（电厂进水口沉沙池、尾水出口明渠等）等因素，以及与保护目标的相对位置、拆除体的约束条件和控制要求，确定主控目标（爆破振动，飞石、爆渣块体及落渣方向），分区分段差异化地进行爆破方式和参数的设计，有效控制爆破有害效应。

5 爆破方案设计

根据拟爆破拆除部位的工程特点、技术要求、现场施工条件以及周围结构物的分布情况，并且通过试验验证，最终形成如下爆破总体方案。

（1）一期全年纵向围堰爆破拆除采用倾斜孔，堰顶辅以垂直浅孔，底部采用光面爆破。

（2）18＃泄水闸上、下游导墙爆破拆除采用垂直孔，与永久构筑物相接处采用预裂爆破，底部采用光面爆破。

（3）三期纵向围堰爆破拆除采用垂直孔，与永久构筑物相接处采用预裂爆破，底部采用光面爆破。

（4）采用数码电子雷管起爆网路，严格控制单段药量。采用分层、分块爆破的形式，原则上以水面线为界，水上部分爆破、出渣完毕后，再进行水下部分的爆破施工。

6 爆破参数设计

根据现场设备条件，垂直孔钻孔选用 Atlas485 型钻机，倾斜孔及光爆孔钻孔选用潜孔钻。预裂孔、光爆孔孔径为 90mm，主爆孔、缓冲孔孔径均为 115mm。边界预裂孔孔距为 0.5m，底部光爆孔孔距为 0.6m。针对混凝土围堰堰体的断面形式不同，主爆孔孔间排距（1.2～2.0）m×（1.0～1.8）m，缓冲孔孔间排距为 0.8m×0.8m。爆破炸药选用卷状乳化炸药，主爆孔以 ϕ70 药卷为主，局部使用 ϕ32 药卷；光爆孔、预裂孔和破碎孔的药卷直径均为 32mm。爆破设计时，炸药总单耗按照 0.30kg/m^{3}设计。其中，围堰上部及两端为了控制爆破震动及飞石，单耗略有降低，取值为 0.25～0.30kg/m^3；围堰中下部为了克服水的夹制作用，并增加向泄水闸侧的抛掷量，炸药适当增为 0.30～0.35kg/m^3。

最后，根据拆除效果，在实际施工中得到不同材料下的最佳爆破参数（见表 1）。

表 1 峡江水利枢纽混凝土围堰拆除爆破参数经验值

部位	围堰材料	孔间排距/m	炸药单耗/(kg/m^3)
水面以上	RCC15W4 混凝土	2.0×1.8	0.195
水面以上	C25 素混凝土	2.0×1.8	0.25
水面以下	C25 钢筋混凝土	1.2×1.0	0.28

围堰爆破拆除效果见图 2。

图 2 峡江水利枢纽围堰爆破拆除效果图

7 最大单段药量设计

根据《爆破安全规程》(GB 6722—2014),本围堰控制爆破拆除工程中,爆破被保护对象的最高级别为运行中的水电站及发电厂中心控制室的设备,它们的振动速度安全允许值均取 0.5cm/s。最大单段药量 Q 按下式计算:

$$Q=R^3/(K/V)^{3/\alpha}$$

式中 V——质点振动速度,cm/s;

R——爆源中心至建筑物的距离,m;

K、α——场地系数,根据试验确定,设计时根据《爆破安全规程》拟取 $K=200$,$\alpha=1.65$。

计算的最大单段药量见表 2。

表 2 峡江水利枢纽混凝土围堰拆除最大单段药量

部 位	允许振速/(cm/s)	爆源至保护对象的距离/m	计算最大单段药量/kg	设计最大单段药量/kg
一期上游围堰	0.5	202.4	154.0	60
一期下游围堰	0.5	218.7	194.3	80
三期上游围堰	0.5	108.1	23.5	20
三期下游围堰	0.5	140	51.0	45
18#泄水闸上游导墙	0.5	104.8	21.4	20
18#泄水闸下游导墙	0.5	202.4	154.0	60

根据所选定的最大单段药量,在本工程爆破过程中,采用 TC-4850 爆破测振仪采集爆破振动数据。测得的数据显示,最大振动速度 0.382cm/s,最小振动速度 0.011cm/s,所有测点质点速度均小于 0.5cm/s,即实测振动速度低于规范中的允许标准,说明电站运行安全。

8 爆破质量控制

(1) 钻孔前质量控制。钻孔前做好爆破孔孔位、孔深、孔斜的放样及技术交底工作。

(2) 钻孔时质量控制。抓好钻孔施工环节,严格监控钻孔质量,并设专职质检员旁站检查指导施工。

(3) 装药过程质量控制。装药前计算好各个爆破孔的药量,并对爆破员进行技术交底。装药过程中爆破技术人员进行跟踪记录监督,确保各个爆破孔位药量符合要求。为了提高爆破效果,在爆破施工中,爆破技术人员根据上次爆破效果进行爆破药量参数的修正。

9 爆破安全防护

爆破安全防护主要是防止爆破飞石损害附近设备或建筑,防止爆破渣体掉入机组进水口侧的江内。防护措施如下。

(1) 覆盖防护。爆破作业时,对附近机器设备及裸露重要施工建筑,用毛竹片覆盖、遮挡。

(2) 禁抛侧残留渣体采用人工切割和挖机相配合的方法处理。

(3) 在机组侧水面采用浮动竹排进行防护,防止混凝土碎渣掉入机组进水口。实施过程中,出现浮动平台被砸坏的现象,后面采取了在浮动平台上部铺设废旧轮胎的改进措施。

10 结束语

河床式电站纵向混凝土围堰差异化控制爆破拆除技术的实施,使峡江水利枢纽三期围堰拆除的工期得到提前,避免了深水清渣作业,避免已经运营的发电机组停机,质量、安全等方面均得到了保证,社会、经济效益显著。随着国家经济的发展,复杂环境下的再造或改造工程也会增多,差异化控制爆破技术将会得到更多的应用。

水平旋喷桩施工工艺在深圳地铁施工中的应用

李磊磊　李彦强/中国电建市政建设集团有限公司

【摘　要】 在深圳地铁西丽站—茶光站区间矿山法隧道施工中，采用了水平旋喷桩施工工艺，成功地解决了5号、7号联络线在粉质黏土和全风化花岗片麻岩层中近距离穿越3栋建筑物的难题，充分显示了水平旋喷桩施工技术在软弱地质条件浅埋暗挖隧道开挖预支护工程应用中的优势。本文论述了水平旋喷桩的工艺机理、适应性、优缺点以及在深圳地铁施工中的应用效果。

【关键词】 水平旋喷桩　暗挖隧道　超前支护　软弱地层

1　引言

城市地铁暗挖隧道是在岩土体内部进行的，无论埋深大小，隧道的开挖施工将不可避免地扰动地下岩土体，破坏原有土体的应力平衡状态，因而引起地表沉降和变形。地表沉降到一定的程度，将影响地面建筑物的安全和地下管线的正常使用。更重要的是，地铁线路一般都会穿越人口密集、地面建筑物林立、地下管网密布的市中心繁华地段，该区段对施工产生的地表位移和变形的要求都很高，施工方法的选择如稍有失误，将会造成不可估量的损失。在这种情况下修建隧道，就必须对工作面前方沿隧道轮廓线进行预加固，然后再开挖，以保证施工安全。水平旋喷注浆预加固技术由于桩间相互搭接，成拱效果好，既有一定强度，又能防止渗漏，其加固范围和加固效果可人为控制，因而使隧道开挖能顺利进行。

本文简略地介绍水平旋喷桩的工艺原理、施工质量控制及其工程适应性，着重阐述其在深圳地铁7号线7301-1标西茶区间5号、7号联络线试验段矿山法隧道施工中的应用。

2　水平旋喷桩工艺概述

2.1　成桩原理

水平旋喷桩施工工法为单管法，钻孔采用水平定向钻机钻水平孔。钻进至设计深度后，提升钻杆，同时通过钻杆、喷嘴，以较高的压力把配制好的浆液喷射到土体内，并切割土体，使其遭受破坏。此时，钻杆一面以一定的速度旋转，一面低速徐徐外拔，使土体与水泥浆充分搅拌混合，胶结硬化后形成直径比较均匀、具有一定强度的桩体。在一个个旋喷桩相互咬接后，便以同心圆形式在隧道拱顶及周边形成连续的旋喷硬壳体。

2.2　工艺流程

水平旋喷桩施工工艺流程见图1。

2.3　施工步骤

2.3.1　施工准备

首先，检查钻机和高压注浆泵的运行是否正常，高压注浆管路是否畅通，压力表是否正常。其次，在掌子面由测量定出桩位，并编好每个桩号。设备安装好后，测量人员对钻机的开孔点和尾线点进行校正，按技术交底调整钻机角度、方位，对准孔位，控制孔位误差在±50mm以内。

2.3.2　钻孔

在检查孔口管安装牢固，并调整好钻机和对好孔位后，将导向钻头及第一根钻杆送入孔口管内。在孔口采用棉纱、水泥袋等封闭孔口间隙，以免浆液外流。每钻进3m测量一次孔斜，并做好记录，一旦发现偏斜，应及时纠偏，直到钻至设计深度。

2.3.3　高压喷浆

钻孔完成后，推出钻具，将钻头处顶部出水孔口封闭，打开钻头侧面的喷浆口，从孔底到孔口进行旋喷作业。在孔底高压喷浆时停1～2min，然后以12～15cm/

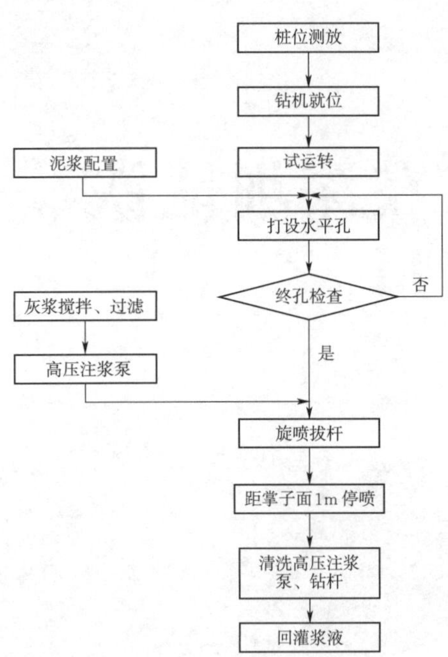

图 1 水平旋喷桩施工工艺流程图

min 的提升速度和 10～12r/min 的旋转速度缓慢外拔钻杆。每节钻杆长度为 3m，当提升至钻杆接头位置时，暂停旋喷注浆，拆除多余钻杆后，将钻杆推进到原旋喷位置前端 30cm 处开始继续旋喷注浆。喷浆至孔口掌子面 1m 时，停止喷浆，同时在孔口内填充水泥袋等柔性物体。

2.3.4 主要技术参数

深圳地铁水平旋喷桩试桩使用的水泥强度等级为 P.O42.5R，水灰比为 1∶1。喷浆压力为 36MPa，旋转速度为 10r/min，拔杆速度为 15cm/min。单根水泥旋喷桩最大水泥耗量为 9000kg，最小水泥耗量为 6500kg，水泥平均用量约为 370kg/m。正常情况下，每孔钻孔时间 60～120min，单孔旋喷时长约 200min，单班完成水平旋喷桩 2 根。

3 水平旋喷桩工艺适用范围及优缺点

3.1 适用范围

3.1.1 地层适应性

水平旋喷技术的地层适应范围与高压喷射注浆基本相似。水平旋喷技术适应范围还因水平旋喷所采用的喷射方式（单管、双管、多重管等）影响，可用于处理淤泥、淤泥质土、软塑或可塑黏性土、粉土、砂土、黄土、素填土和碎石土等地层。对于含大粒径块石、大量植物有机质，以及地下水流速过大和已涌水的场地，可根据现场试验结果确定其适用性。

3.1.2 工程适应性

水平旋喷成桩机理和固结体性能，与竖直旋喷基本相同，还可在旋喷后插入钢筋以增强固结体的抗弯、抗剪强度，固结体周围地层也因挤压渗透作用得到一定程度的加固。因此，凡需应用高喷的工程，由于条件限制不能或不适合进行竖直钻孔高压旋喷时，都可考虑采用水平或倾斜钻孔旋喷。水平旋喷适应于既有建筑物和新建建筑物地基加固，以及深基坑、地铁等工程的土层加固或防水。

3.2 优缺点

3.2.1 优点

（1）质量优。水平旋喷桩桩体外型标准，内部质量均匀稳定，相互咬合的水平旋喷桩形成一道连续墙，其防坍和防渗效果好，用作超前支护和止水加固，是理想的隧道及地下工程辅助施工工法。

（2）效率高。水平旋喷桩无需成孔，其钻进、搅拌、注浆同步进行，施工速度快，每小时成桩 15m 左右，与小导管注浆、大管棚和冷冻法相比，其效率要高。

（3）安全可靠。水平旋喷桩的质量稳定，防坍防渗效果好，在其保护下隧道开挖的安全有保障。另外，若用于城市浅埋隧道施工，还可避免过分抽排地下水引起地表下沉，避免采用小导管注浆等产生地表隆起，避免大管棚成孔过程中使地表产生较大沉降等不良影响。

（4）操作方便。水平搅拌桩的施工无需大型设备，工艺简单，容易掌握，操作方便。

3.2.2 缺点

水平旋喷注浆作为软土隧道的超前支护或加固措施时，也有一些不足之处：桩长受限制，一般为 8～12m，若太长其尾部易向下偏移；遇障碍物难以处理，一旦卡钻，则只好将钻杆钻头丢弃。

4 深圳地铁水平旋喷桩施工技术

4.1 工程概况

深圳地铁 5 号、7 号联络线全长 452.197m，位于留仙大道和沙河西路十字路口西南象限，北接 5 号线留西区间，南接 7 号线西茶区间，起点为 5 号线端预留接口 LIDK0＋070.150 处，设计终点为联络线 LIDK0＋381.957 处，长度 311.807m。LIDK0＋204.000～LIDK0＋345.000 约 141m 依次下穿壮丽商厦、西丽幼儿园和留仙宾馆三栋建筑物，下穿段平面主要位于半径为 150m 的小半径曲线上。

4.2 下穿段工程地质条件

5 号、7 号联络线隧道基本穿越粉质黏土、风化花岗片麻岩层中。下穿建筑物段隧道埋深 12～16.5m，采用矿山法施工，主要穿越粉质黏土和全风化花岗片麻岩，局部穿越强、中、微风化花岗片麻岩，线路纵段主要处于32‰的纵坡上。

4.3 隧道支护设计方案

5号、7号联络线下穿建筑物段隧道原设计采用冷冻法施工，考虑到该工法施工工艺较专业、现场工期要求紧迫等因素，经多次专家论证后，调整了设计方案。即留仙宾馆下穿越硬岩段采取管棚支护＋半断面注浆加固方案，通过硬岩段后采取单排水平旋喷桩＋全断面注浆的试验加固方案。

4.4 试验段支护施工

由于LIDK0＋296～LIDK0＋276段隧道主要处于全风化、砾质黏土层，开挖时极易产生涌沙、涌水现象，传统的矿山法超前支护措施已无能为力。综合分析隧道所处地质条件，考虑到施工安全、施工工期、工程造价及对周围环境影响等因素，为验证设计方案的可行性，该段暗挖隧道采用水平旋喷＋全断面注浆方案进行试验。

4.4.1 水平旋喷桩施工

根据现场地质条件和计算的相关参数，在隧道拱部180°范围设置单排水平旋喷桩。旋喷桩桩径600mm，桩间距400mm，环向相邻桩咬合200mm；标准单循环每根桩长15m，其中含相邻循环旋喷桩纵向搭接长度3m。单排水平旋喷及断面注浆范围见图2，纵向桩长及搭接见图3。

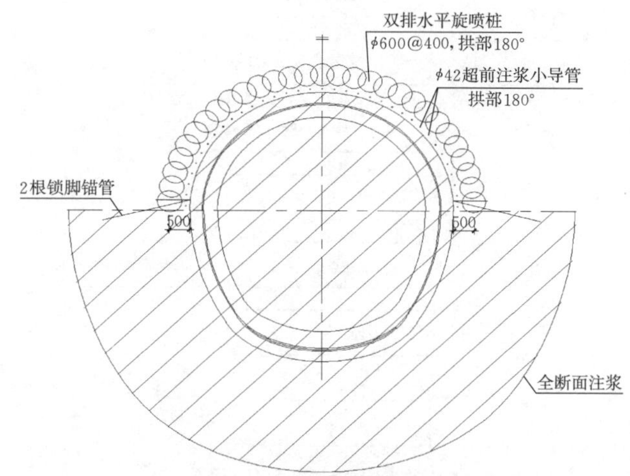

图2 单排水平旋喷及断面注浆范围示意图（单位：mm）

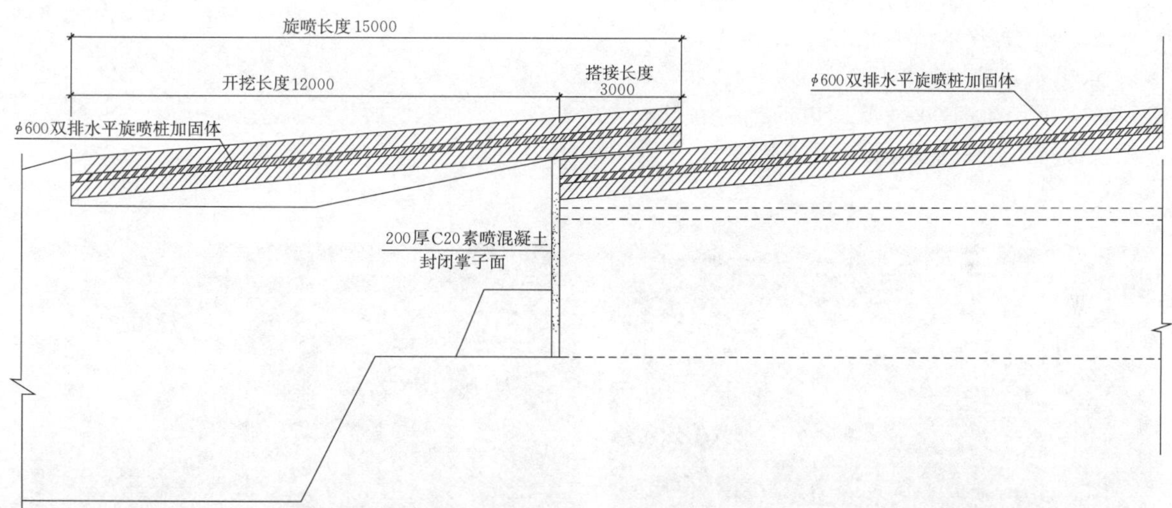

图3 单排水平旋喷纵向桩长及搭接示意图（单位：mm）

试验段旋喷浆液材料采用P.O42.5R水泥，水灰比为1∶1，水泥用量为350kg/m，注浆压力不小于35MPa。在钻孔及旋喷施工中，按照“先两边、后中间”顺序进行，环向每次间隔1个，孔位从下到上，左、右交替进行，跳跃式成桩，保证两边强度平衡。钻机定位调整角度、方位，对准孔位，孔位误差控制在±50mm以内。开孔时慢进，钻至1m后，按正常速度钻至设计深度；当浆液从喷嘴喷出并达设计压力后开始旋喷，桩前端原位旋喷不少于30s。采用复喷工艺，即退1次、进1次、再退1次，共计3次旋喷操作，以保证桩径和桩间咬合。桩前端旋喷时加大压力或降低喷嘴的旋转提升速度，当旋喷至孔口0.5m时停止，并立即退出钻杆，进行封孔作业，必要时采取低压补浆。

按照水平旋喷桩＋全断面注浆试验段的要求，于2014年6月15日正式开始进行水平旋喷桩施工试验，至2014年6月29日施工结束，历时15天，共完成了30根水平旋喷桩的试验，同时完成3根水平旋喷桩的取芯。

4.4.2 全断面注浆施工

为加强拱部加固体的强度和刚度，待水平旋喷桩施工完后，进行全断面注浆，确保开挖面稳定。隧道掌子面上半断面开挖轮廓内及下半断面开挖轮廓外3m范围内采用水泥＋水玻璃双液浆超前预注浆加固。

注浆孔间距 1.5m，浆液扩散半径 1.5m，梅花形布置，每循环加固长度为 15m，预留 3m 上一循环已注浆段作为本循环止水（浆）盘。全断面注浆工艺流程见图 4。

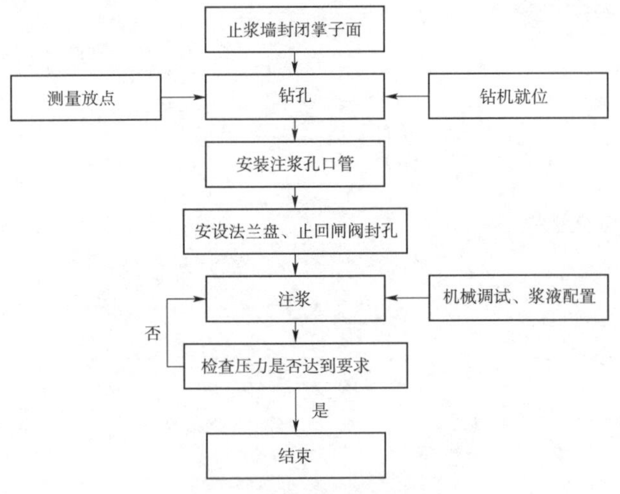

图 4　全断面注浆工艺流程图

全断面注浆采用劈裂式注浆工艺，水泥＋水玻璃浆液，比例 1∶0.5～1∶1，以现场试验确定。水泥浆液采用普通硅酸盐，强度等级不小于 P.O42.5，水灰比 1∶0.6～1∶1。水∶水玻璃（体积比）＝1∶1～1∶0.3，$Be=30°\sim35°$，$M=2.6$，双液凝固时间控制在 2～3min。单循环（8m）注浆量水泥用量为 38.45t，水玻璃 25m³。

5　水平旋喷桩检测

5.1　取芯位置

为了检测水平旋喷桩＋全断面注浆的支护效果，分别选择掌子面 SY0（桩长 13m）、左 7（20m）、右 8（20m）等 3 根水平旋喷桩进行取样，取芯桩号及位置见图 5。抽芯率 3/31＝9.7%＞4%，2/30＝6.7%＞4%，均符合设计要求。取芯芯样见图 6。

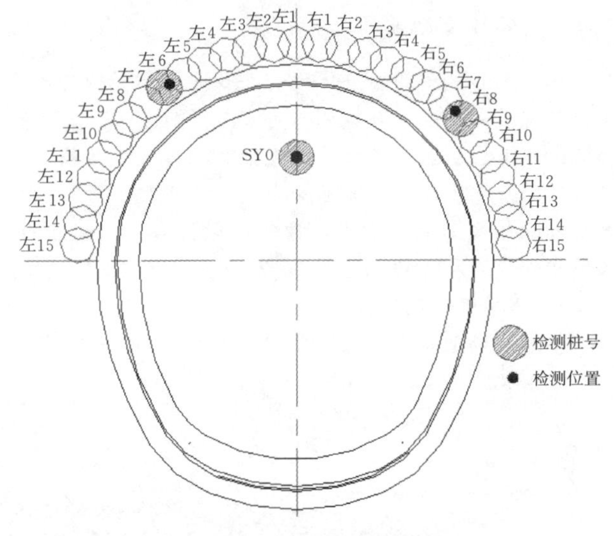

图 5　取芯桩号及位置图

图 6　取芯芯样

5.2　检验结果

（1）左 7 芯样。芯样在全风化花岗岩层，成桩效果较好，0～4m 和 16～20m 芯样较破碎。

（2）右 8 芯样。芯样在全风化花岗岩层，成桩效果较好，0～6m 和 17～20m 芯样较破碎。

（3）SY0 芯样。芯样在全风化花岗岩层，成桩效果较好，0～4m 局部芯样破碎。

5.3 开挖面支护效果

本段暗挖隧道在水平旋喷桩超前支护作用下，在封闭的拱壳内施工，有效地防止了涌沙、涌水的发生，洞内止水效果良好，隧道采取“短进尺，勤支护，步步为营”等措施进行开挖。现场开挖情况见图7、图8。

图7 开挖面连成片的水平旋喷桩

图8 无水开挖面

整个开挖过程，对应地表沉降最大值 2.57cm＜3cm，房屋主体承重部分无明显裂纹及差异沉降。

6 结论

试验段的施工及其效果表明：

(1) 在全风化花岗岩、砾质黏土地层中，采用单管法水平旋喷桩支护。施工中，浆液压力36MPa，旋转速度12r/min，拔杆速度15cm/min，水泥消耗370kg/m等施工参数能满足水平旋喷桩的成桩质量要求。

(2) 试验段水平旋喷桩水泥土芯样15天龄期的最大抗压强度为9MPa，最小抗压强度为6.8MPa，平均强度为7.5MPa，15天的芯样抗压强度满足设计技术要求的28天4MPa的要求。

(3) 水平旋喷桩能相互咬合，成桩直径550～650mm。

(4) 开挖过程中，掌子面无水渍。掌子面开洞后，无渗水、漏水，满足了止水要求。

(5) 旋喷桩施工及隧道开挖过程中，隧道拱顶、地面建（构）筑物、地表等监测点变化均未超标，满足施工要求。

由此说明，水平旋喷桩＋全断面注浆辅助加固措施有效改良了隧道围岩，有效保证了矿山法施工中掌子面的稳定。水平旋喷桩在矿山法隧道超前支护中的应用，使矿山法隧道在软弱地层中的施工获得成功，打破了以往矿山法隧道的施工瓶颈，为矿山法隧道超前支护增添了一种新的辅助措施。

防屈曲支撑主厂房结构体系的抗震性能

黄文莉　陈志超/中国电建集团河北省电力勘测设计研究院有限公司

【摘　要】在高烈度地震条件下，普通支撑会受压屈曲或受拉屈服，使普通钢支撑拉压受力状态不对称，不利于耗能抗震。防屈曲支撑作为一种新型的耗能减震构件，能够防止支撑在受压条件下屈曲，拉压状态对称，具有良好的力学性能和耗能能力。本文通过介绍防屈曲支撑的构造、原理以及其抗震性能，并依托高烈度场地下某电厂钢筋混凝土主厂房工程，利用MIDAS有限元软件分析布置有防屈曲支撑的主厂房结构在高地震作用下的抗震性能，为今后高烈度地区类似工程的结构设计提供重要的参考。

【关键词】主厂房　防屈曲支撑　抗震性能

传统的钢支撑形式由于其整体性能较差，当受到压应力反复作用时，会出现局部屈曲破坏、抗压承载力急剧下降等现象，不利于结构的减震耗能。针对这一问题，从20世纪70年代开始，日本学者率先开展了防屈曲支撑的研究，该支撑由于外围约束单元的存在，能有效地抑制内芯单元整体失稳变形，保证支撑在受拉受压情况下都能达到极限抗拉、抗压强度，拉压受力状态对称，从而最大限度地耗散地震能量，结构抗震性能进一步提高，以实现“小震经济、中震不坏、大震易修、余震不倒”。

1　工程概况

某电厂主厂房采用侧煤仓方案——汽机房除氧间联合布置，与煤仓间脱开。汽机房（A～B轴）跨度为26.00m，除氧间（B～C轴）跨度为8.00m，汽机房、除氧间共有15个柱距，柱间距为8.00m、9.00m，检修跨11.00m，两台机组之间设一道伸缩缝，伸缩缝处设双柱，插入距为1.2m。汽机房共分3层，标高分别为0.00m、6.30m和12.60m，汽机房屋架下弦标高为28.20m。除氧间共分4层，标高分别为0.00m、6.30m、12.6m、18.50m。结构布置方面，汽机房大平台与A、B列刚接，汽机屋面采用实腹钢梁与A、B列柱刚接，与除氧间组成框架结构体系，纵向设置抗震支撑。本工程抗震设防烈度为8度，抗震分组为第一组，场地类别为Ⅲ类，特征周期为0.45s。主厂房结构支撑布置如图1所示。

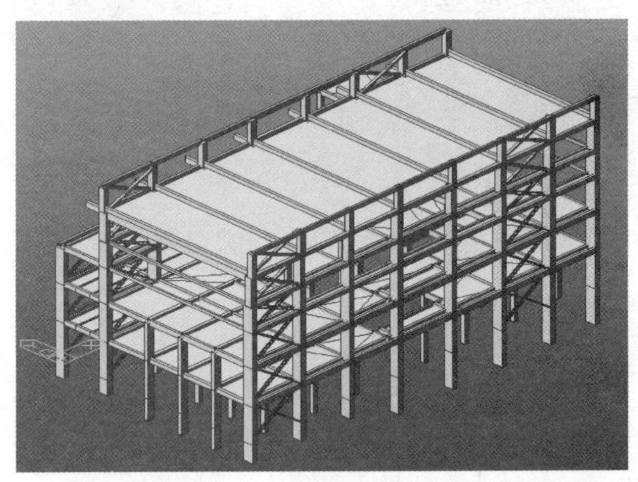

图1　主厂房结构支撑布置图

2　防屈曲支撑

2.1　原理及构造

支撑可使框架具备更高的抗侧刚度，但传统的框架-支撑结构中的普通支撑存在受压屈曲问题，拉压滞回曲线明显不对称，中震和大震时的往复荷载极易造成支撑本身失稳破坏或连接失效，耗能能力大为降低，难以有效地消耗地震能量，往往不能满足工程抗震的需求。由于支撑屈曲不利于能量耗散，因此相对于传统支撑提出了一种新的可以避免受压低阶屈曲的支撑，即防屈曲支撑，两种支撑的受力特性对比如图 2 所示。

防屈曲支撑的中心是钢芯，钢芯在工作时仅承担拉、压力，为避免钢芯受压时整体屈曲，即在受拉和受压时都能达到屈服，钢芯被置于一个钢套筒内，然后在套管内灌注混凝土或砂浆。为减小摩擦力，同时提供钢芯受压产生的横向变形，在芯材和砂浆之间设有一层无黏结材料或非常薄的空气层，允许钢芯在外包材料中伸缩。防屈曲支撑一方面可以克服传统支撑受压屈曲；另一方面，具有金属阻尼器的耗能能力，使主体结构基本处于弹性范围内，因此防屈曲支撑可以全面提高框架结构的抗震性能。

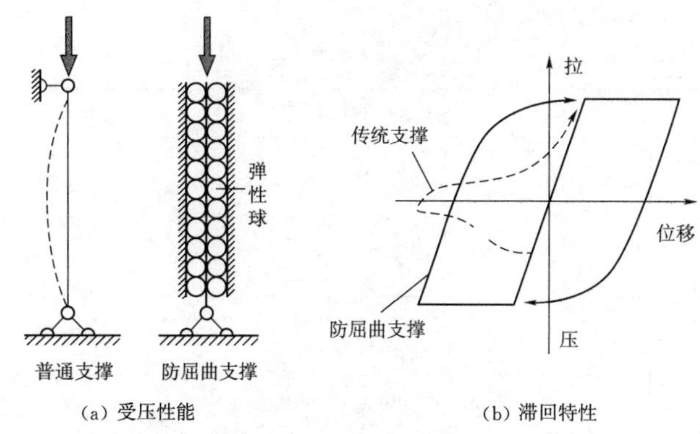

图 2　防屈曲支撑与传统支撑的力学性能对比

防屈曲支撑的基本构造如图 3 所示。

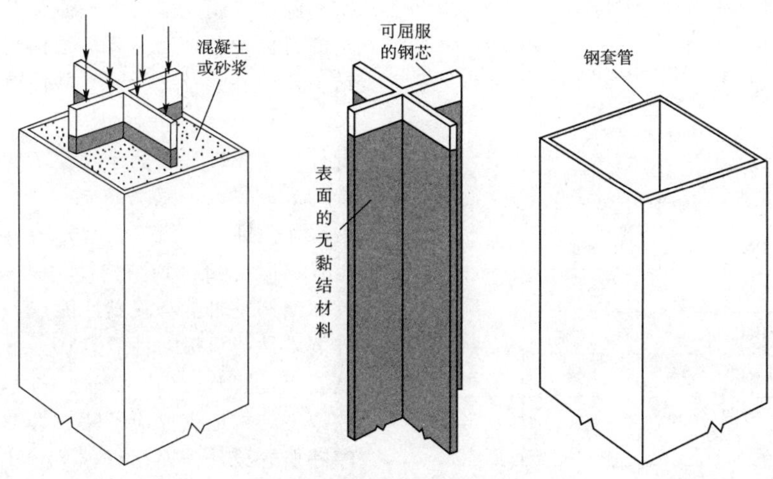

图 3　防屈曲支撑的基本构造

2.2　抗震性能

为了研究防屈曲支撑在地震荷载作用下的抗震性能，北京工业大学采用卧式自平衡拟动力加载系统，在低周反复加载的条件下，依次在 1/300、1/200、1/150、1/100 支撑长度的变形分级加载，然后在 1/150 支撑长度的变形条件下循环加载 30 次，得出防屈曲支撑试件的滞回曲线，如图 4 所示。

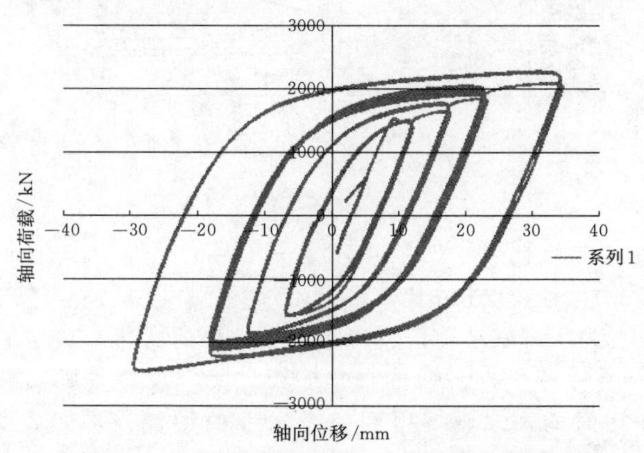

图 4　防屈曲支撑试件滞回曲线

图 4 中位移和荷载均是拉为“+”、压为“−”。经分析可知，防屈曲支撑试件的荷载与位移滞回曲线十分饱满，没有捏拢和强度突变的现象，主要设计指标和衰减量不超过 15%，没有明显的低周疲劳现象，说明防屈曲支撑具有很好的耗能能力，进一步验证了防屈曲支撑拉压状态对称，具有良好的力学性能和耗能能力。

3　主厂房结构抗震优化方案

3.1　消能减震方案

采用 MIDAS 有限元软件对主厂房进行整体建模，从模态分析、多遇烈度抗震验算以及静力非线性推覆三方面进行分析计算。为从计算结果上体现防屈曲支撑的抗震性能，制定了两种对比模型方案。方案一支撑采用普通支撑；方案二支撑采用防屈曲支撑，防屈曲支撑的耗能效果主要体现在屈服滞回耗能，为达到防屈曲支撑小震弹性，中大震屈服的设防目标，对防屈曲支撑刚度、屈曲强度做降刚度优化设计，同时为保证各层支撑刚度均匀无突变，对 5 层、6 层普通支撑也做了调整。

各方案支撑信息详见表1。

表1 支撑信息

层数	方向	数量	截面	截面面积/mm²	长度 L/m
方案一支撑信息					
1	X	24	箱型 350mm×350mm×20mm×20mm	25156	10.97
2	X	24	箱型 350mm×350mm×18mm×18mm	23904	10.97
3	X	24	箱型 350mm×350mm×18mm×18mm	23904	10.76
4	X	16	箱型 350mm×350mm×18mm×18mm	23904	9.94
5	X	16	箱型 350mm×350mm×18mm×18mm	23904	10.21
6	X	16	箱型 350mm×350mm×18mm×18mm	23904	9.84
方案二支撑信息					
层数	方向	数量	截面	截面面积/mm²	长度 L/m
1	X	24	BRB	9000	7.60
2	X	24	BRB	9000	7.60
3	X	24	BRB	9000	7.10
4	X	16	BRB	9000	5.80
5	X	16	箱型 250mm×250mm×16mm×16mm	14976	10.21
6	X	16	箱型 250mm×250mm×16mm×16mm	14976	9.84

两方案其余部分基本一致。在MIDAS模型中，普通钢支撑采用桁架单元，铰定义为变形控制的P铰模型，按FEMA标准计算支撑的特性值，其拉压屈服强值人工输入；BRB模型采用桁架单元模拟，通过等效刚度法来确定MIDAS模型中BRB的截面面积，铰定义为变形控制的P铰模型，力与位移曲线为双线性模型，屈强值按BRB工作段的屈服强度人工输入。钢筋混凝土梁和柱子：按FEMA标准分别计算梁和柱子的屈服面，获得M铰和P-M-M铰特征值，力-位移关系选用三线性模型。

3.2 静力非线性推覆（Pushover）分析

Pushover分析法是按一定的水平荷载加载方式，对结构施加单调递增的水平荷载，逐步将结构推至一个给定的目标位移来研究分析结构的非线性功能，从而判断结构及构件的变形、受力是否满足设计要求。

Pushover分析目的，Pushover分析前要经过一般设计方法先进行耐震设计使结构满足小震不坏、中震可修的规范要求，然后再通过Pushover分析评估结构在大震作用下是否满足预先设定的目标性能，如通过Pushover分析得到结构能力曲线。与需求谱曲线比较，判断结构是否能够找到性能点，从整体上满足设定的大震需求性能目标；性能点状态下结构的最大层间位移角是否满足规范“层间弹塑性位移角限值”的要求；是否在模拟结构地震反应不断加大的过程中，构件的破坏顺序和概念设计预期相符，梁、柱、墙等构件的变形，是否超过构件某一性能水准下的允许变形。方案一、方案二能力谱曲线见图5。

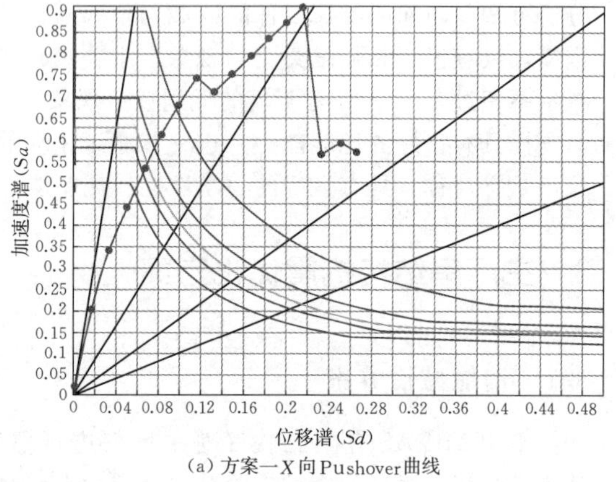

(a) 方案一X向Pushover曲线

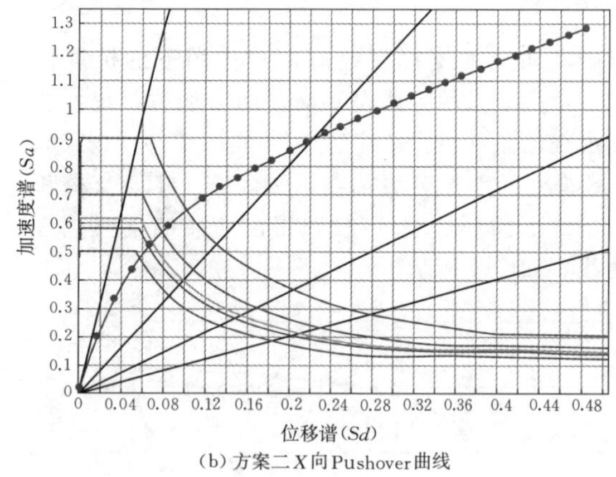

(b) 方案二X向Pushover曲线

图5 能力谱曲线

3.3 计算结果

本文Pushover分析采用的是基于目标位移的位移控制法，根据《建筑消能减震技术规程》中4.1.7节规定“结构目标位移的确定应根据结构的不同性能来选择，宜采用结构总高度的1.5%作为定点位移的界限值”，取结构的最大的控制位移为0.5m。

3.3.1 性能点分布比较

为了观察结构抗侧移能力全过程的变化，建立了“三个水准”即多遇地震、抗震设防烈度、罕遇地震作用时的需求谱，得到三个水准的性能点，如表2所示。

表 2　性能点位置

<table>
<tr><th rowspan="2">震级</th><th colspan="3">方案一性能点
X 向地震作用</th><th colspan="3">方案二性能点
X 向地震作用</th></tr>
<tr><th>V/kN
柱底剪力</th><th>D/m
顶点位移</th><th>最大层间
位移角</th><th>V/kN
柱底剪力</th><th>D/m
顶点位移</th><th>最大层间
位移角</th></tr>
<tr><td>多遇</td><td colspan="3">保持弹性</td><td colspan="3">保持弹性</td></tr>
<tr><td>设防</td><td>34240</td><td>0.028</td><td>1/357</td><td>30490</td><td>0.036</td><td>1/298</td></tr>
<tr><td>罕遇</td><td>63670</td><td>0.070</td><td>1/143</td><td>49180</td><td>0.083</td><td>1/120</td></tr>
</table>

从中可以看出，两种方案从整体上均能满足“三水准”的设防目标。但两方案又有不同之处：方案一的水平地震极限承载力低且延性差，于结构不利，而方案二的地震承载力明显要高，在罕遇地震下的等效阻尼比高于方案一，且塑性好，于结构有利。

3.3.2　模态分析及多遇烈度抗震验算

方案一和方案二各阶振型形态基本吻合，对比方案一与方案二的振型周期，可以看出结构刚度和支撑刚度降低后，X 向振型周期有明显增大，同时 Y 向振型周期也有少许增加，结果见表 3。

表 3　模态分析

<table>
<tr><th rowspan="2">振型</th><th colspan="2">方案一</th><th colspan="2">方案二</th></tr>
<tr><th>周期/s</th><th>形态</th><th>周期/s</th><th>形态</th></tr>
<tr><td>1</td><td>1.1060</td><td>Y 向平动</td><td>1.1448</td><td>Y 向平动</td></tr>
<tr><td>2</td><td>0.6605</td><td>整体扭转</td><td>0.7715</td><td>整体扭转</td></tr>
<tr><td>3</td><td>0.4917</td><td>X 向平动</td><td>0.5971</td><td>X 向平动</td></tr>
<tr><td>4</td><td>0.4732</td><td>Y 向平动</td><td>0.5392</td><td>Y 向平动</td></tr>
<tr><td>5</td><td>0.2804</td><td>整体扭转</td><td>0.3440</td><td>整体扭转</td></tr>
<tr><td>6</td><td>0.1982</td><td>X 向平动</td><td>0.2632</td><td>X 向平动</td></tr>
</table>

对比方案一和方案二分析结果，多遇地震下，方案二的地震力明显降低，说明适当降低结构刚度对结构抗震有利。在多遇地震作用下，两方案均满足规范要求，但方案二对结构抗震有利。数据结果见表 4。

表 4　多遇地震下结构验算结果

<table>
<tr><th colspan="2">验算项目</th><th>方案一</th><th>方案二</th></tr>
<tr><td rowspan="2">柱底地震总剪力</td><td>EX/kN</td><td>20312.6</td><td>14765.6</td></tr>
<tr><td>EY/kN</td><td>10247.8</td><td>8290.4</td></tr>
<tr><td rowspan="2">顶层最大位移</td><td>DX/mm</td><td>21</td><td>24</td></tr>
<tr><td>DY/mm</td><td>60</td><td>62</td></tr>
<tr><td rowspan="2">最大层间位移角</td><td>ϕx</td><td>1/996</td><td>1/844</td></tr>
<tr><td>ϕy</td><td>1/630</td><td>1/583</td></tr>
</table>

3.3.3　塑性铰分布比较

对结构进行静力推覆，当推覆至 8 度罕遇性能点附近时，X 向的出铰情况如图 6 所示。

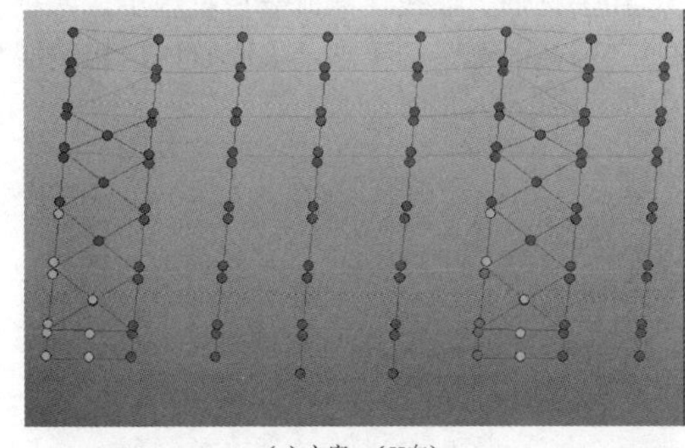

(a) 方案一(X向)

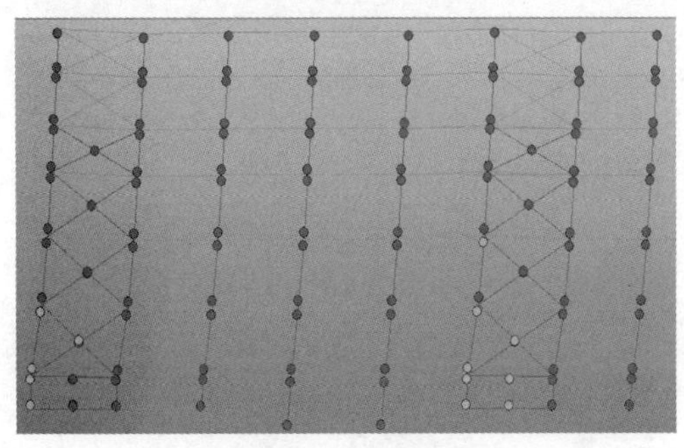

(b) 方案二(X向)

图 6　8 度罕遇性能点附近出铰情况

由图 6 可知，当推覆至 8 度罕遇性能点附近时，方案一中，一层支撑屈服，底层剪力墙达到屈服，一层的部分柱子接近破坏；方案二中，一层支撑屈服，底层剪力墙达到屈服，柱子底部有屈服铰，但没有达到极限状态。

两种方案的塑性铰出现顺序基本一致，均为各层支撑率先屈服，发挥第一道抗震防线的作用，且两种方案均可实现支撑、梁先于柱子屈服的合理机制，满足“强柱弱梁”的抗震要求。但方案一中的普通支撑在出现塑性铰屈服后，其荷载转由柱子承担，致使底层柱破坏，但方案二中的防屈曲支撑屈服后，承载力并不下降，能为主体结构分担地震作用，并且能够消耗地震能量。结果表明方案二较方案一有较好的抗震优势。

4　结论

(1) 防屈曲支撑的抗震性能加载试验结果显示试件的荷载与位移滞回曲线都十分饱满，没有捏拢和强度突变的现象，表现出良好的耗能能力，满足设计要求。

(2) 防屈曲支撑的耗能效果主要体现在屈服滞回耗能，为达到防屈曲支撑小震弹性，中大震屈服的设防目标，对防屈曲支撑刚度、屈服强度做刚度优化设计，方案二中防屈曲支撑屈服但不卸载，既能保护主体结构，又能消耗地震能量，结构抗震性能较方案一更优。

(3) 在进行静力非线性推覆分析过程中，两种方案均能满足“强柱弱梁”的要求，表明整体结构屈服机制合理。

参考文献

[1] 杨昌民．安装有防屈曲支撑建筑的地震模拟与经济性分析 [J]. 防灾减灾工程学报，2012.

[2] 王猛．基于 pushover 的 BRB 框架抗性能分析 [J]. 低温建筑技术，2015.

[3] 卢文生．框架剪力墙结构模拟静力非线性抗震分析方法研究 [J]. 地震工程与工程振动，2005.

[4] 史恒通．配电间在罕遇地震作用下弹塑性变形分析 [J]. 石油化工设计，2017.

基于 Midas Civil 的索塔上横梁超高支架设计与安装

李　建/中国水利水电第五工程局有限公司

【摘　要】依托笋溪河特大悬索桥上横梁支架法施工工艺，中国水利水电第五工程局有限公司江习高速笋溪河特大桥项目进行索塔上横梁超高、大吨位支架的结构设计，并采用 Midas Civil 建立支架模型对结构进行计算分析，确保结构设计安全稳定，为类似工程提供借鉴。

【关键词】索塔上横梁　超高支架　设计安装

1　工程概况

重庆江津至贵州习水高速公路线路总里程 71.451km，主线起于江合高速刁家镇附近，止于渝黔界水井湾附近，全线长 64.756km（含刁家枢纽互通主流匝道长度）。高速支线从主线傅家与沙河之间接出，连接至傅四二级公路红英桥附近，支线全长 6.695km（含四面山枢纽互通主流匝道长度）。

笋溪河特大桥为重庆江津至贵州习水（重庆境）高速公路上的关键控制性工程，桥位区河谷岸坡不对称，桥面距地面最大高度约 280m。桥梁总长度为 1578m，采用 7 孔 40m 预应力混凝土先简支后连续 T 梁＋660m 钢桁架梁悬索桥＋(90＋90)m 预应力混凝土刚构＋11 孔 40m 预应力混凝土先简支后连续 T 梁结构，如图 1 所示。

图 1　笋溪河特大悬索桥效果图

2　支架结构设计

2.1　上横梁结构型式

索塔是由塔柱、横梁组成的门式框架结构。塔柱为普通钢筋混凝土结构，横梁为预应力混凝土结构。索塔塔柱底部 2m、顶部 6.5m 为实心矩形截面，其余部分为箱形截面。塔柱高 139.65m，横桥向尺寸为 5.6m，顺桥向尺寸由塔顶的 7.0m 按照 1/155 的坡率线性增大到塔柱底的 8.8m；上塔柱壁厚 0.8m，中塔柱壁厚 1.0m，在横梁附近塔柱采用变化壁厚。上横梁高 6.0m、宽

6.0m；中、横梁的高6.0m、宽7.0m，横梁均为箱形截面并设置横隔板。

2.2 结构设计

上横梁施工采用落地式大钢管支架作为竖向支撑体系结构，支架立柱采用ϕ630×14mm钢管，标准节长度为9m，采用法兰盘螺栓连接；横桥向布设4根、间距按照5.91m、6.0m、5.91m布置；顺桥向布设2排，排距为5.47m，竖向方向采用Ⅰ32a工字钢设置水平平联，按照3×16m、12m、6m的步距布置，具体结构布置如图2所示。

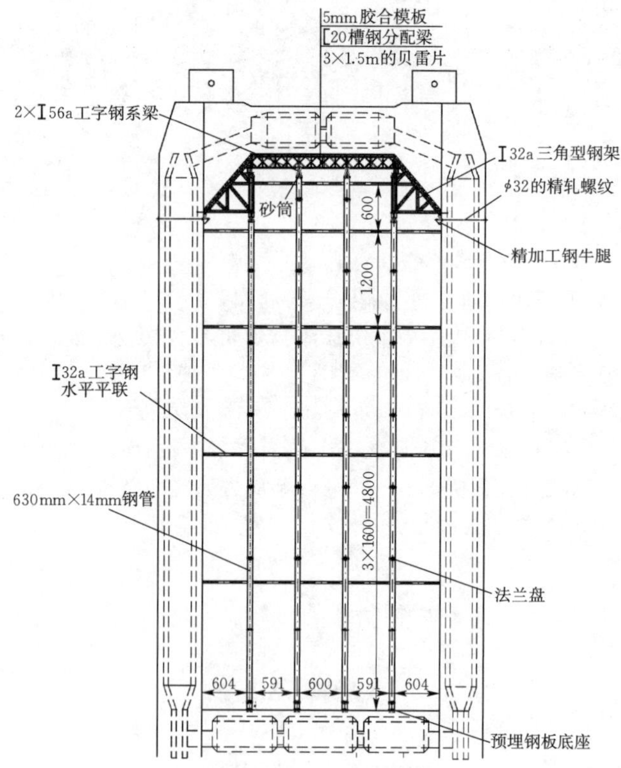

图2 上横梁支架立面结构图（单位：cm）

钢管立柱置砂筒作为调平装置，砂筒顶部设置顺桥向2×Ⅰ56a工字钢系梁，分配梁长度为10m，两侧悬挑1.5m作为施工作业平台。系梁顶部采用3×1.5m的贝雷片作为承重主梁，贝雷梁顶部采用[20槽钢作为分配梁，按照70cm间距进行布置，长度为10m，两侧悬挑1.5m作为施工作业平台。

牛腿部位采用钢板焊接一个箱型嵌入式支腿，采用ϕ32的精轧螺纹钢筋进行拉结固定，顺桥向按照4m×1.6m间距布置；支腿顶部采用2×Ⅰ32a工字钢作为系梁，顶部设置调平砂筒；砂筒顶部依据牛腿结构型式采用Ⅰ32a工字钢加工定型的三角型钢架，钢架跨距为6.04m，一端固定在牛腿支腿顶部砂筒上，另一端担在钢管立柱顶部设置系梁上。三角型钢架顶面采用Ⅰ18a工字钢作为模板分配梁。

3 支架模型建立

3.1 计算参数

（1）预应力钢筋混凝土自重：G_c=26kN/m^3。

（2）模板自重：1.0kN/m^2。

（3）施工人员、机具荷载：1.5kN/m^2。

（4）倾倒混凝土时产生的冲击荷载：2.0kN/m^2。

（5）振捣混凝土产生的荷载：2.0kN/m^2。

（6）将人机、倾倒及振捣荷载归为临时荷载，即临时施工荷载为5.5kN/m^2。

（7）钢弹性模量：E_s=2.1×10^{5}MPa。

（8）材料容许应力如下：

1）Q235钢：［σ_w］=145MPa，［σ］=140MPa，［τ］=85MPa。

2）16Mn钢：［σ_w］=210MPa，［σ］=200MPa，［τ］=120MPa。

（9）稳定系数不小于4.0。

3.2 计算原则

倒角部分支架仅计算倒角混凝土荷载，上横梁施工时倒角作为牛腿承担上横梁荷载，倒角支架不承担上横梁荷载。中间主梁贝雷梁支架承担横梁除倒角外的全部混凝土荷载。按照一次浇筑计算。计算时先建立倒角支架模型，计算倒角支架受力，然后将倒角支架计算得到的竖向荷载作用到主支架钢管上去，一并计算上横梁浇筑时的整体支架受力。

3.3 荷载计算

（1）横梁中间：支架长18m，长方向布置6片贝雷梁，贝雷梁断面为6组，共计12排，贝雷梁节点位置布置分配梁，共计25根[20a分配梁。每根分配梁对应的结构混凝土为分配梁的荷载，模板考虑底模板、侧模板及顶板内箱支撑及模板系统，安装模板面荷载的3倍计算。计算荷载为全截面结构，不管分层浇筑及工况设置，按照最大荷载进行荷载计算，结果偏保守，利于支架安全。分配梁编号从左到右，具体中间支架荷载计算详见表1。

（2）横梁与主塔连接倒角支架：施工时倒角单独一次性浇筑，然后再施工上横梁。因此，支架设计荷载为倒角荷载，上横梁施工时倒角作为牛腿支撑，不再计算上横梁荷载对支架的影响，具体倒角荷载计算详见表2。

倒角支架分配梁为Ⅰ18a，布置间距为：上5根为100cm，下5根为80cm，第一根距横梁底板40cm。主支架共计5片，布置间距为200cm+2×160cm+200cm，分别设置在贝雷梁支架的间隙处，避免与贝雷梁支架相冲突。

表 1　　上横梁中间支架荷载计算表

基本参数					腹板位置			底顶板位置		
分配梁编号	受载宽度/m	混凝土容重/(kN/m³)	模板荷载/(kN/m²)	临时荷载/(kN/m²)	混凝土面积/m²	受载长度/m	荷载值/(kN/m)	混凝土面积/m²	受载长度/m	荷载值/(kN/m)
1、25	0.40	26	3.0	5.5	4.76	0.8	65.3	7.76	4.4	21.8
2、24	0.70	26	3.0	5.5	4.76	0.8	114.3	7.76	4.4	38.1
3、23	0.70	26	3.0	5.5	4.76	0.8	114.3	7.76	4.4	38.1
4、22	0.75	26	3.0	5.5	4.76	0.8	122.5	7.76	4.4	40.8
5、21	0.80	26	3.0	5.5	4.76	0.8	130.6	7.76	4.4	43.5
6、20	0.75	26	3.0	5.5	4.76	0.8	122.5	7.76	4.4	40.8
7、19	0.70	26	3.0	5.5	4.76	0.8	114.3	7.76	4.4	38.1
8、18	0.75	26	3.0	5.5	4.76	0.8	122.5	7.76	4.4	40.8
9、17	0.80	26	3.0	5.5	4.76	0.8	130.6	7.76	4.4	43.5
10、16	0.75	26	3.0	5.5	4.76	0.8	122.5	7.76	4.4	40.8
11、15	0.70	26	3.0	5.5	4.76	0.8	114.3	7.76	4.4	38.1
12、14	0.75	26	3.0	5.5	4.76	0.8	122.5	7.76	4.4	40.8
13	0.80	26	3.0	5.5	4.76	0.8	130.6	23.98	4.4	120.2

表 2　　上横梁倒角支架荷载计算表

基本参数							荷载计算		
分配梁编号	受载宽度斜向/m	受载宽度水平/m	混凝土容重/(kN/m³)	模板荷载/(kN/m²)	临时荷载/(kN/m²)	高度/m	混凝土面积/m²	受载长度/m	荷载值/(kN/m)
1	0.9	0.586	26	3.0	5.5	0.304	1.82	6	9.6
2	1.0	0.651	26	3.0	5.5	1.063	6.38	6	23.5
3	1.0	0.651	26	3.0	5.5	1.822	10.93	6	36.4
4	1.0	0.651	26	3.0	5.5	2.581	15.49	6	49.2
5	0.9	0.586	26	3.0	5.5	3.341	20.04	6	55.9
6	0.8	0.521	26	3.0	5.5	3.948	23.69	6	57.9
7	0.8	0.521	26	3.0	5.5	4.555	27.33	6	66.1
8	0.8	0.521	26	3.0	5.5	5.163	30.98	6	74.3
9	0.8	0.521	26	3.0	5.5	5.770	34.62	6	82.5
10	0.8	0.521	26	3.0	5.5	6.378	38.27	6	90.8

3.4　倒角模型计算分析

3.4.1　计算模型

通过 Midas Civil 建立空间有限元整体模型，具体模型如图 3 所示。传力过程为：线荷载、分配梁、支架、支座。一侧支座为牛腿，另一侧支座为钢管上的 2 I 56a 系梁。水平力通过施工时的拉杆提供，在模型中统一设置在底部。支架均采用 Q235 钢材。

3.4.2 计算结果分析

计算结果见表 3。

综上所述，上横梁倒角支架在荷载作用下，结构的强度、变形及稳定性均满足要求。

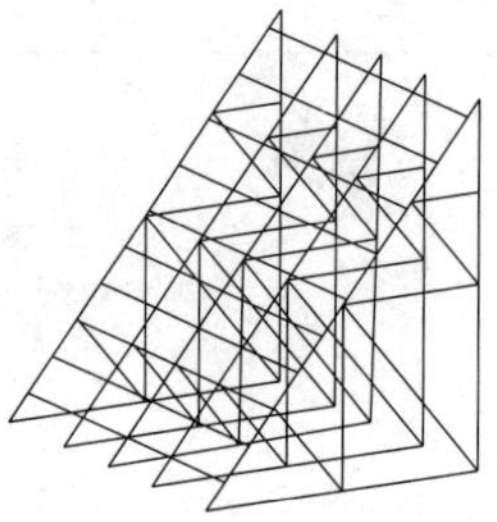

图 3 倒角支架计算模型

3.5 钢管立柱支架模型

3.5.1 计算模型

通过 Midas Civil 建立空间有限元整体模型，具体模型如图 4 所示。传力过程为：线荷载、分配梁、贝雷梁、3 I 56a 系梁、钢管支架、支座。除贝雷梁采用 Q345 外，支架均采用 Q235 钢材。

3.5.2 计算结果分析

计算结果见表 4。

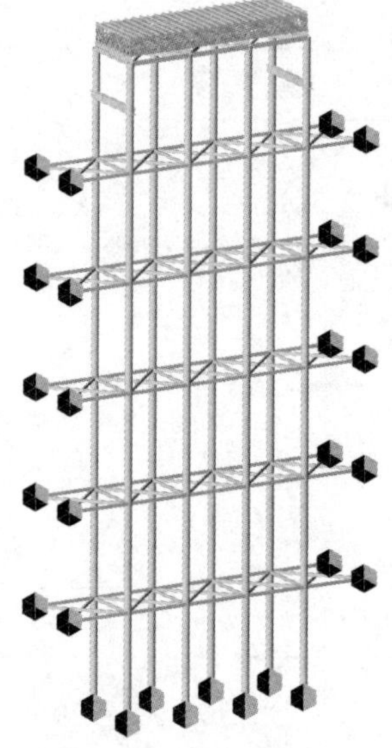

图 4 钢管支架计算模型

表 3 倒角支架计算结果汇总表

序号	项目名称	计 算 结 果	结 论
1	应力	支架最大轴应力 56MPa，出现在支架撑杆上，小于 140MPa；弯曲应力为 108MPa，出现在最后一根分配梁上，小于 145MPa；剪应力为 73MPa，出现在最后一根分配梁上，小于 85MPa	满足要求
2	位移	支架最大位移为 2.6mm，小于 2000/400＝5mm	满足要求
3	稳定性	支架 1 阶模态稳定性系数为 6.3，2 阶模态稳定性系数为 6.6，3 阶模态稳定性系数为 8.7，4 阶模态稳定性系数为 12.6，均大于 4	满足要求
4	牛腿承载力验算	最大受力为 627kN，小于牛腿设计荷载 800kN	满足要求
5	支座反力	作用于钢管主支架系梁的反力依次为 101kN、388kN、332kN、388kN、101kN	

表 4 钢管立柱支架计算结果汇总表

序号	项目名称	计 算 结 果	结 论
1	贝雷梁支撑架应力	最大应力 46MPa，出现在两个中间支点上，小于 140MPa	满足要求
2	贝雷梁应力	贝雷梁最大轴应力 176MPa，出现在两个中间支点上的腹杆上，小于 200MPa；弯曲应力为 87MPa（$z_{弯矩}$）、74MPa（$y_{弯矩}$），出现在跨中弦杆上，小于 210MPa；剪应力为 57MPa，出现在跨中弦杆上，小于 120MPa	满足要求
3	系梁应力	最大弯曲应力为 138MPa，出现在中间两根系梁上，小于 145MPa；剪应力为 79MPa，出现在中间两根系梁上，小于 85MPa	满足要求
4	钢管立柱	最大轴应力为 60MPa，小于 140MPa；最大弯曲应力为 120MPa，小于 145MPa；剪应力为 55MPa，小于 85MPa	满足要求
5	支架位移	支架位移主要为竖向位移，分两个部分，钢管立柱竖向位移与贝雷梁跨中扰度，钢管立柱竖向位移为 17mm，支架整体位移为 31mm，出现在贝雷梁跨中，即贝雷梁跨中最大位移（扰度）为 14mm，小于 6000/400＝15mm	满足要求
6	支架稳定	支架 1 阶模态稳定性系数为 8.1，2 阶模态稳定性系数为 14.4，3 阶模态稳定性系数为 25.7，4 阶模态稳定性系数为 28.6，均大于 4	满足要求

综上所述，上横梁施工钢管支架在荷载作用下，结构的强度、变形及稳定性均满足要求。

4 支架安装方法

基础处理→钢管立柱加工制作→立柱安装→水平平联安装→砂筒、系梁安装（牛腿部位高程）→牛腿支腿安装→牛腿三角型钢架安装→立柱系梁安装→砂筒调平→贝雷片组装及安装→分配梁安装→底模安装→支架预压→横梁混凝土浇筑、张拉→支架拆除。

4.1 支架安装

4.1.1 钢管立柱

钢管柱与基础间采用焊接连接，钢管柱之间采用法兰盘进行连接，施工时须注意连接法兰盘及钢板间焊接。焊接前要对钢管柱的垂直度进行严格的检查和控制，最常用的方法是吊垂球法，也可以采用仪器进行现场观测指导安装。在钢管柱安装前后要认真核对基础面及每根钢管柱拼接后的长度，控制柱顶面标高相同。

2 根钢管柱之间分别采用型钢作为横联，加强钢管柱的稳定性。型钢与钢管柱通过抱箍件插销连接。抱箍件的连接耳板依据设计理论尺寸计算的角度进行下料加工制作而成，而现场应根据每 2 根柱间的实量尺寸进行平联型钢下料，按不同部位进行编号，以防出现连接长度不足及与连接钢板间的搭接焊长度过短现象。

4.1.2 横系梁

在每根钢管柱顶部设一个砂箱，砂箱顶部横向设置工字钢系梁，工字钢沿拼接缝采用连接板等间距进行焊接，端头部位可采用外加连接钢板焊接。在吊放横梁前对钢管柱顶标高及顶口情况进行复查。施工时采用两点起吊法将工字钢横梁吊放在钢管柱顶部，安放时要确保工字钢中心与柱纵、横向中心对应，位置准确后在柱顶面工字钢两侧沿横向焊接 $\phi25$ 短钢筋将工字钢卡死，防止工字钢移位。在柱顶与工字钢底面必须密贴，对于因柱顶标高存在误差不平可通过砂箱细微调整。

4.1.3 牛腿三角型钢架安装

牛腿托架拉结精轧螺纹钢筋在施工墩柱时进行预埋，安放牛腿托架在进行紧固；三角型钢架按照单榀进行安装，采用两点起吊法将三角型钢架吊放在钢管柱顶部，安放时要确保在支点中心上，位置准确后通过手动葫芦进行拉结在可靠的位置或在底脚焊接肋板将型钢架临时固定，防止倾覆。当第二榀安装完成后，应及时设置横向联系。在柱顶与工字钢底面必须密贴，对于因柱顶标高存在误差不平可通过砂箱细微调整。

4.1.4 贝雷梁

在横向工字钢顶面架设贝雷梁作为纵向主梁，贝雷梁先提前进行拼装，每两片贝雷梁用支撑架连成整体为一组，分段吊装后进行对接。贝雷梁连接时的贝雷销必须打紧，每个销子上均上卡扣，支撑架螺栓必须拧紧。

每组贝雷梁安设时在工字钢顶部标出每组的定位线，按间距进行排列，对安设完的贝雷梁为防止其移位，在最外两侧的贝雷梁与横向工字钢接触处在工字钢顶面焊接短钢筋，贝雷梁处中间部位的工字钢焊接竖向限位钢筋，设置 2 道。贝雷梁拼接后与工字钢接触面有空隙，采用下垫钢板。钢板垫放的长度沿纵向为双拼工字钢的宽度，钢板宽度不小于每片贝雷弦杆的宽度，施工时保证支垫密实。

4.2 支架预压

为确保横梁质量和线型，贝雷支架的设计和制造质量，并准确掌握现浇箱梁施工过程中支架在各工况下的实际挠度、刚度和稳定性，根据相关规定要求，支架使用前需要在现场做静载预压试验，以确保贝雷支架在投入使用后能正常工作和安全使用，并消除支架各部分的非弹性变形，为正确设置预拱度提供依据，具体步骤如下：

试验准备→支架按设计安装就位→支架全面检查→观测点布设标记→分级加载→观测读数记录全面检查→稳定静置观测读数记录全面检查→卸载→观测读数记录全面检查→稳定观测读数记录全面检查→观测数据整理、分析→试验结果报告→整修调整支架待使用。

4.2.1 测点布置

为了便于受力分析及预拱设置，在纵桥方向的跨端、倒角转角、横隔板、1/2 跨处共设置 7 个观测断面，每个断面底板处 3 个点，观测点布设见图 5。

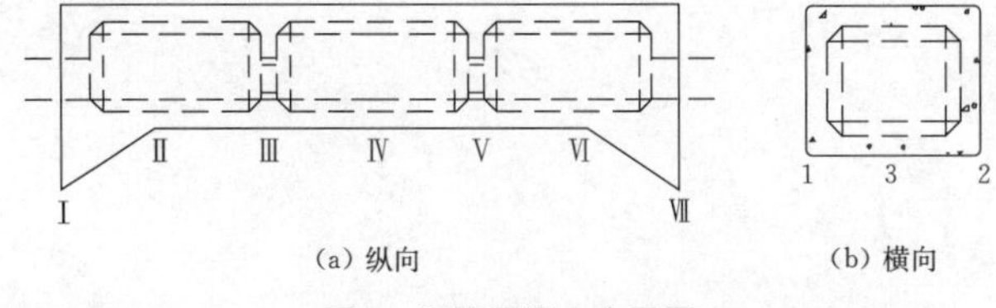

图 5　沉降观测点布置图

除上述 7 个断面设置观测点外，钢管立柱基础顶面位置也均要设置沉降观测点。

4.2.2 预压材料与吊装设备

预压材料根据现场施工组织情况，选用大型编织袋装砂，每袋重量约 1.3t。

预压吊装设备采用塔吊。

4.2.3 预压顺序及观测

预压顺序按照梁段混凝土＋模板重的 30%→60%→100%→110%加载，预压至混凝土重＋模板重的 110%时停止预压并最少持荷一天。在这期间对底模、支架等处的观测点进行连续观测（一天最少4次），作好详细记录。当沉降观测结果趋于稳定时可以开始分级卸载，卸载循序为110%→100%→60%→30%→空载。卸载过程中和卸载后同样进行连续观测。

沉降观测数据填写在沉降观测记录表上，以变形量为纵轴Y，以观测间隔时间为横轴T，绘制不同点的变形速率图。以梁水平纵向为X轴，不同点的弹性变形量为Y，连接各点绘制出梁的纵向弹性变形曲线。支架的变形及地基压缩量主要考虑以下因素：

$$\delta=\delta_1+\delta_2+\delta_3+\delta_4+\delta_5$$

式中 δ_1——箱梁自重产生的弹性变形量；

δ_2——钢管立柱支架弹性压缩量；

δ_3——钢管立柱与分配梁、分配梁与贝雷片，贝雷片与钢垫块、模板，侧模板下钢管立柱与方木之间的非弹性压缩量；

δ_4——钢管立柱支架基础地基的弹性压缩量；

δ_5——钢管立柱支架基础地基的非弹性压缩量。

预压过程中进行精确的测量，可测出梁段荷载作用下支架将产生的弹性变形值，将此弹性变形值与施工控制中提出的因其他因素需要设置的预拱度叠加，算出边跨现浇段施工时应当采用的预拱度，按算出的预拱度调整底模标高。

通过预压施工，可以消除δ_3、δ_5的影响，则在底模安装时，其预拱度的设置按$\Delta=\delta_1+\delta_2+\delta_4$计算，在模板的高程控制时加入预拱度数值。对于预应力钢筋混凝土连续箱梁，考虑到张拉时起拱，预拱度的设置要适当减小。

注意观察，加载过程中如发现基础沉降明显、基础开裂、局部位置和支架变形过大现象，应立即停止加载并卸载，及时查找原因，采取补救措施。

4.2.4 预压试验报告的整理

(1) 依据梁模纵向的弹性变形曲线、设计的二期恒载等造成的拱度曲线、设计要求的成品梁的拱度曲线的叠加得出支架立模时的拱度曲线。

(2) 根据观测的非弹性变形量和温度影响变形量再综合对最终的拱度调整，相对量不大时可忽略不计。

(3) 根据现场实测的数据，遵照规范要求，对原始数据加以分析、汇总，并与设计计算值加以对比，依据对比结果给出试验结论；最后整理成现场预压试验报告。

4.2.5 支架预拱度设置

根据测出梁段荷载作用下支架产生的弹性变形值，将此弹性变形值、张拉以后的起拱量与施工控制中提出的因其他因素需要设置的预拱度叠加，算出施工时应当采用的预拱度，按算出的预拱度重新调整底模标高。施工中根据预压观测成果和有资质施工监控单位仿真计算结果进行支架预拱度的设置，以确保成桥后的梁体线形满足设计要求。

5 结论

通过笋溪河特大桥索塔横梁实际施工过程验证，采用Midas Civil有限元软件建立超高支架模型进行计算分析，其设计的结构安全可靠，能够满足施工要求，可以为类似工程提供参考。

参考文献

[1] 孙镇国，贾兵团，仝增毅．清水河大桥索塔下横梁的超高支架设计与安装［J］．公路，2015（8）：93-97.

浅谈给水泵汽轮机组布置方式

郑立国/中国电建集团河北省电力勘测设计研究院

【摘　要】 给水泵汽轮机组的布置方式有多种，本文介绍了给水泵汽轮机组布置在不同层的特点和注意事项。
【关键词】 给水泵汽轮机组　布置方式

1　概述

主厂房是发电厂的核心建筑，其布置是否合理、结构选型是否科学，不仅关系到电厂能否安全经济运行和方便检修维护，而且对工程建设造价影响也较大。在工程设计阶段对主厂房布置方案进行充分布置优化，合理降低工程建设造价，是十分必要的。

给水泵汽轮机组是主厂房内最重要的辅机设备，它的布置方式对于主厂房的布置格局、工艺系统流程顺畅性、主厂房体积、主厂房初投资等方面有着重要影响。因此，在工程设计阶段要综合考虑各种因素，合理布置给水泵汽轮机组，最大程度上为优化主厂房布置奠定基础。

给水泵汽轮机组的布置方式有很多，从容量上可分为半容量和全容量布置；从冷却方式上可分为湿冷、间接空冷和直接空冷布置；从排汽方式上可分为带有独立凝汽器的布置和直接排入主机凝汽器的布置，其中带有独立凝汽器的布置方式较为灵活，不受主机凝汽器的影响，系统也相对独立，排汽直接进入主机凝汽器的方式需要给水泵汽轮机组毗邻主机凝汽器布置，尽量减少排汽管道长度。

2　给水泵汽轮机组布置方式对主厂房影响

随着电厂容量的不断增长、给水泵汽轮机组的制造水平的提高和运行可靠性的加大，给水泵汽轮机组单列（全容量）布置已经成为现代电站的主流设计，而双列（半容量）布置日趋在减少。以下从容量和排气方式两方面来讨论给水泵汽轮机组布置于不同层对主厂房格局的影响。

2.1　运转层布置

国内采用汽动给水泵组的电厂较多采用此种布置方案，将给水泵汽轮机布置于运转层上，采用与主汽轮机平行的布置方式，与低压缸毗邻。对于湿冷机组，中间层给水泵汽轮机下方布置有排汽管道，对于直接空冷机组，中间层给水泵汽轮机下方布置有独立的凝汽器或排汽管道。零米布置有汽动给水泵前置泵和给水泵汽轮机油站。

给水泵汽轮机组运转层布置需要将前置泵与主给水泵分开布置，以便满足泵的汽蚀余量要求，泵的分体布置需要更多的空间和更长的给水管线，无形中增加了主厂房体积和初投资。

2.2　中间层布置

给水泵汽轮机组布置在中间层有两种方式。一种方式为设备布置在凝汽器靠锅炉一侧，此种布置对于给水泵汽轮机的排气可以采用直排至主机凝汽器或排至独立的凝汽器内。理论上两种布置方式都可以实现，但从工程实施角度来考虑，困难非常大。因为中间层为管道层，主机凝汽器靠锅炉一侧的中间层布置有大量的抽气管道、轴封管道和辅助蒸汽管道等，此位置如果布置给水泵汽轮机组，需要将主厂房部分跨距加大，增加了土建量，梁和柱的截面积都需要增大，投资将增加。此外，大的排气管道将没有足够的空间与凝汽器进行连接，此种布置方式目前没有工程实施的案例。另一种方式为给水泵汽轮机带有独立凝汽器布置在远离主机凝汽器的位置。此种布置没有大的排气管道与主机凝汽器连接，给水泵汽轮机组布置较为灵活，一般布置在空间较大，管道相对较少的发电机两侧或机头一侧，从设计、施工到后期的运维基本不存在困难，目前部分工程已经实施了改方案。

给水泵汽轮机组中间层布置可以将给水前置泵、主给水泵与给水泵汽轮机同轴布置，可以一定程度上优化主厂房布置空间，为其他辅机设备的布置提供更有利的条件。与此同时，由于前置泵位置的提升，需要将除氧层层高加大，土建费用会有所增加。

2.3 零米层布置

给水泵汽轮机组零米层布置方式主要出现在20世纪90年代初期的一些电厂，给水泵汽轮机组布置于汽机房或除氧间零米层，毗邻主机凝汽器处，给水泵汽轮机采用上排气方式与主机凝汽器连接。在不影响除氧层层高的前提下，该布置方式可以实现前置泵、主给水泵与给水泵汽轮机同轴布置，土建造价相对较低，运转层布置较为整齐，不影响汽轮发电机组的各向通道。但零米层辅助设备的布置较为拥挤，给水泵汽轮机组的工作环境差，油站等设备需要坑内布置，设备疏水问题较大，且由于检修时需要拆卸排气管，增加了检修难度，目前国内电厂已经很少采用此种布置方式。

3 不同布置方式比较

3.1 不同布置方式优缺点比较

给水泵汽轮机组布置于不同的层，有其优点也有其缺点。表1给出了不同层布置方式的优缺点对比。

表1 不同层布置方式优缺点比较

对比项	运转层布置	中间层布置	零米层布置
检修起吊条件	行车起吊	行车起吊	行车起吊
检修便利性	便利，揭盖不需拆管道	便利，揭盖不需拆管道	不便利，揭盖需要拆除上方所有管道
前置泵布置位置	零米布置，距离主泵较远	零米布置或中间层与主泵同轴布置，距离主泵较近	前置泵与主泵同轴零米布置，距离主泵较近
排气管道布置	容易，较长	困难，较短	容易，较短
独立凝汽器	可设置，但直排更合适	适合独立凝汽器	不适合独立凝汽器
本体及管道疏水	顺畅	顺畅	不顺畅
除氧层层高	常规高度	需增加层高	常规高度
主厂房土建投资	投资高	投资高	投资低
各层通道影响	影响主机旁通道	不影响通道	不影响通道
管道布置影响	管道由运转层布置到零米层，管线长，布置复杂，且影响运转层美观	管道布置于中间层和运转层下，管道布置较短，运转层美观	管道全部布置于零米到中间层之间，管道密度大，布置难度大，但运转层美观
设备所处环境	非常好	较好	差
合适的规模容量	半容量或全容量	全容量	全容量

3.2 不同布置方式注意事项

给水泵汽轮机组布置在运转层属于典型设计，是比较成熟的设计，但仍有一些问题需要注意。首先，给水泵汽轮机组的基础设计在条件允许的情况下，尽可能基础台面与运转层平台齐平，避免弹簧直接作用在运转层平台上，整个基础高出运转层约1.5m以上，影响汽轮机旁通道和运转层美观。其次，前置泵的布置尽可能位于给水泵汽轮机组的正下方零米处，最大程度上减少中压给水管线长度，减少系统阻力。

给水泵汽轮机组布置在中间层更适用于带有独立凝汽器，且前置泵与主给水泵同轴的单列布置。首先，为满足给水泵组的汽蚀余量要求，需要落实除氧器的安装高度，一般较常规零米布置方式要高，具体高度需要进行除氧器暂态计算确定。其次，中间层属于管道布置比较集中的一层，给水泵汽轮机组的布置需要综合考虑主厂房通道、设备检修、电气房间、给水流程的阻力特性、基础设计等因素来确定具体位置。最后，需要注意独立凝汽器布置在零米时，要满足凝汽器的抽管空间的要求。

给水泵汽轮机组布置在零米层需要特别注意管道和设备本体的疏水系统设计。给水泵汽轮机处于系统的最低点位置，机组启停机时，抽汽系统和轴封系统的部分疏水会汇集到阀门或设备接口处。因此，建议给水泵汽轮机进汽口设置为水平方向，这样可以在入设备之前的主汽门处设置一疏水点，将管道的疏水全部排掉，避免阀门开启时水进入汽轮机造成安全事故。如果进汽口必须是垂直方向时，也需要在垂直管道主汽门入口处设置一疏水点，最大程度上排掉疏水。此外，设备招标时需要让供货商充分考虑本体和主汽门的疏水设计。再者，各疏水点接入凝汽器的位置在满足要求的条件下，尽可能布置在最低处，保证疏水有一点的高差。最后，需要注意给水泵汽轮机基础台面四周要做挑檐设计，加大台面面积，为运维人员提供一定的巡视通道。

4 结论

给水泵汽轮机组布置在各层均有一定的工程实例，每种布置方式对设备的配置具有一定的适用性。因此，工程设计阶段需要根据给水泵汽轮机组的配置情况和主厂房的主体方案来确定最终的布置方式，无论是哪种布置方式都需要考虑本文提到的注意事项，在安全、可靠的前提下将项目的初投资控制到最低。

参考文献

[1] 徐威．襄樊电厂二期工程汽机房除氧间布置方案及特点［J］．热机技术，2007（1）：6-13.

[2] 陈建县，陶磊．超超临界1000MW机组汽动给水前置泵的安装优化［J］．热力发电，2008（9）.

[3] 郑立国，崔福东，任秀宏．大容量、高参数机组除氧间优化布置研究［J］．电力建设，2013（9）.

[4] 苏志华．火电厂主辅布局新方案［J］．上海电力学院学报，2011，27（3）：252-256.

[5] 胡念苏．汽轮机设备及系统［M］．北京：中国电力出版社，2006：151-280.

双头转向台车在隧洞钢管运输中的应用

殷明杰/中国水利水电第十二工程局有限公司

【摘　要】洞内钢管的运输，传统的方法是采用铺设轨道、卷扬机牵引台车或用机动车辆牵引台车方式进行，但在隧洞距长、洞轴线转折位置较多、空间小条件下的钢管运输却不适用。本文改变了传统的洞内钢管运输方式，自创了双头转向运输台车，该运输方式具有机动灵活、经济、高效等特性。

【关键词】双头转向台车　钢管运输

1　工程概述

1.1　工程概况

下只恩水电站位于云南省迪庆香格里拉县东南部的三坝乡境内、金沙江左岸一级支流格基河上，是规划建设四个梯级电站中的第四级。电站为引水式电站，以发电为主，电站装机容量40MW，安装2台20MW冲击式水轮发电机组。

引水压力管为$\phi1.9$m钢管，一管二机，下接岔管分为两支$\phi1.1$m支管通过球阀、凑合节与机组相接。压力钢管主要包括洞埋压力钢衬的斜井段、渐变段和平管段及其部件的制造与安装，压力钢管累计轴线长度1200余米。

安装完成后进行充水试验，发现调压井前后的混凝土衬砌段不能满足要求，确定增加压力钢管进行衬砌，自5#施工支洞开始至下游与原来安装的钢管连接，总长度为1600m。钢管均采用Q345R钢材，主管直径为1.80m，钢管壁厚度为12mm。

1.2　工程特点

增加钢衬后，工程有以下两大特点：

(1) 由于隧洞内部分经过衬砌，衬砌部位尺寸为2500mm×2500mm马蹄形，而钢管直径为2000mm（含加劲环），空间非常小。

(2) 隧洞的洞轴线转折位置较多（共13个弯），且可利用的施工支洞只有一条，即位于隧洞端头的5#施工支洞。

2　运输方案

2.1　运输条件分析

洞内钢管的运输，传统的方法有两个：一是采用铺设轨道，然后通过卷扬机牵引平台小车来运输，但这种运输方式通常需要耗费大量的人力和物力，成本非常大、工作效率低下，在隧洞距离长、洞轴线转折位置较多的洞内运输更是困难重重；二是采用货车或机动车辆对运输钢管的台车进行牵引，使台车进入洞内，但在洞径小的情况下，要确保钢管运输到位后台车能顺利地退出，则只能是倒车入洞。这种倒车的方式则在长距离、拐弯多的情况下，司机很难控制行进方向，同样不适用于隧洞较长以及隧洞弯道或转折较多的洞内。

在运输方案的确定上，应从以下几个方面考虑施工措施：

(1) 根据洞内的实际情况和工期的要求，需将每个安装管节的长度最大化，以减少安装现场的对接缝，经综合考虑，将钢管安装大节长度定为4m，共400节。

(2) 由于洞径小，运输的台车要考虑在满足强度的情况下，尽量降低台车的高度。同时要考虑钢管运输到位后台车能顺利退出。

(3) 隧洞的洞轴线转折位置较多、工期紧。钢管的拼装焊接工作能否完成，主要体现在钢管的洞内运输时间上，采用何种运输方式非常重要。

2.2　运输方案提出

按照传统的运输方案采用铺设轨道、卷扬机牵引、平台小车运输的方式进行，此方案则需要配置以下内容：

（1）铺设轨道长3200m。

（2）根据卷扬机的容绳量计算，并兼顾洞内转弯点等，至少要布置5台3t卷扬机进行接力牵引；同时配备大量的导向滑。

（3）每台卷扬机运行时所需配置人员为：卷扬机工1人、指挥1人、整理钢丝绳至少8人，跟随小车监视人员2人等，共计12人以上。

（4）运输时间：卷扬机钢丝绳的速度为7～12m/min，则小车一趟就要2.5h左右，同时5台卷扬机钢丝绳的人工拖动需约2h，故在理想状态下完成单节钢管运输时间要4.5h左右。按照每天运输2节计算，400节钢管洞内运输时间就要200天，严重滞后工期的要求。

此方案耗费大量的人力和物力，主要是无法满足工期要求，此方案不可行。针对此难题集，项目部技术人员思广益，自创了双头转向台车。

该运输台车具有双转向系统结构，能够在隧洞行驶过程中，特别是倒车过程中，通过双转向系统来控制台车的行驶方向，从而能够快捷的在隧洞中进行运输，节约大量的运输时间和运输成本。并且该运输台车结构简单、使用方便。

3 双头转向台车方案研究

3.1 双头转向台车原理

运输台车的前部采用机动车辆控制转向，台车尾部采用人工控制自由转向，从而能够更好地适应洞内条件。运输台车包括动力系统，传力系统，台车架和前转向系统；前转向系统与动力系统集成在一起，通过动力系统前驱动转向系统；传力系统分别与台车架和动力系统相连接；运输台车还包括后转向系统；后转向系统与台车架相连接。

3.2 双头转向台车设计

3.2.1 台车动力及前转向系统

因洞内部分进行过衬砌，未衬砌段路面不平整，路面泥泞，存在一定的积水。综合考虑选用手扶拖拉机更为合适，因手扶拖拉机机动灵活、通过性能好。

3.2.2 台车后轮

台车后轮采用小型货车前轮的总成进行改造，控制台车尾部自由转向。转向轮改造如图1所示。

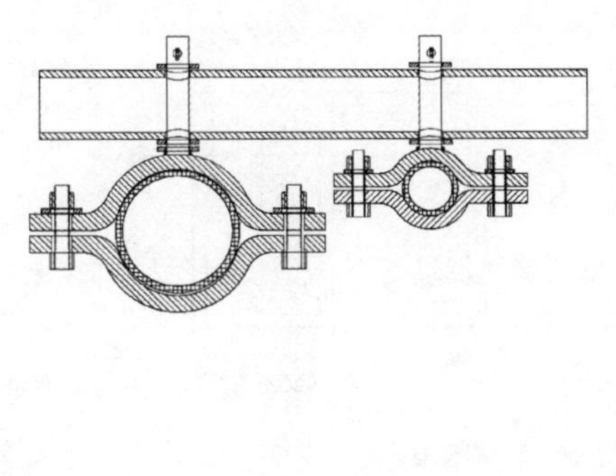

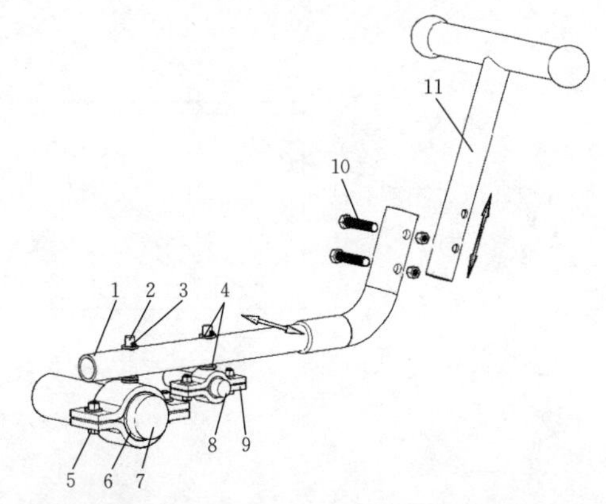

图1 转向轮改造

1—纵向杆；2—固定立柱；3—定位销；4—调整垫片；5—紧固件；6—橡皮垫；7—轮轴；8—横向杆；9—抱箍；10—拆装螺栓；11—摇臂（可拆装）

（1）制作圆形抱箍与轮轴直径相匹配，然后在上抱箍的正上方焊接一固定立柱，并打锁定孔，通过紧固件和定位销将轮轴、纵向杆连接在一起，位置布置在轮轴的中间。

（2）制作圆形抱箍与转向横向杆直径相匹配，然后在上抱箍的正上方焊接一固定立柱，并打锁定孔，通过紧固件和定位销将横向杆、纵向杆连接在一起，位置布置在横向杆的中间。

（3）纵向杆和摇臂采用直径为65mm的钢管。上端头对应位置打2个直径为14mm的孔，纵向杆和摇臂夹角120°，摇臂插入纵向杆圆弧段的空腔内，通过拆装螺栓固定，钢管运输到位后将摇臂拆下，满足台车顺利退出。

（4）通过左右摆动摇臂，使横向杆跟随摆动，进而带动轮子转向，实现台车的后转向功能。

改造完成后，进行操作达到转动灵活。改造完成的台车后轮如图2所示。

3.2.3 台车架设计

（1）因洞径小，要确保管运输中顺利通过，台车的平面高度控制在550mm以下。

（2）综合考虑台车的承载力以及便捷性。台车材料采用工字钢、槽钢和方管，台车与手扶拖拉机连接段

（传力结构）设计成可上下自由活动结构，有利于适应洞内高低不平地形的变化。

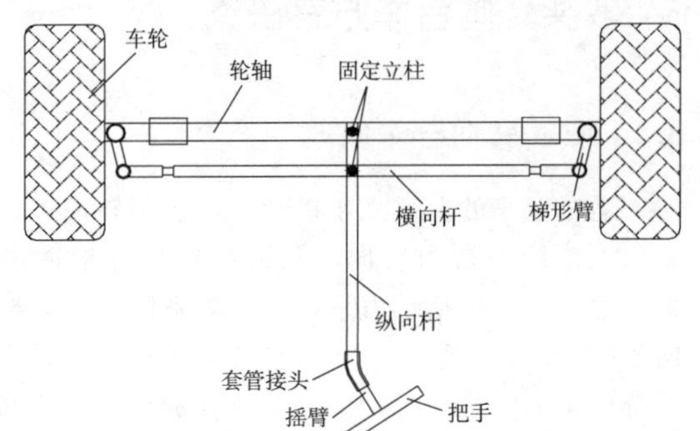

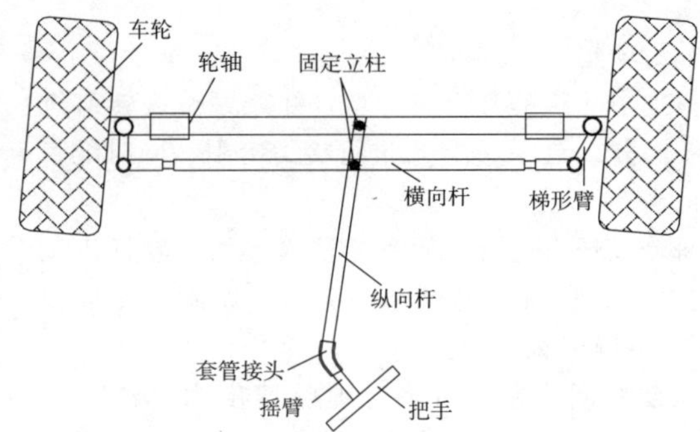

图2　改造后的后轮示意图

（3）台车与手扶拖拉机的链接按照拖拉机的接头尺寸制作。台车的前头连接架可上下灵活转动，台车后头采用小型货车前轮的总成进行改造，控制台车尾部自由转向台车。如图3所示。

3.3　双头转向台车试验

在钢管制造厂内完成车轮的改造和台车架的制造后，将拖拉机头和台车相连，进行空载和负载情况下的试验。利用桥机将钢管吊到台车上，用吊带和手拉葫芦将钢管与台车绑扎固定牢固。双头转向台车分别在制造厂内和洞内类似路况的路上来回运行数次，试验结果操作灵活，运行平稳，安全可靠，达到预期目标。双头转向台车总成见图4。

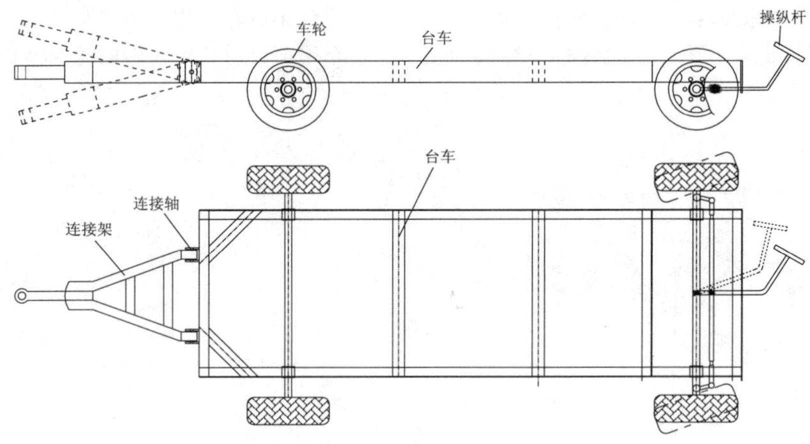

图3　台车结构型式

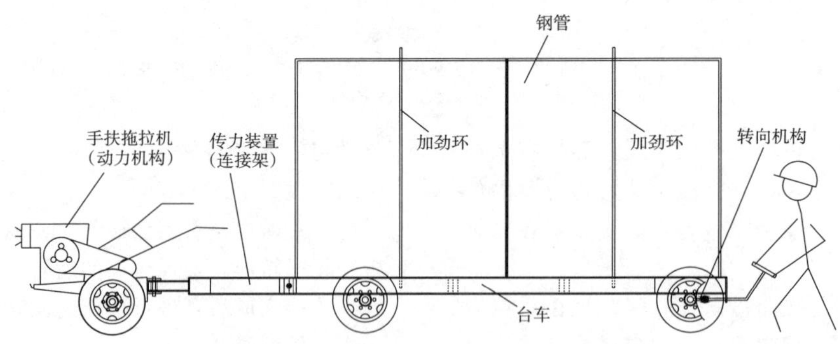

图4　双头转向台车总成示意图

4　双头转向台车应用

（1）台车开到施工支洞口，由布置在洞口的人字趴杆将钢管吊装到台车上，用吊带和手拉葫芦将钢管与台车绑扎固定牢固。

（2）由驾驶员驾驶拖拉机，后方由熟练操作人员控制转向机构，并安排一人进行指挥。这样驾驶员只要向后面倒车控制拖拉机头到洞两侧的距离，行走的路线由熟练操作人员控制，使得运输过程中，特别是在转弯处，人为控制其按照最佳路线行驶，运输非常顺利。第一节钢管运距约 1900m，运输时间为 50min，后续钢管 30min 左右就能运输到位。

（3）运输到位后，利用龙门架将钢管抬高，拆掉台车的摇臂杆，然后台车撤出进行下一车的运输工作。

5 结束语

采用拖拉机台车运输，运输时间共计 2 个月，不占用钢管安装直线工期，对于加快进度、确保按期完工起到了至关重要的作用。

节省了传统运输方式中的卷扬机、轨道、钢丝绳和导向滑轮等相关设备和材料，还省去了铺设及拆除轨道、人工拖拉钢丝绳等繁重的体力劳动，只需 3 人即可完成洞内钢管的运输。物资投入费用主要是手扶拖拉机、材料和燃油费，经与传统方案对比测算可节约成本 35 万元以上。

本方案的双头转向台车运输方式能够适应距离长、空间狭小且弯曲的洞内运输，双头转向台车具有机动灵活、经济、高效等特性。台车的成功应用，加快了施工进度，节约了生产成本，取得显著的经济和社会效益。

浅析盾构工程类设备管理

权　伟　商德朝　杨　帆/中国电建市政建设集团有限公司

【摘　要】随着国内基础设施建设的发展，城市轨道交通已成为热点，其中，盾构施工是风险管控的重中之重。使用合适的盾构机及其配套设备，有效地用于盾构施工也是业界一个重要课程。盾构施工其实就是各类机电设备环环相扣的一个链条，任何一个环节的故障均会导致盾构施工暂停，甚至造成施工事故。本文依托武汉地铁 11 号线未来一路站-未来三路站-左岭站区间的盾构施工，从设备选型及购置论证，过程监造到出厂验收分析描述了科学的方法和措施，探讨了盾构施工过程的有效管控，从人员培训、设备过程维保、施工的精细化管理、效益管理等全面进行了分析，为后期管理施工总结经验。

【关键词】盾构施工　机电设备　选型　维护保养

武汉地铁 11 号线未来一路站-未来三路站-左岭站盾构区间地质条件复杂，需下穿高压石油管道，克服长距离弱胶结泥质砂岩地层（20a－1、201b－1）的结泥饼问题，穿过三级阶地区域的高强度石英砂岩地层，越过喀斯特地貌地层的地下溶洞区域，对盾构设备本身是一次严峻的考验，安全可靠性能是设备选择的重中之重。对于盾构施工，每一台机电设备的运行状况都影响着整个盾构施工的进行，加强机电设备管理，使整条机电设备链平稳良好运行是顺利进行盾构施工的保障。

1　盾构机及相关辅助设备的选型及购置论证

盾构施工关键点就是机电设备，价值几千万的机电设备是一笔较大的资产，采购前的调研及设备的选型是重中之重，盾构设备均是根据需要有针对性的制造，适应性及安全性均在选型时体现，对后期施工过程中的管理及备件的储备影响较大，通过总结武汉地铁项目盾构机选型、制造、施工管理等整个过程，对盾构机的选型总结出如下经验。

仔细分析施工地层的水文地质情况。隧道穿越的地层主要为粉质黏土地层、胶结泥质砂岩地层（20a－2）完整性指数为 0.49、碎裂石英砂岩（19a）完整性指数为 0.27，中风化灰岩地层（18a－2）岩芯采取率约为 60％～85％，完整性指数为 0.44。

通过对盾构机厂家全面了解，进行技术及商务等多面比较。目前全世界盾构机生产厂家较多，根据国内应用的情况，主要对德国海瑞克隧道设备有限公司、中铁工程装备有限公司、中国铁建重工集团有限公司三家盾构机制造商进行了比较，通过比较近几年出厂的台数，地层的适应区域，核心技术等，厂区考察、盾构施工现场勘查等方式了解最真实准确的信息及资料，统计三位厂商在华中区域盾构市场的占有量等调查总结工作。

通过盾构机机械性能参数比较选择合适的参数，即驱动系统及主轴承结构比较、刀盘开口率比较、刀盘配置情况比较、弃土出土系统比较、推进系统比较、测量系统比较、地层适应性比较等。

通过商务价款的对比提高综合经济性，即通过比较购置 2 台新机与租赁 1 台购置 1 台两种模式下资金回收的利率等比较、论证，用于最终定论。不只是盾构机，购置盾构施工其他辅助机电设备同样也需进行必要性论证，性能价格比较，厂家比较等，最终确定购置设备的具体型号和厂家。

需要指出的是，大型机电设备购置论证内容虽然包含设备的先进性、适用性、性价比等多方面，但这几方面不能等同对待，其中设备的先进性和适用性是重点考虑的因素，其他因素只能作为辅助因素考虑。因为高性能与低价格常常是矛盾体，在满足性能先进的前提下，当然是选价格相对较低的产品，但是当性能不符合先进性要求时，宁选高质高价产品，不选低质低价产品。

论证工作是购置设备的第一步，也是购置大型机电设备最重要的工作，做好了这一点，才能够使购置的机电设备物有所值，物有所用，避免因论证不足造成选型事故。最后综合考虑其性价比，确定为采用租一买一模式下的 2 台全新德国海瑞克盾构机。

2 盾构机及相关辅助设备进场验收

盾构施工所需机电设备包括盾构机在内均为大型机电设备，所有设备到场后均由厂家或经销商负责安装调试。设备到货后，应先做好两件事：①仔细检查外包装是否完好无损，无外包装的大型设备如盾构机，需检查各部件是否完好等；②在厂方安装人员到达之前先要把安装条件准备好，如安装场所、水电设施、辅助设备、安装器具等。盾构机组装前的准备工作主要是始发井及其水电布置等。

在设备安装调试过程中，设备操作人员及相关人员要全程参加，这样即可熟悉设备的安装调试，又可了解设备的操作规程，为今后正确使用设备打下基础。设备安装调试工作完成后，需要组织相关人员对设备的主要性能指标进行鉴定验收，确保新设备的各项性能指标符合厂方的标准值，各项检查均合格后，填写“施工设备验证单”及“设备安装调试记录表”存入设备档案。这一过程对于盾构机尤其重要。单台盾构设备价值4000多万元，由复杂的电气、液压、机械系统组成，它的组装调试一般需要20～30天才能完成。盾构机的组装与调试过程也是一个很好的学习与实践过程，在这一期间，通过自学与培训，可以做到使相关人员熟悉并掌握盾构机的几大液压系统及电气系统的构造、原理、盾构机各参数设置情况以及相关互锁关系。组装完毕即可进行调试验收，盾构机的验收要有计划、分系统的对各部分、各部件、各参数及性能指标等逐一进行验收。验收时双方负责人均要在场，验完一项签约一项，对于验收过程中出现的问题，如配件数量规格不符、部件破损、性能不达标、部件不齐全等要详细写明具体验收的情况，双方负责人签字确认。待安装工作结束后及时与厂方取得联系，或补寄漏件，或更换破损件，或进行退换，以使在验收过程中发现的问题能够尽快得以解决。例如本项目在对盾构机的验收过程中，发现盾构机机身实际到场时安装的压力表与海瑞克公司所给系统图上相比少了11块，验收结束后我方及时与海瑞克公司联系，海瑞克公司即补寄了所缺的压力表，从而避免了不必要的损失。

3 盾构及相关辅助设备操作人员培训

盾构施工需配套盾构机、电瓶机车、龙门吊、搅拌站等多种机电设备。同时盾构机本身也是多种机电设备的综合体，使其工作需要盾构机主司机、管片拼装手、注浆工等各种操作人员。用于盾构施工的其他附属设备如龙门吊、电瓶机车等特种设备的操作对于操作人员亦有很高的要求。这就需要对盾构机各岗位人员及附属机电设备的各操作人员进行技术培训和安全培训。

技术培训始终应作为机电设备管理的一项重要工作来抓，盾构施工更是如此。盾构机包含多种机电设备，各种培训就尤为重要。武汉地铁项目部大力度的投入人力物力对相关人员进行了大量的培训，聘请盾构施工的各方面专家进行为期1个多月的授课；盾构机在厂家安装调试期间派多名人员进行现场监造学习；到武汉区域盾构施工的兄弟单位进行实践；盾构机在首个始发站左岭站工地安装过程中多次聘请外籍指导人员进行多方面的讲解。用于盾构施工的其他附属设备的操作人员如龙门吊司机、电瓶机车司机等也由项目部组织进行了多次学习培训。通过技术培训，使各操作人员对其所操作的机电设备的基本操作规程、保养程序以及原理有了一个全面的了解和基本的掌握，达到了能够独立操作的程度。

盾构施工多种机电设备有着多种不同的安全隐患。对参加盾构施工的全体人员都要进行安全教育。其中包括熟悉盾构机上的安全设施（紧急停机按钮、警示灯警笛、紧急照明等）、盾构机上的危险区域、盾构机各岗位及电瓶机车、龙门吊等其他机电设备操作人员的安全操作规程和注意事项等。

无论是技术培训或是安全培训都应是长期的、不间断的。实践证明，技术培训和安全培训对于全新的盾构施工是必不可少的，对于盾构施工各机电设备的使用保养更是大有裨益。

4 盾构机及相关辅助设备使用过程管控

盾构施工现场使用的各机电设备，应由现场负责人专职管理，正确调配并合理使用机电设备，提高设备利用率和效率，并经常督促操作人员做好设备的检查，保养和组织安排及时排除故障，提高设备完好率，保证盾构施工正常进行。

盾构机各岗位操作人员及后配套机电设备操作人员实行人员定岗，贯彻人机及岗位固定原则，不轻易换操作人员。

制定规章制度、操作规程等，操作人员必须服从调度，严守操作规程，尽可能充分发挥机电设备效益；督促操作人员认真做好日常保养工作，保持机电设备的整洁、完好、齐全，按规定认真及时准确地填写“设备维修保养记录”“交接班记录”等，并报盾构机电部统一存档。

机电设备操作人员必须持证上岗，对机电设备要懂构造、懂原理、懂性能、懂用油常识；并且会正确操作、会日常保养、会排除一般故障。要做到这一点离不开技术培训，通过培训使每个操作人员都达到学懂弄通的水平，达不到者坚决不用。只有做到了合理的使用机电设备，才能使机电设备的完好率及使用率提高。

5 盾构机及相关辅助设备的维护保养

盾构施工要求对盾构机及其他机电设备每日进行维护保养，尤其是盾构机，由刀盘驱动系统、推进系统、管片拼装系统、辅助液压系统、注浆系统、润滑系统、水冷却循环系统、泡沫系统、压缩空气系统、通风系统、电气系统等一系列复杂的机电设备组成，每一个环节都能导致整台盾构机不能正常运转，因此它的日常维护保养工作就尤为重要。只有维护保养的好，才能保证设备发挥应有的效益。为了做好这一工作，市政建设集团设备物资部制订了严格的《设备管理办法》以及对各种设备制订了日维护保养计划和周维护保养计划等，由维修组监督各设备操作人员按计划认真完成各维护保养项目，并做好记录，统一存档。

机电设备的维护保养工作是机电设备管理中最应值得重视的环节，设备的完好率、利用率很大程度上取决于它，因此这一环节决不能忽视。

6 盾构工程类设备的配件管理

管理好盾构机及相关辅助机电设备的配件亦是盾构施工机电设备管理的一个重要内容。管理好盾构机及备品备件，应先熟悉盾构机的结构、原理，掌握哪些部件经久耐用不易损坏；哪些部件是易损件；哪些部件需要定期更换等。只有这样，才可做到不易损坏的部件不必订购或很少订购；易损坏部件则根据每种部件的实际使用情况及设备装备的数量来确定订购配件的数量；需要定期更换的部件，如盾构机几大液压系统的液压油滤芯，都需定期更换，且价格较高，这就要求配件管理人员掌握它们的更换周期，从而保证在需要更换时有足够的配件可用。做到了上面所述几点，才能保证既有足够的配件可用，又避免了由于积压不必要的配件占用企业资金，同时给集中采购留足时间。

只要盾构机有掘进，就不可避免地会有配件消耗。配件的订购量、消耗量、库存量的计算及配件的条理存放、快速查找亦是管理好盾构机配件必须要解决的问题。这就要求对配件进行综合管理，建立配件数据库。盾构机配件，每一种都有一个唯一的编号，建立数据库时，每增加一种配件就增加一条记录，每一条记录都有配件编号、配件名称、所属系统或所属部分、订购数量、单价、金额、存放位置、现有库存量等字段。这样建立起来的数据库可以方便地进行存放位置及库存量等多种查询。在配件数据库的基础上还可以建立多种简单查询和汇总查询。简单查询可以建立以配件代号排序进行的多种查询，建立此查询时只需从配件数据库中选出配件代号字段以及其他需要进行查询的字段，然后设计成以代号进行升序或降序排序的查询方式即可。建立了此查询，只要知道了配件的代号就能很容易的查到其他任何在数据库中已经存在的信息。汇总查询可以完成对某些字段的计数及对某些数值型字段的求和计算。通过建立汇总查询，可以方便快捷地得到所有配件的总订购金额、总消耗金额及库存金额等。汇总查询还可以进行分组汇总，通过分组汇总查询，可以轻松实现左右线盾构机各自的消耗总计计算。配件的数据库管理，避免了不必要的时间消耗，促进了整个盾构施工的顺利进行。目前盾构厂家的配件均是采用此种数据库进行的管理。

需要指出的是，盾构机是大型进口机电设备，而进口配件价格非常昂贵，这就要求考虑是否可以用国产配件来替代某些进口配件。例如螺栓，只要知道原来设备上螺栓的尺寸及强度等级，就可以用同样规格、等级的国产螺栓代替它。其次刀具，现在我们国内有许多厂家都在开发研制盾构机刀具，而且同一类型刀具与进口刀具相比，价格要便宜很多，若有机会也可以尝试用国产刀具替代进口刀具。又如刀盘上泡沫口处胶垫，进口一个要几十元，而自己加工一个，成本仅需几元钱。进口配件的国产化，是具有长远意义的大事，亦是值得未来需长期深入研究的问题。

7 结束语

“兵马未动，粮草先行”，盾构施工各类机电设备的正常稳定运行均是施工的基础保障，从设备选型之初到设备建造、制造过程监管，从组装调试、验收合格到使用过程维保的精细化管理，再到易损件、周期性更换件的系统管理，是盾构施工项目成败的关键，同时，也是成本管控的核心，总结出科学先进、标准高效的设备管理制度，为盾构工程设备管理注入新的活力，用制度促管理，用管理增效益，对项目乃至企业发展具有长远的重要意义。

盾构软土刀盘穿越建筑物群桩施工的启示

毛宇飞/中国电建集团铁路建设有限公司

【摘　要】采用软土刀盘直接切割建筑物群桩实属罕见，在遇到建筑物群桩时，大多数情况下在设计阶段采取避让方式解决，然而特殊情况下，因勘察不到位仅在施工过程中才发现建筑物群桩的情况，线路避让和改变工法已无条件，不得不采取软土刀盘直接切削群桩穿越建筑物，给盾构施工带来了极大的挑战。在盾构掘进过程中，针对未知和已知的情况下分别采取不同的措施，顺利通过建筑物群桩施工。

【关键词】盾构　软土刀盘　群桩

1　前言

随着城市轨道交通的快速发展，地铁盾构隧道施工过程中所遇到的特殊情况也越来越多，在复杂的老城区施工时显得更加突出。老城区大多数建筑古老，历史年代久远；地下管线老化，规划性差，基础资料缺失严重，导致勘察单位、物探单位在施工图设计阶段对地质勘察设计资料的精准性较差，施工单位的补勘没有针对性，造成盾构施工过程中总是遇到一些难以预料的棘手问题。本案例就是因为勘察设计不到位、补勘不到位造成的，在改线、调坡和改变工法、桩基托换等多项措施无法解决的情况下，唯一解决办法就是通过控制盾构掘进参数等一系列措施，采取软土刀盘穿越建筑物群桩。

2　工程概况

2.1　地铁博物馆站—工人文化宫站区间概况

地铁博物馆站—工人文化宫站区间位于哈尔滨市南岗区，主要沿国民街、中山路敷设，盾构区间右线起点里程SK19＋793.438，终点里程SK20＋598.223，全长804.785m，在马家沟街与国民街交叉口设吊出竖井一座；左线起点里程XK19＋418.280，终点里程XK20＋598.223，长链1.582m，全长1181.524m。右线SK19＋411.484～＋782.638因下穿国贸地下商城群桩47根和既有地铁1号线博物馆站风亭围护结构桩27根、车站围护结构6根（洞门处），设计采用矿山法施工，线路长度371.154m。

区间出博物馆站后以两个R＝1200m半径反向曲线由国民街路北侧转至路中穿越，过马家街、光明街、河沟街后以R＝450m半径曲线下穿马家沟河，过永和街后以R＝450m转至中山路下穿越；区间纵坡大体呈“V”形，以2‰坡出博物馆站后，采用480m长29‰、350m长3.94‰下坡至最低点，再以250m长25‰接至工人文化宫站，隧道埋置较深，其结构顶覆土厚度为7.6～16.3m。

区间穿越42栋建筑物，其中正穿16栋，侧穿26栋。正穿建筑物基础底部距离隧道顶部最小5.5m（24＃楼），最大12.2m；侧穿建筑物距离隧道外边线的水平距离最小0.44m（7＃楼），最大16.7m。

2.2　博苑幼儿园概况

15＃盾构机在博物馆站—工人文化宫站区间里程XK20＋132.158～XK20＋163.363范围内穿越博苑中山幼儿园，该建筑（地上2层）坐落于中山蓝色水岸停车场顶部（地下1层），停车场下部（地下2层）为中山蓝色水岸泵房、消防水池；地下停车场、泵房和幼儿园主体均为钢筋混凝土框架结构；该建筑物地下基础为ϕ400钻孔灌注桩，桩长12.6m，混凝土标号C25，配主筋5根ϕ12钢筋和箍筋ϕ10@200mm钢筋；围护桩为ϕ600钻孔灌注桩，间距900mm，主筋ϕ25螺纹钢筋，其中盾构区间左线穿越 9 个承台 26 根钻孔灌注桩和 16 根围护桩，右线穿越 9 个承台 31 根钻孔灌注桩和 7 根围护桩，见图 1。

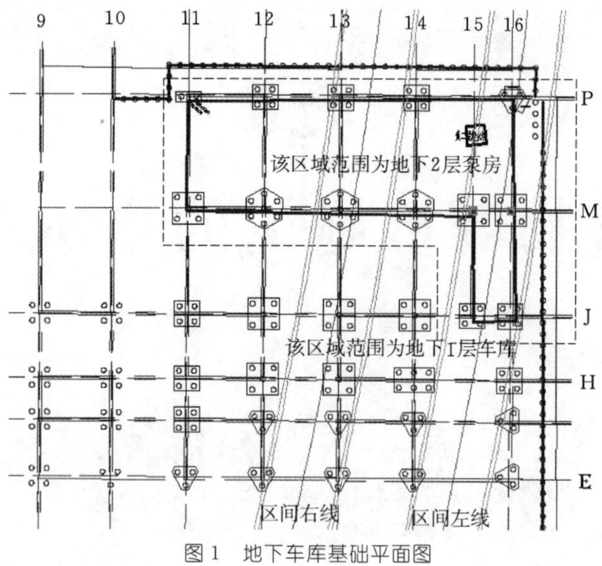

图 1　地下车库基础平面图

3　水文地质

地铁博物馆站—工人文化宫站区间侧穿段地处于岗阜状平原地区，地质主要为粉质黏性土，局部为粉砂层，场地土层特征自上而下详细描述如下：人工填土层（Q_4^{ml}）；上更新统哈尔滨组冲积洪积层（$Q_3^2 hr^{al+pl}$）、中更新统上荒山组湖积层（$Q_2^2 h^1$）；中更新统下荒山组冲积层（$Q_2^2 h^{1al}$）；下更新统东深井组冰水堆积层（$Q_1^2 d^{fgl}$）；下更新统猞猁组冰水堆积层（$Q_1^1 sh^{al}$）；基岩—白垩系嫩江组沉积岩（$K_1 n$）。

上层滞水主要赋存于第四系中更新统上荒山组湖积层（5－1－2）层和（5－2－2）层粉质黏土中；承压水主要赋存于中更新统下荒山组冲积层（6－2）层中砂层、（6－3）层粗砂层、（6－4）层中砂层中，相对隔水顶板为（6－1）层粉质黏土层，底板为（7－1）层粉质黏土层，该含水层厚约 20m。

地铁博物馆站—工人文化宫站区间盾构下穿主要地层为粉质黏土层、中砂层，其中中砂层掘进 463m，粉质黏土层掘进 719m，且约 4/5 长在地下水位以下掘进；隧道埋深范围 7.34～19.2m，最大坡度为 29‰。

4　盾构施工技术

4.1　施工安排

地铁博物馆站—工人文化宫站区间盾构施工由工人文化宫站始发，先施工左线，后施工右线，左线掘进至既有 1 号线博物馆站后，在博物馆站内进行盾构解体，解体后盾构部件通过左线盾构隧道运输至工人文体宫站始发端头井，逐块、逐节吊出洞外，盾体分块部件运输至工厂重新焊接组装，后配套台车吊转到右线组装二次始发；右线从工人文化宫站始发，掘进至马家沟竖井吊出。

4.2　盾构下穿群桩

根据勘察单位提供的物探资料，博苑中山幼儿园为地上两层建筑，无地下室。2017 年 9 月 12 日凌晨 3 时 40 分盾构左线施工至 373 环时（刀盘位置 378 环）出现刀盘扭矩急剧增加且声音异常，盾构机所出渣土中有混凝土块及钢筋，于是停机调查，发现此建筑物为地下一层车库，局部存在地下二层消防水池，容量约 $400m^3$，左右线均切削 9 个承台，每个承台下设置 3～7 根桩，其中右线切削的 6 号承台下为 7 桩，在同一截面上一次性同时切削桩根数最多达到 5 根，而且是 $\phi600$ 的围护桩，其他截面上最多不超过 3 根 $\phi400$ 的基础桩。盾构左线于 XK20＋144.5～XK20＋157.652 穿越地下一层车库，XK20＋126.851～XK20＋144.5 穿越地下二层消防水池，切削构造柱基础群桩 26 根、围护桩 16 根；右线于 SK20＋135.134～SK20＋156.973 穿越地下一层车库，SK20＋126.140～SK20＋135.134 穿越地下二层消防水池，切削构造柱基础群桩 31 根、围护桩 7 根。地下一层底板厚度为 300mm，地下二层底板厚度为 400mm，混凝土标号均为 C30S6，上下均配置 $\phi16$@200×200 双层双向钢筋网，地下二层净高 3.9m，承台底距离盾构隧道仅 440mm，见图 1 和图 2。

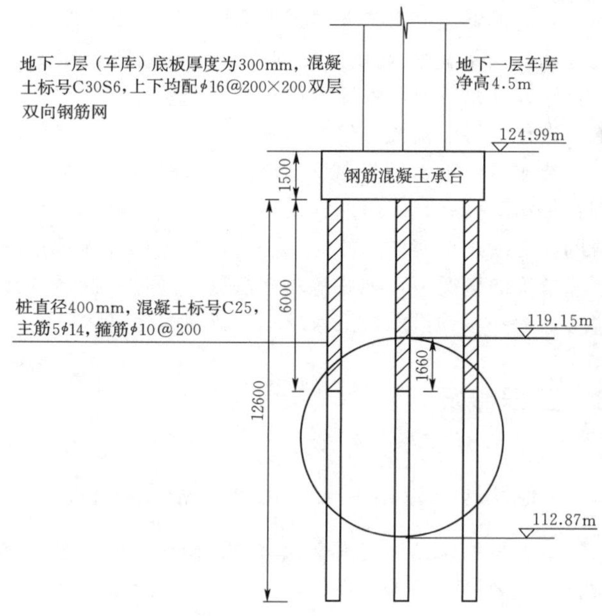

图 2　盾构切削群桩典型横断面图（单位：mm）

4.3　数值模拟计算

盾构下穿时对邻近建筑物影响采用 PLAXIS 计算软件进行分析，采用的是土的本构模型为 Hardening－Soil

模型。盾构下穿博苑幼儿园土层竖向云图和建筑物竖向位移图，见图 3。该断面处盾构隧道埋深约 10.6m，线间距约 11.7m。

经模拟计算：盾构隧道下穿博苑幼儿园切削群桩时，盾构隧道施工引起的地层损失率按 0.5%计，引起的最大沉降 7.11mm，最小沉降 3.93mm，沉降差 3.18mm，倾斜 0.108‰，水平位移 2.52mm。博苑中山幼儿园建筑的总体沉降、沉降差、倾斜均小于控制值。

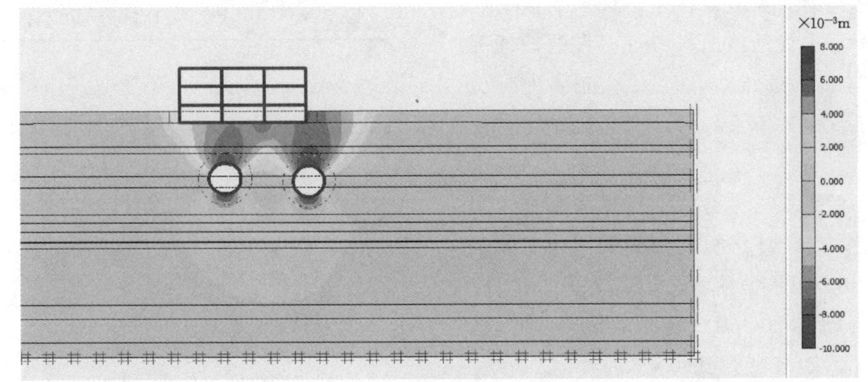

(a) 竖向云图

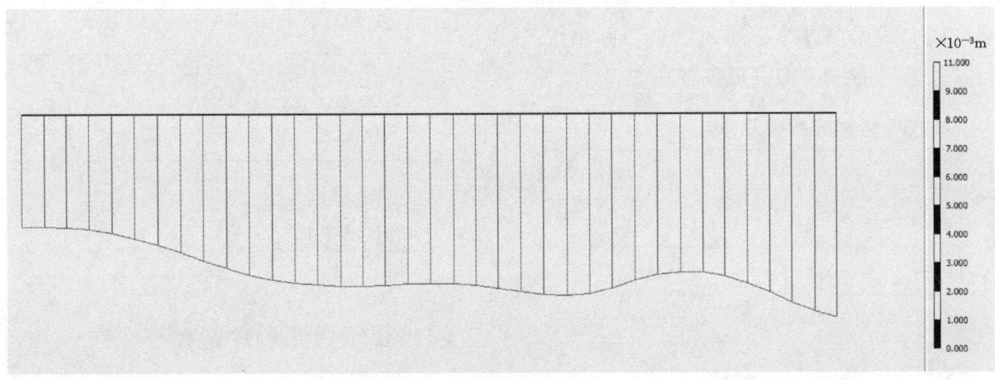

(b) 竖向位移图

图 3　盾构下穿土层竖向云图和建筑底板竖向位移图

4.4 盾构下穿措施

4.4.1 盾构左线切桩

(1) 控制掘进参数：根据现场实际施工情况，盾构左线下穿博苑幼儿园施工时，事先并不知道此建筑物下有桩基，且为群桩，遇到群桩后，切削群桩过程中，通过控制总推力、土仓压力、掘进速度、贯入度、注浆量、注浆压力、出土量、刀盘扭矩等掘进参数成功完成下穿建筑物施工，掘进参数见表 1。

(2) 调整浆液凝结时间：优化浆液配比，通过调整胶凝材料掺量来调整浆液稠度（稠度为 11～13s），缩短浆液凝结时间（3～4h），水泥用量增加了 20kg/m³，浆液配合比调整为 200∶460∶640∶60。

(3) 加大二次注浆量：通过采用特殊管片，除吊装孔以外，在每片管片上增加 2 个注浆孔，确保二次注浆及时性和注浆量。浆液为水泥、水玻璃双浆液，双液注入体积比为 1∶1，注浆压力 0.28～0.35MPa。

表 1　左线盾构掘进参数表

序号	项　目	参　数
1	总推力/t	1500～1900
2	刀盘扭矩/(kN・m)	3000～4400
3	土仓压力/MPa	0.12～0.15
4	注浆量/m³	7～9
5	注浆压力/MPa	0.28～0.35
6	出土量/m³	39～41
7	推进速度/(mm/min)	20～30
8	贯入度/(mm/r)	7～15

注　切削围护桩时扭矩达到 4000～5700kN・m。

(4) 渣土改良：采用优质泡沫和膨润土相结合的方式，做好渣土改良，降低刀盘刀具的温度，防止结泥饼和喷涌。

(5) 土体加固：由于建筑物基础及地面无预加固条件，只有在盾构施工后通过二次注浆孔及时采取补注浆加固措施，浆液采用 1∶1 的单液水泥浆。负 1 层加固范围为隧道上半圆轮廓线外 5m，下半圆为隧道轮廓线外 2m 范围，负 2 层加固范围为隧道轮廓线外 2m 范围。

4.4.2 盾构右线切桩

(1) 更换刀具：左线盾构掘进完成后，对刀盘、刀具全面进行评估，并邀请专家进行技术论证。为减少盾构掘进过程对建筑物再次扰动，根据刀盘刀具磨损情况对刀盘复合耐磨板进行重新堆焊，对刀具全部进行更换。将所有贝壳刀更改为尖刃贝壳刀，刀高比左线磨损后的切刀高 40mm。

(2) 土体加固：利用右线隧道特殊管片注浆孔，向左线打入注浆管，对左线土体进行预加固处理，加固范围为隧道轮廓线外 2m，浆液为纯水泥浆。

(3) 调整浆液凝结时间：凝结时间缩短至 3h，水泥用量增加 50kg/m^3，砂浆配合比调整为 250∶460∶640∶60。

(4) 其他措施同左线，掘进过程中，根据实际情况对掘进参数进行了调整，右线盾构掘进参数见表 2。

表 2　右线盾构掘进参数表

序号	项　目	参　数
1	总推力/t	1400～1700
2	刀盘扭矩/(kN·m)	3500～4500
3	土仓压力/MPa	0.140～0.156
4	注浆量/m^3	7～9
5	注浆压力/MPa	0.28～0.35
6	出土量/m^3	39～41
7	推进速度/(mm/min)	20～30
8	贯入度/(mm/r)	5～17

4.5 刀盘刀具评估

15#ZTE6250 盾构机设计为辐条式刀盘，配置软土刀具，技术参数：刀盘直径 6260mm，共布置 1 把中心鱼尾刀（刀齿 8 把）；刀高 450mm、弧形贝壳刀宽刃 28 把；刀间距 90mm，刀高 120mm、平底贝壳刀宽刃 16 把；刀间距 90mm，刀高 120mm、平底贝壳刀尖刃 16 把；刀间距 90mm，刀高 120mm、加强型切刀 64 把；刀间距 150mm，刀高 90mm、加强型边切刀 16 把；刀高 90mm、14 把保径刀、4 把横向保径刀、1 把超挖刀，超挖量为 50mm，共 160 把刀具，泡沫注入口 6 个，磨损检测器 2 个，开口率约 45%，大圆环外通焊复合耐磨板，面板堆焊耐磨网格。各刀具磨损更换标准：中心鱼尾刀合金脱落超过 1/3，均匀磨损量大于 20mm；贝壳刀均匀磨损量大于 20mm；切刀均匀磨损量大于 25mm；保径刀崩齿、合金块脱落超过 1/3，均匀磨损量大于 10mm。

掘进完成后在博物馆站内接收，盾构解体前对刀盘刀具进行了全面评估，评估情况详见表 3。

表 3　刀具磨损统计表

刀具名称	单位	数量	磨损量/mm	
			最小	最大
加强型切刀	把	64	8	20
加强型边切刀	把	16	16	18
弧形贝壳刀	把	28	14	18
宽刃平底贝壳刀	把	16	14	20
尖刃平底贝壳刀	把	16	21	26
横向保径刀	把	4	15	18
周边保径刀	把	14	30mm 全部磨耗	
中心鱼尾刀齿	把	8	严重破损 5 把	

5 监控量测

5.1 建筑物变形控制标准

建筑物变形任意一点沉降绝对值控制在 10mm 以内、任意两点沉降差控制在 10mm 以内、沉降速率控制在 0.2mm/d 以内，整体倾斜控制在 0.001 以内（整体倾斜指建筑物倾斜方向两端点的沉降差与其水平距离的比值），水平位移控制在 10mm 以内。

5.2 监测及反馈

盾构机穿越博苑中山幼儿园期间，在建筑物上布设监测点 15 个（含框架柱上布点），周边地面沉降点 13 个，对建筑物实施 24h 监测，监测频率调整为 2h 一次，及时发布数据，根据监测情况指导盾构机掘进，及时进行参数调整。同时，派遣专人对建筑物外观及周边地表进行不间断巡视，发现问题及时反馈、处理。从沉降曲线分析得知：盾构于 9 月 12 日遇到到桩开始停机，9 月 18 日恢复掘进，到 28 日切桩结束，建筑物累计沉降量最大－2.56mm，最大隆起 3.00mm；下穿建筑物完成后，经过近半年的观测结果显示，1 月、2 月受寒冷天气冻胀影响有上抬趋势，3 月份以后天气开始转暖呈现融沉现象，5 月份开始对土体再次进行加固，建筑物上抬趋势明显，累计最大达到 8.76mm，26 日后监测数据平稳，建筑物变形得到控制，总体上建筑物变形控制均在设计控制标准范围内，且与数值模拟基本吻合。盾构切削群桩建筑物沉降曲线如图 4 所示。

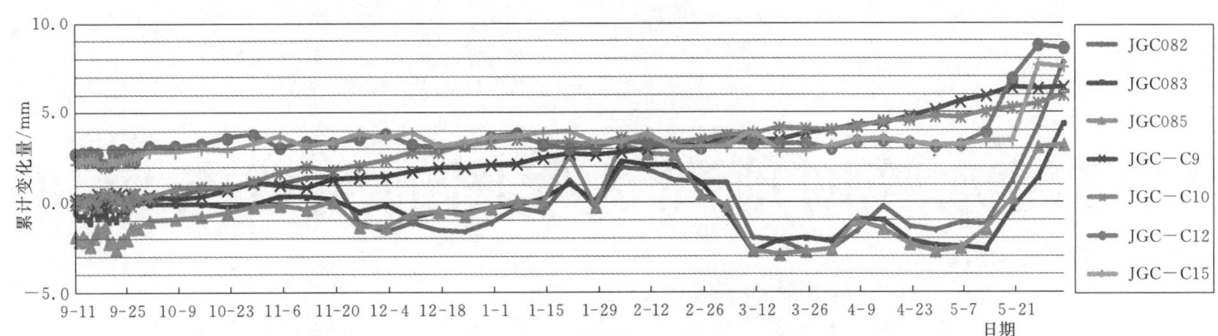

图4　盾构切削群桩建筑物沉降曲线

6　结论

通过本案例的实践证明，软土刀盘刀具切削建筑物群桩成为可能，至少对于切削直径为800mm以下的钻孔灌注桩可以通过调整、控制盾构掘进参数直接切削群桩，降低或减少了桩基托换等大量的工作量。群桩被切削后，建筑物的地基承载力受到破坏或损失，建筑物桩的抗拔力也降低，可能出现管片上浮导致建筑物上抬等现场，需要通过注浆加固隧道周边的土体来补偿。穿越群桩本身施工风险很大，因此，地勘、物探及施工单位的施工调查及补勘工作非常重要，要确保勘察资料的准确性，避免直接切削或少切削建筑物群桩，减少对建筑物的影响。

城市污水管网地理工程图的生成与应用

陈秋生/中国葛洲坝集团国际工程有限公司

【摘　要】 城市污水管网的地理工程图是在地图中显示工程信息，利用地理标记语言，在地图中利用导入的KML文件来查询管线平面图、纵断面图及检查井信息并能生成导航路线的一种综合应用。可用于工程设计与施工、管网系统维护工作中，大大方便设计人员、施工人员、管道巡查人员开展相关工作。本文介绍了城市污水管网地理工程图的编制方法与步骤，并列举了地理工程图在实际工程中的部分应用。

【关键词】 污水管网　地理工程图　KML文件

1　引言

生成城市污水管网地理工程图的思路来源于以下两个问题的思考：

一是在国际工程项目实施过程中，中国工程师受所在国语言的局限性，在实际工作中面临着比国内工程更多的困难。比较典型的就是地理位置不熟悉，特别是线性工程，难以用文字准确描述施工点的位置，工程师在没有导航的帮助下很难快速按工程施工图到达具体的施工地点。

二是在现场与业主工程师沟通时，要在厚厚的纸质图纸中查找具体某个污水管线的纵断面图还是比较浪费时间的。

为方便工程查询和快速导航，若将工程图纸以图片形式与相应的管线和检查井坐标关联，制作地理工程图，通过点击地图上的管线便能显示管线的纵断面图，点击检查井图标便能显示检查井的坐标和高程，一部安装了导航软件的便携设备（手机和平板电脑）在加载地理工程图后便能快速查询图纸或者导航到检查井的具体位置上。这对管网施工和维护人员来说带来了极大的便利，也有利于其他工程设计人员对地下管网的查询。

2　地理工程图的属性描述

地理工程图就是在地图上显示线性工程的工程属性，日常生活中，工作人员经常用手机拍照，照片的详细信息会显示拍照的地理位置，点击地理位置坐标会直接打开地图显示拍照地点。而地理工程图的原理基本相似，在手机上的操作却是相反的，是通过点击地图的管线或者检查井图标来显示其工程信息，典型污水管线检查井工程信息如图1所示。

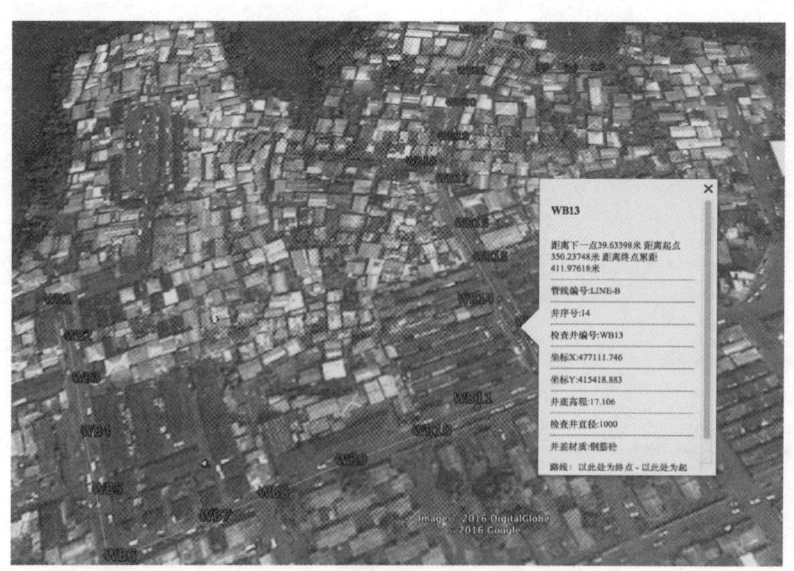

图1　典型污水管线检查井工程信息

污水管网的工程图纸一般包括平面图、纵断面图和典型做法大样图及设计说明，各种类型图纸所要表现的工程信息在地图的体现形式如下：

（1）平面图包含管线和检查井的位置对应于地图中的线段和点（路径与路点）。

（2）纵断面图包含管线管底标高与检查井井底标高对应于地图中的海拔高度（或者直接以图片方式引用纵断面图）。

（3）典型做法大样图及设计说明在地图中以图片方式引用。

3 地理工程图的软件与地理标记语言

一般电子地图是由多个图层绘制而成，在各操作系统平台（Windows、Andriod 与 Mac OS）应用市场上，大部分免费的地图软件都能对图层进行操作，通过地理标记语言，不同的地图软件之间能够传递地理标记信息。

由 Google（谷歌）旗下的 Keyhole 公司发展并维护、用来表达地理标记的 Keyhole Markup Language，简称 KML。是基于 XML（eXtensible Markup Language，可扩展标记语言）语法标准的一种标记语言，在 2008 年 4 月 14 日被 OGC（Open Geospatial Consortium，Inc.，开放地理信息系统协会，或译成开放式地理空间协会）宣布为开放地理资讯编码标准（OGC KML，OpenGIS © KML Encoding Standard）。用于在 Google 地球浏览器（Google 地球、Google 地图和 Google 地图移动版）中显示地理数据，能被大部分的导航软件所引用。通过路点、路径、多边形与图片引用等形式可以将城市污水管网检查井坐标、管线位置、工程分区以及工程图片引用等数据信息生成 KML 文件，能相当直观地在导航软件或者谷歌地球浏览器中查询上述信息，图 2 是利用 Google 地球导入污水管网 KML 文件显示的管网横断面图。

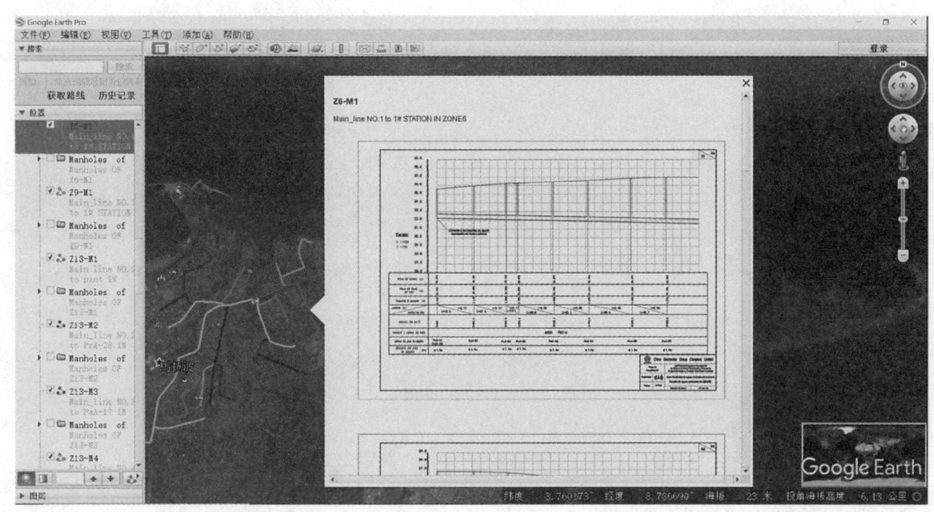

图 2 在 Google 地球上显示的工程信息图

地理工程图主要由若干个 KML 文件和图片文件夹组成，KML 文件包含了工程分区、管线和检查井的坐标数据以及图片的链接数据，有其固定格式以满足谷歌规范。图片文件夹是按照分类、分区、分管线且以固定的组织架构形式存储的工程图片，每张图片可根据其分辨率来控制文件大小，一般在 500k～2M 之间，因此即使是几千张工程图片，整个地理工程图的文件大小也就在 2～4G 之内。

KML 文件和图片文件夹可以压缩成 KMZ 文件，KMZ 文件可以上传到互联网，也可以传递给其他设备，导航软件加载 KMZ 文件后便能满足查询和导航要求。

4 地理工程图的编制方法与步骤

本文以管网项目为例，来详细说明管网工程地理工程图的编制方法与步骤。

4.1 工程分区与编号

为规划 KML 文件数量以及编制代码需要，统一按照项目施工分区及编号对工程划分，等同于对工程项目设计图纸分册，每个图纸分册对应一个 KML 文件。

4.2 地理数据的收集与整理

为编程需要，可利用 Execl 表格来收集污水管网的地理数据，每个区域的所有管线对应一个 Execl 工作簿，工作簿名称（文件名）对应区域编号，每根管线对于一个 Execl 工作表，工作表名称对于管线编号，每根管线的地理数据信息编制格式如下：

第 1 列：检查井编号。

第 2 列：检查井坐标 X。

第 3 列：检查井坐标 Y。

第 4 列：转换后的经度（小数格式）。

第 5 列：转换后的纬度（小数格式）。

每根管线的地理数据表前 3 列可以通过工程图中的检查井坐标表或从 CAD 图纸中获得，每个检查井的地理坐标（经纬度）需要编制 VBA 代码进行批量转换。

4.3 工程图的转换与整理

将管网工程图的纵断面图和典型做法大样图转换成 jpg 图片格式，可以利用 CAD 软件对工程图进行批量转换，每根管线的纵断面图组成一个文件夹并编号。

4.4 KML 文件的生成与更新

在完成以上步骤后便具备生成整个项目的 KML 文件的条件，由于数据量大，需要编制 VBA 代码来自动生成 KML 文件，VBA 代码生成 KML 基本顺序和思路如下：

（1）定义路点（检查井）的图标、路径（管线）的颜色和比例以及多边形（工程区域）的颜色及边界线的颜色和比例。

（2）读取地理数据文件夹的每一个工作簿循环生成 KML 的文件夹。

（3）针对工程分区工作簿以及污水处理厂和泵站位置工作簿，读取每个工作表的地理坐标生成一个多边形（分区边界），对于各个分区的管线工作簿，读取每个工作表的地理坐标生成生产一个路径（管线），在之后再生产一个集合本管线上所有检查井坐标的路点文件夹。

（4）对每个路径和多边形做好对相应工程图片的链接引用，以便在点击管线或者区域时能够显示工程图片。

（5）在增加管线的地理数据或者工程图片后，重新运行 VBA 代码生成 KML 文件即可更新相应的地理数据。

互联网上有很多 KML 文件生成器代码，有兴趣的读者可以下载后自己尝试生成 KML 文件。

5 地理工程图的运用场景

利用地图软件和地理标记语言，结合具体的工程数据，将点、线、面坐标转换成地理坐标生成 KML 文件后，有着极其广泛的应用。

应用场景一：当发现某个检查井的井盖丢失或者被破坏，只需用手机拍下带地点坐标的照片（一般智能手机都具有的功能）上传到管网维修网站上或者指定的邮箱上，管网维护人员便可根据图片提取坐标信息，打开地图软件，加载地理工程图后可快速查找到检查井位置并迅速导航到当地居民报告的地点进行更换。

应用场景二：把地理工程图 KML 文件数据上传到公共服务器上，设计单位可通过网络可以随意调取任意一个管道的地图以及查看该管道所有检查井的有关参数，以满足其他地下管道的设计需求。

应用场景三：需要新建污水管线时，可以快速规划新增污水管线的走向和最近的接入点，在导航软件上找到要规划污水管线的区域，输入规划指令，导航软件可通过 KML 数据库运算，就能显示最近的污水接入点检查井 ID，并规划新增污水管线走向（相当于快速规划导航路线一样）。

应用场景四：在项目施工阶段，利用地图的位置共享功能派发工单，工程管理部门可以将每天要开展的施工管线和检查井（即导出的 KML 文件）派发给各施工队和质检部门，一方面施工单位可通过 KML 文件统计工程量，另一方面各施工单位和质检部门人员可以在导航软件的帮助下快速到达现场。

应用场景五：利用 KML 的生成时间，可以在地图上形象展示并统计一个施工周期内（年/季/月）完成的工程量，比在 CAD 上具有更形象的显示效果。

应用场景六：在地图上通过查看管线的高度配置文件，可以快速获得管线的地形纵断面图，为确定管底标高提供设计依据。

6 结束语

将工程数据与互联网相结合，与地图的二次开发相结合，同时将枯燥的工程图纸数据转换到第三方应用（APP）上，更方便了业主、设计与施工单位以及当地居民对在实际工作生活的用户体验，通过实际完成的赤道几内亚马拉博城市污水管网地理工程图运用，该项目工程共包括 240km 污水管线、1 万多座污水检查井，被分成了 27 个区块，生成了 254 个 KML 文件，通过对工程图片的有序组织与关联，可以查阅任一管线和检查井的工程信息，大大方便了工程巡检与维护工作。

高层建筑深大基坑施工关键技术研究与实践

赵京燕/中国水利水电第九工程局有限公司

【摘　要】 深大基坑工程是一个极其复杂的工程，任何一个施工步骤都有可能打破支撑体系的平衡而发生事故。为此，本文研究了浅孔微差控制爆破、预留土台支撑、信息化监测等施工关键技术与安全控制，并在施工中实践，实现质量上乘、安全可靠、经济高效、绿色施工的工作目标，其经验与数据为今后深基坑施工技术的进一步研究实践提供了参考。

【关键词】 深大基坑　施工关键技术　安全控制

深大基坑工程是当今土木工程最为复杂的技术之一，是一个系统工程，施工中不仅需要考虑基坑本身结构的安全稳定，还需要考虑周边建筑物的稳定以地下水位等问题，然而随着基坑开挖深度的不断增加，其复杂性日趋突出，其支撑内力会随着土体开挖、卸荷等措施而发生改变，任何一个施工步骤都有可能打破支撑体系的平衡而发生事故，造成较大的社会经济影响。这些关键技术的研究与实践，有助于认识深大基坑可能存在的安全隐患，以便作出科学决策，最大限度地减少发生事故的可能性及造成的损失。

1　工程概况

红星利尔广场为贵州省建设100个城市项目综合体的项目之一，其建筑面积为57万m^2，占地面积为95亩（6.33hm^2），是贵阳市的二环四路城市带与棚户区改造项目的重点项目。

本项目的工程建设南高北低，深基坑的长度约为200m，宽度约为150m，整个基坑面积约30000m^2；挖深最高处大约为31m，最低处大约为9m。土石方的开挖总量数达到了80万m^3，土岩混合边坡，边坡的安全等级为一级，抗震的设防烈度为6度。

1.1　地理位置

项目位于贵阳市云岩区北京西路与长岭南路交叉处，北临北京西路，西临长岭南路，是观山湖区与老城区的连接纽带，交通十分便捷（见图1）。

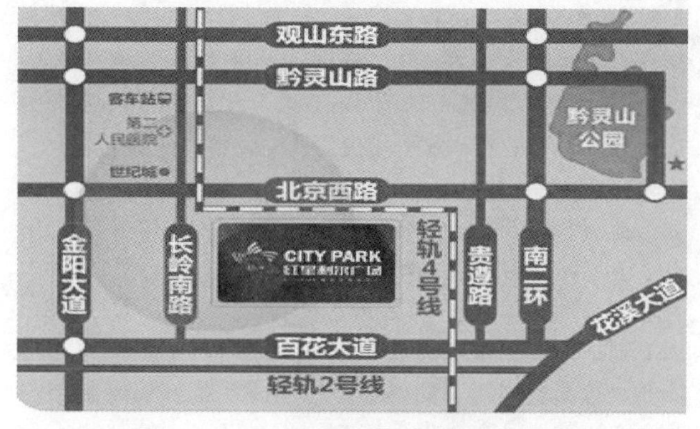

图1　项目地理位置平面图

本工程的施工环境情况比较复杂，市政的地下管道网分布密集，基坑的北侧是市政一级的主干道北京西路，沿线的居民用户比较多，并有煤气管道通过，对管道的埋设深度及走向不详，施工区域的东侧金龙星岛国际高层建筑群最近距离深基坑约50m。

1.2　自然条件

1.2.1　地质特征

本工程的建设场地整体呈东南高、西北低，为贵阳岩溶盆地北面的风丛谷地地貌，高程在1227.28～1252.56m之间，相对高差大约为25.28m。根据当地的地质勘察报告的现状显示分析，建设区域的岩土层是由杂填土、泥质白云岩、建筑弃渣及红黏土组成。

其特征如下：

建筑弃渣：主要为原有厂房及构筑物拆除遗留（混

凝土梁、板、砖砌体等)。

杂填土(Q_4^{ml}):主要由块状建筑垃圾组成。局部分布,最薄处为 0.30m;最厚处为 5.80m;平均厚度为 1.23m;层面最高处标高为 1250.37m;层面最低处标高为 1226.12m;平均标高为 1233.45m。

红黏土:褐黄色,褐色,土质均匀、细腻,结构致密,切面光滑,局部夹灰黑色铁锰质氧化物,可塑状态。最薄处为 1.50m;最厚处为 13.00m;平均厚度为 5.64m;层面最高处标高为 1250.89m;层面最低处标高为 1225.40m;平均标高为 1233.28m。

根据岩土勘察资料,伏于第四系土层之下的基岩,为三叠系中统关岭组(T_2g)深灰色中厚层状泥质白云岩,为中风化岩体。局部铁质浸染,节理裂隙较发育,针状溶孔发育,偶见方解石细脉。岩芯呈砂、块状~短柱状。岩体呈层状结构。岩体破碎,岩样单轴饱和抗压强度标准值 $f_{rm}=18.203$MPa,属较软体。岩体基本质量级别为Ⅳ级,边坡岩体类型为Ⅳ类。岩体主要优势结构面为层面。为硬性结构面,层间张开 1~2mm,表面略粗糙,局部岩屑夹泥质充填,层间结合程度差。

1.2.2 气象条件

该工程所处位置属于亚热带温润温和气候,常年受西风带的控制,年平均气温为 15.3℃,相对湿度为 78%,年总降水量在 1129.5mm,年平均的日照天数为 1148.3h,年雷电日平均为 49.1 天,年阴天平均天数为 235.1 天,年降雪日数平均仅为 11.3 天。

1.2.3 水文条件

地下水类型为上层滞水、基岩裂隙水和静压地下水。上层滞水分布在边坡上的岩土层中,补给源为大气的降水与周边居民的生活污水的排放,雨季水量大时,从上到下冲刷、浸泡边坡,导致边坡的岩土体抗剪强度降低,容易造成边坡的湿滑;场地西北角(长岭南路与北京西路转角处)钻勘时发现,在地下 4m 的部位有来源不明的静压地下水;基岩裂隙水水量非常的丰富,受节理裂隙的影响,渗透性非常好。

2 施工中的技术难点

本工程的基坑周边环境复杂。基坑北侧为市政一级主干道北京西路,距拟治理边坡开挖线约为 10.5~20.8m,市政地下管网较多;西侧为市政次要道路黎苏路,沿线居民住户较多,沿道路有煤气管道通过,管道的具体走向、埋设深度不详;东侧距离新建建筑金龙星岛国际距离约有 50m,且本工程的基坑深度大于相邻的金龙地下室深度,该侧对基坑边坡要承担金龙地下室对基坑边坡产生的侧向推力,对边坡的稳定会产生一定的影响;又东侧边坡有一市政主给水管网改迁管道通过,埋设于拟建道路中线附近,埋设深度为拟建道路路面以下 1.6m。

南侧民房较多且离基坑较近并有市政主要给水管道通过距基坑边坡最近有 5.9m,此处边坡为基坑边坡最高点约 30m。

本工程位于市中心,是进入观山湖区的主要入口,对文明施工的要求比较高,工期紧,土方开挖量较大,要求日出土方量 10000m³ 以上。对环境保护的要求也非常高,由于基坑的面积较大,地质复杂,支护工程量大,地下水与施工用水禁止向外排放,对深大基坑的工期造成较大的影响。

爆破对边坡的支护桩安全的影响非常大,怎样控制爆破所产生的震动带来的危害也是需要解决的关键问题。

西北角地下水位的影响,对开挖过程中以及开挖完毕后基础施工过程中坑壁的稳定带来较大的影响,如何降低地下水位又是一项必需的重要措施。同时还要监测周围建筑物、构筑物、管道工程等,保证其不受影响。

3 关键施工技术

3.1 浅孔微差控制爆破技术

本工程岩质主要以泥质白云岩为主岩质基本稳定,但周边环境复杂,除西边北京西路外其他方向都密集分布居民住宅,为减小爆破施工对基坑及周边建筑物和道路的影响,爆破开挖采用“浅孔微差控制爆破技术”自上而下逐层逐台阶施工,每台阶高 1.2~1.5m,最小抵抗线 $W=1.0$m,梅花型布孔(爆破技术参数见表 1)。为了确保爆破振动不影响基坑支护结构及周边建筑物和道路的影响,在基坑四周预留 3~5m 土台,预留土台爆破开挖,在靠近基坑轮廓边缘开挖减振沟槽,减振沟槽采用机械破碎方式开挖,炮孔深度不超过 1m,前排抵抗线为 0.8m,炸药单耗用量取 $K=0.3$kg/m³。

表 1　主要爆破技术参数表

孔深 L/m	相邻孔距 a/cm	排距 b/cm	孔径 d/mm	单孔装药量 q/kg	堵塞长度 I/m
1.5	1.2	1.0	40	0.58	0.7

起爆方式:逐孔起爆方式,孔内采用 15 段管(880ms),孔间采用 3 段管(50ms),排间采用 5 段管(110ms),一次起爆数量不超过 20 个孔。浅孔爆破炮眼布置见图 2。

3.2 盆式开挖预留土台支撑技术

深基坑土石方开挖总量约为 80 万 m³,边坡的高度为 8~26m,为土岩混合边坡,边坡安全等级为一级,抗震设防烈度为 6 度,基坑边坡按永久性边坡考虑。

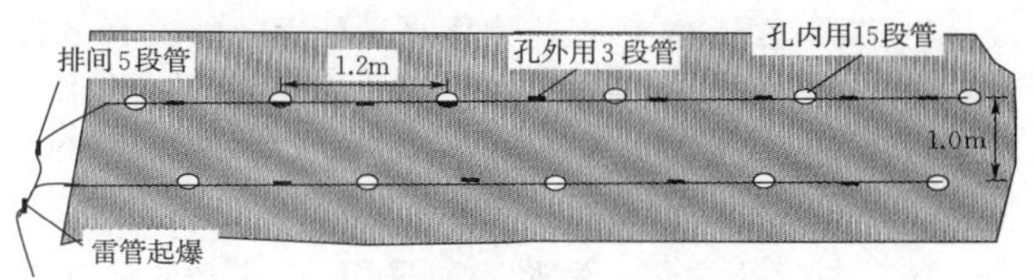

图2　浅孔爆破炮眼布置图

为了严格控制基坑变形，深基坑开挖采用“平面分区、竖向分层、先支撑后开挖”的原则进行。采用盆式开挖预留土台支撑技术，先中间后基坑周边，即在每一层土中先挖中间部分，以基坑开挖线向内收缩5000mm形成土台，每层开挖高差控制在4m以内。

四周预留土台开挖采取分段分层开挖，每层开挖深度控制在3m以内，且不大于同层锚杆下0.5～1.0m，分段长度不大于30m，相邻层段施工技术间隙时间不小于3天。并同步进行锚索、锚杆及墙面挂双层双向钢筋喷混凝土加固，而后再进行下一层的土体开挖。

盆式开挖预留土台支撑技术增大基坑开挖侧（被动区）土压力，充分运用深基坑工程的时空效应规律，可靠而合理地利用土体自身在基坑开挖过程中控制土体位移的潜力而达到控制基坑土体位移，既使基坑工程更安全经济，又使环境得到有效保护。深基坑剖面图见图3，深基坑开挖图见图4。

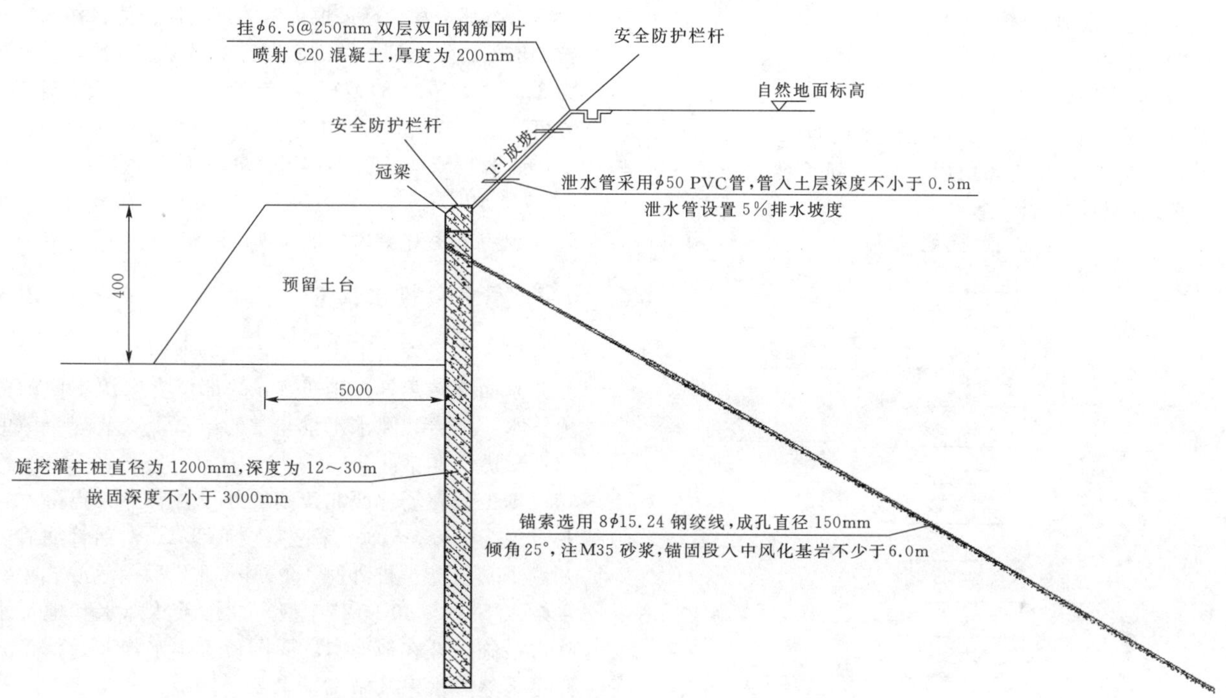

图3　深基坑剖面图

图4　深基坑开挖图

3.3　“抗滑桩＋预应力锚索＋锚杆＋挂网喷浆”联合支护技术

本工程采取“抗滑桩＋预应力锚索＋锚杆＋挂网喷浆”支护体系，其中抗滑桩有220根，锚索21413m，锚杆9852m，锚喷C20混凝土（200mm厚）13550m^2。“抗滑桩＋预应力锚索＋锚杆＋挂网喷浆”边坡联合支护技术一方面通过钻孔灌注桩来承担支护结构上的荷载，另一方面通过预应力锚索将拉力传递到稳定的土体，即锚索穿过滑动面或不稳定区深入土体深层，利用对锚索施加张拉应力，使锚固体不发生位移趋势。

3.3.1　抗滑桩旋挖施工工艺

本工程抗滑桩桩径1200mm，桩长12～30m，主筋为23ϕ32（HRB400）钢筋，箍筋均为ϕ12（HRB400）@250，竖桩水平间距为4m，嵌固段均不小于3m。因工期较紧，抗滑桩要求在短时间内完成，经研究地质、工期、环保等相关因素，决定采用旋挖机钻孔、干孔作业。施工工艺步骤如下：

（1）桩位放样、埋设护筒，放入泥浆。按照工地现场土质情况，放下一定长度的护筒。护筒直径一般应比桩径大100mm，以便钻头在孔内自由升降。

（2）旋挖机自行就位。

（3）钻头轻轻着地、旋转，开钻。以钻头自重作为钻进压力，以更好的保证桩基精度。

(4) 当钻头里装满土砂料，提升出孔外，旋挖钻机旋回，将钻头内的土砂料倾倒在土方车或地上。

(5) 关上钻头活门，旋挖钻机旋回到原位、锁上钻机旋转体。

(6) 放下钻头，继续钻进。

(7) 重复上述过程，钻进至设计孔底标高。

(8) 钻孔完成，进行沉渣处理，终孔，并测定深度。

(9) 放入钢筋笼。

(10) 放入导管。

(11) 进行混凝土灌注。

(12) 成桩。

3.3.2 预应力锚索施工工艺

设计锚孔孔径为150mm，主筋采用8束（8ϕ15.24）无黏结钢绞线，锚入破裂角内有效锚固长度8.0m。其施工工艺流程见图5。

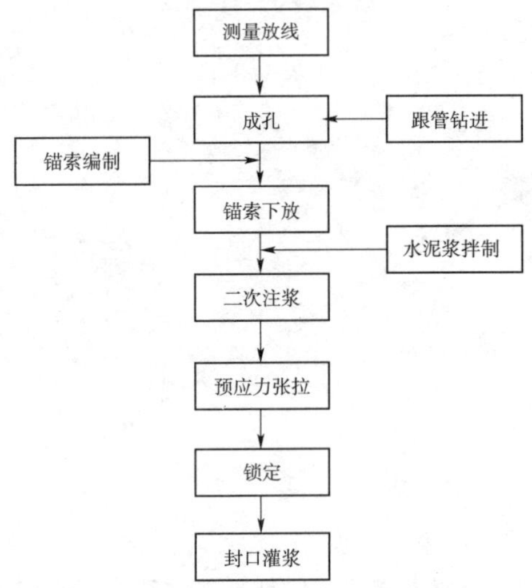

图5 锚索施工工艺流程图

(1) 成孔：采用专业履带式锚杆钻机成孔，在岩层破碎或松软饱水等易于塌缩孔和卡钻埋钻的地层中采用跟管钻进技术。孔径150mm，角度30°。钻孔直径、深度等均应满足设计要求，所钻锚孔保持孔内清洁，孔壁无污染物，以确保水泥浆体与土体的黏结强度，锚索孔水平方向误差不应大于100mm，垂直方向误差不应大于50mm，孔位偏斜度不应大于3%，钻孔深度应超过设计深度0.5～1.0m，注浆前清孔采用气压清孔。

(2) 锚索制作与安装：预应力锚索采用按ASTMA416－90a标准生产的直径15.24mm的无黏结钢绞线，钢绞线存放应严格采取防锈及化学污染措施，使用前进行外观检查，对损坏者不得使用。按设计图纸要求将钢绞线和注浆管捆扎成一束。钢绞线与注浆管之间用扩张环分离，扩张环间距为1.5m，两扩张环/紧箍环间用12#铅丝进行捆扎；端头装上导向帽，使整个内锚固段呈枣核状。组装应确保锚索体平顺，钢绞线相互平行没有交叉现象，编束好钢绞线应堆放在枕木上，枕木间距不得小于3m；锚索穿入锚孔时，应保持平顺，均匀推进，严禁旋转锚索，以防损坏索体结构。

(3) 锚索孔注浆：注浆浆液采用42.5普通硅酸盐水泥1：1配制的M30水泥砂浆，水灰比0.45，砂浆强度不小于30MPa，水泥砂浆需搅拌，随拌随用，搅拌好的水泥砂浆应在初凝前用完，当孔内浆液初凝后应及时进行二次注浆确保注浆饱满。

(4) 张拉与锁定：内锚固段灌浆达30MPa以上和垫墩混凝土的强度达30MPa以上进行锚索张拉，张拉前对张拉设备进行标定和计算每根锚索的理论伸长值，作为锚索张拉的依据。张拉时先对锚索进行单根预拉两次，单根预拉力32.5kN，隔时分级施工加荷载，直至压力表无返回现象方可锁定；若预应力损失过大，须进行整体张拉与重新锁定，锚索实测伸长值不得大于理论伸长值的10%，小于5%，锁定时钢绞线回缩量不大于5mm或荷载损失不大于5%，施工过程中要做好准确张拉记录。

3.4 管井降排水技术

根据本工程地下水情况，在场地西北角（长岭南路与北京西路转角处）地下4m的部位有来源不明的静压地下水，基岩裂隙水水量非常的丰富，受节理裂隙的影响，渗透性非常好。

本工程在场地西北角基坑外设置管井井点降水，管井直径为600mm，井深比基坑底低2m，钢管滤管，管井位于基坑支护桩外侧1500mm处。采用离心式单级潜水泵（IS100－80－125A型）抽排天然降水和地下水的降水措施，并在地面基坑周围设置排水沟和过滤池，以满足天然降水以及施工排水要求。

3.5 信息化监测技术

本基坑平均开挖深度大于10m，确定为一级基坑安全监测工程，基坑监测实施的主要技术内容：

(1) 支护结构水平位移监测：了解基坑开挖过程中基坑支护结构在各个深度上的水平位移情况，分析对基坑稳定及其周围环境的安全的影响，指导基坑开挖过程中预留土台支撑、盆式开挖方法和措施。

(2) 支护结构变形监测：给基坑开挖施工提供基坑的变形状况，判定围护结构是否稳定有效，研究灌注桩对基坑支撑稳定性的作用。

(3) 支撑轴力监测：了解基坑开挖支撑轴力大小及其变化情况，从而对维护结构安全进行分析判断，分析支撑轴力变化与围护结构变化的关系。

(4) 地面沉降监测：了解周边建筑物是否会引起不均匀沉降，沉降与地下水变化的关系。

基坑监测在施工中的遵循“动态设计，信息化施工”的原则，以及按《建筑基坑工程监测技术规范》

(GB 50497—2009) 规范进行观测，过程中及时将监测数据提交设计人员，会同设计人员共同分析监测数据，为基坑施工提供指导。如遇有特殊情况，开挖速度较快、降雨量较大时增加观测次数。基坑变形的监控值按表2执行，基坑支护结构顶部水平位移监测数据日报表见图6。

基坑支护结构顶部水平位移监测日报表

工程名称：红星利尔广场基坑支护检测工程　　监测日期：2013年7月3日

监测项目：水平位移监测　监测仪器：索佳CX-101电子全站仪　仪器编号：SX20141108-01　　监测次数：第 10 次

点号	上次位移值/mm	本次位移值/mm	累计位移值/mm	本次变化速率/(mm/d)	备注
WY1					暂不具备布设条件
WY2					暂不具备布设条件
WY3		0.00	0.00	0.00	首次监测
WY4		0.00	0.00	0.00	首次监测
WY5		0.00	0.00	0.00	首次监测
WY6		0.00	0.00	0.00	首次监测
WY7		0.00	0.00	0.00	首次监测
WY8		0.00	0.00	0.00	首次监测
WY9		0.00	0.00	0.00	首次监测
WY10		0.00	0.00	0.00	首次监测
WY11	0.00	0.47	0.47	0.12	
WY12	0.00	0.52	0.52	0.13	
WY13	0.00	0.16	0.16	0.04	
WY14	0.00	0.39	0.39	0.10	
WY15	0.00	0.31	0.31	0.08	
WY16	0.81	0.18	0.59	0.05	
WY17	−0.25	0.25	0.72	0.06	
WY18	0.27	−0.22	0.38	−0.06	
WY19	0.71	−0.46	0.44	−0.12	
WY20	0.52	0.21	0.58	0.05	
WY21	−0.12	0.20	0.32	0.05	
WY22	−0.07	−0.18	0.32	−0.05	
WY23					暂不具备布设条件
WY24	2.42	3.66	11.74	0.92	
WY25	4.16	3.58	28.01	0.90	
WY26	3.34	2.27	9.73	0.57	
WY27	0.46	−0.91	37.41	−0.23	
WY28		0.00	0.00	0.00	首次监测
WY29					暂不具备布设条件
WY30					暂不具备布设条件
WY31					暂不具备布设条件
WY32					暂不具备布设条件
WY33					暂不具备布设条件
WY34					暂不具备布设条件
WY35					暂不具备布设条件
说明	1. "+"值往基坑内偏移，"−"值为往基坑外偏移； 2. 备注中没有注明测点"被压、被毁、被损"的，该测点埋设状况均为良好； 3. 备注中没有注明"超限"状况的，该测点数据均属正常。				

观点：肖美文　计算：肖美文　复核：陈进博　监测单位：贵州岩土工程勘察有限公司

图6　基坑支护结构顶部水平位移监测数据日报表

表 2　　支护结构位移允许值表　　单位：mm

基坑类型	支护结构水平位移监控值	累积位移预警值	地面沉降监控值	昼夜位移速率
一级	30	15	30	3

当日监测的简要分析与判断性结论，本次监测，各项监测数据处于设计安全范围内。

4　安全控制

（1）基坑土方开挖前查明场地范围的地下管线、地下建（构）筑物情况。

（2）基坑开挖自上而下进行，采取平面分段、竖向分层进行流水作业。基坑开挖与支护分层进行，上层支护完毕后，支护结构达到设计强度后，方进入下一层的开挖，分层开挖深度不大于 4m。

（3）凡开挖出来的土方随挖随运走，严禁堆放在基坑顶周边，挖土时不允许碰撞或损伤工程桩、支护结构。

（4）基坑周边严禁超堆荷载，3m 内不得堆载，3m 外堆载不得超过 20kPa。

（5）配合第三方监测单位实施监测并作好施工监测，随时掌握工程监测情况，当监测值达预报警值时，即时向设计、监理、业主通报，并会同设计人员共同分析监测数据，讨论调整施工方案，提出加固措施。

（6）基坑周边顶部进行硬地化处理，做好基坑周边雨水截流，防止地表水流进基坑。

（7）当基坑支护结构变形超过允许值或有失稳前兆时，立即停止施工，将作业人员撤离现场；如变形过大明显倾斜，先进行回填反压处理。

5　社会与技术效益

5.1　社会生态效益

（1）深大基坑关键技术的实践研究，及时掌握了支护结构变位和周围环境条件的变化，减少了对社会、生态环境影响。

（2）通过信息化监测也清楚地了解了基坑监测对基坑施工安全的影响，积累了一些施工监测技术、人才，也积累了一些传统监测数据以及相关资料，为公司危大工程管理积累了宝贵的经验。

5.2　经济效益

（1）对基坑监测数据进行分析，可对深基坑施工进行适时指导，以便设计、施工人员及时采取措施确保基坑安全和稳定，提高企业的经济效益。

（2）提高了基坑监测监控效率，减少了事故发生的可能性，保障了施工进度。

6　结语

红星利尔深大基坑工程通过对“浅孔微差控制爆破技术”“抗滑桩＋预应力锚索＋锚杆＋挂网喷浆”“基坑循环水零排放利用技术”“盆式开挖方法”“信息化监测技术”等方法、技术的实践与研究，缩短了工期、降低了成本，也为公司深基坑施工技术多元化发展积累了经验，提炼了先进技术工艺，培育了人才队伍，实现了质量上乘、安全可靠、经济高效、绿色施工的工作目标。

参考文献

[1] 沈亮，杨大龙．基于钻孔灌注桩设计技术的深基坑支护结构分析 [J]．科技创新与应用，2013 (32).

[2] 张琍．浅谈建筑工程基坑支护施工技术要点 [J]．科技创新与应用，2013 (32).

[3] 李文厚．深基坑支护施工技术及稳定性分析 [J]．企业技术开发，2013 (17).

[4] 张琍．浅谈建筑工程基坑支护施工技术要点 [J]．科技创新与应用，2013 (32).

[5] 龙莉波．大型深基坑逆作法施工关键技术研究 [J]．地基基础，2014 (6).

贵广铁路路基过渡段施工方案

陈希刚/中国电建市政建设集团有限公司

【摘　要】 路基过渡段是路基与结构物等衔接时需特殊处理的地段，是路基不均匀沉降控制的关键部位。本文通过讲述贵广铁路路基过渡段的施工方案，总结了路基过渡段施工时的关键控制指标，松铺系数、压实系数、碾压遍数等参数，为指导路基过渡段施工提供了宝贵经验。

【关键词】 路基过渡段　松铺系数　压实系数　压实遍数

1　工程概况

新建贵州至广州铁路起讫里程为：DK746＋759.4～DK763＋574，正线全长 16.328km。沿线广泛分布软土、松软土等地质情况。路桥、路涵、连接处设置级配碎石过渡段，结合中国电建市政建设集团有限公司多年的路基填筑施工经验，选取（DK757＋397～DK757＋417）路桥过渡段进行级配碎石填筑方案。

2　施工人员及机械设备

2.1　人员配置

试验段施工现场设施工总负责 1 名，技术负责 1 名，技术员 2 名，质检工程师 1 名，测量人员 4 名，试验人员 2 名，作业人员 15 名。

2.2　主要施工机械配置

挖掘机、装载机、振动压路机、洒水车、推土机、拌合站、冲击夯等。

2.3　主要试验仪器

有全站仪、水准仪、K_{30}平板载荷仪、动态变形模量（Evd）等。

3　过渡段施工工艺

3.1　施工工艺流程

路基过渡段级配碎石填筑采用分层填筑施工，施工前对路基中心线、路基边线等进行测量放样，并用木桩或白灰标出。图 1 为过渡段施工工艺流程。

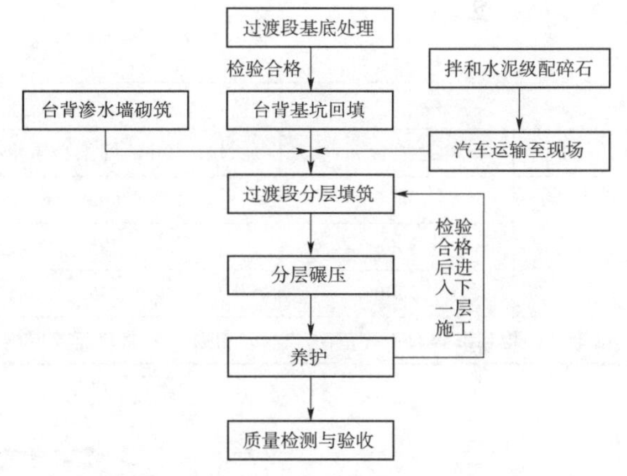

图 1　过渡段施工工艺流程

卸料区按照自卸车的容量，用白灰画出网格，由专人指挥卸料。填料采用推土机摊铺、粗平，凹坑和边角地区采用人工修整，以保证压路机碾压轮表面能基本均匀接触层面进行碾压，达到最佳的碾压效果。

3.2　基底处理

根据设计图纸先对过渡段路堤范围内进行清表整平，用小型人工夯碾压密实后使地基系数 $K_{30} \geq$ 60MPa/m。

3.3　测量工作

根据设计单位的提供的测量资料进行施工复测，加密水准点，施工前测量路基横断面，施工前对路基中心线、路基边线等进行测量放样，放样时填筑边线考虑超宽 50cm，并用木桩和白灰标出。

3.4 取土场选择和室内试验

过渡段级配碎石质量控制指标的实测试验数据见表1和图2。

料源取自大旺恒运石料厂生产的碎石经试验确定：最佳含水量为6.4%，最大干密度为2.23g/cm³。

表1 级配碎石质量控制指标

试验项目	标准规定值	试验结果
针片状颗粒总含量 ω_P/%	≤20	13.8
黏土团及有机物含量 ω_n/%	—	—
综合颗粒密度 ρ_{Sm}/(kg/m³)	—	2.68

颗粒级配

筛孔尺寸/mm	45	25	16	7.1	1.7	0.5	0.1	0.075	散失
标准规定通过率/%	100	82～100	67～91	41～75	13～46	7～32	0～11	0～7	—
实测通过率/%	100	95	80	55	26	16	2	2	0
最大粒径/mm	45								

检测评定依据	试验结论
检测评定依据： 《铁路工程土工试验规程》(TB 10102—2010)； 《铁路路基设计规范》(TB 10001—2005)； 《高速铁路路基工程施工质量验收标准》(TB 10751—2010)； 《客运专线基床表层级配碎石暂行技术条件》	试验结论： 依据《高速铁路路基工程施工质量验收标准》(TB 10751—2010) 和《客运专线基床表层级配碎石暂行技术条件》，该路基级配碎石填料满足标准及设计要求。 掺配比例： (16.0～31.5)mm∶(5.0～16.0)mm∶(0～5.0)mm＝40%∶20%∶40%

压碎值

试样编号	试样总质量 m_0/g	通过2.36mm筛细料质量 m_1/g	压碎值测值 Q'_a/%	压碎值平均值 Q'_a/%	备注
—	2596	402	15.5	15.4	
	2596	398	15.3		
	2596	399	15.4		

结论：经检测该碎石压碎值15.4%，符合《公路路面基层施工技术规范》(JTJ 034—2000) 碎石压碎值标准要求

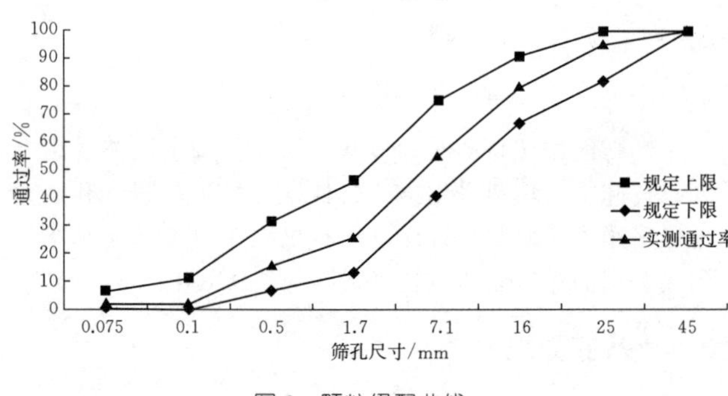

图2 颗粒级配曲线

(1) 在粒径大于16mm的粒颗粒中带有破碎面的颗粒所占的质量百分率不少于30%。

(2) 粒径大于1.7mm的集料的洛杉矶磨耗不大于50%。

(3) 粒径大于1.7mm的集料的硫酸钠溶液浸泡损失率不大于12%。

(4) 粒径小于0.5mm的细集料的液限不大于25%，其塑性指数小于6%。

(5) 黏土团及其他杂质含量的质量百分率小于等到于0.5%。

经坚固性试验，硫酸钠溶液浸泡损失率为5.0%；经磨耗试验，洛杉矶磨耗率为16.3%；石粉液限为20.4%，塑性指数为5.8%。各种规格集料均满足相应的标准。

3.5 卸料控制

填筑前首先放出线路中桩和填筑边线，每10m钉出边线桩，为保证路基边缘的压实度，填筑边线比设计边线每边宽出50cm，填土区按自卸汽车方量和松铺厚度计算，根据运输车辆的装载量和松铺厚度，在测量放出填筑边线后，用白灰画出方格网，结合梯形台柱进行松铺厚度的控制。

3.6 摊铺整平

摊铺时根据每隔10m设置的边桩，利用边桩进行填筑边线控制，松铺厚度利用边线及中线的高度控制桩和梯形台柱进行控制，先用推土机初平，并逐步形成横向

坡度，局部凹坑和边角地区采用人工修整、整形后，用铁锹挖坑检查填料的松铺厚度。

3.7 填料的碾压遍数及松铺系数确定

3.7.1 碾压、检测

碾压前通过试验确定填料的最佳含水率、最大干密度、颗粒密度，碾压采用20t振动压路机进行，按照先路基两侧后中间的顺序进行，压路机的最大时速不超过2km/h，各区段交接处互相重叠压实，纵向搭接长度不小于2m，上下两层填筑接头错开不小于3m，相邻两行碾压轮迹重叠不小于40cm，两边超宽部分一并进行压实。大型压路机碾压不到的部位及在台后2.0m的范围内用小型振动夯进行人工夯实。碾压试验结果如下：

(1) 台后2.0m范围内。

1) 第一层（松铺厚度17cm）：

用小型振动夯进行人工夯实3遍，开始检测，孔隙率n平均为27.4%，含水率为6.3%，部分孔隙率不符合要求，第4遍完成后，孔隙率n平均为22.3%，含水率为6.1%，符合规范要求。

压实遍数为人工夯实4遍。

2) 第二层（松铺厚度17cm）：

用小型振动夯进行人工夯实3遍，孔隙率n平均为26.1%，动态变形模量Evd平均为47.8MPa，含水率为6.3%，部分孔隙率n及动态变形模量Evd不符合要求，第4遍完成后，孔隙率n平均为23.7%，动态变形模量Evd平均为59.3MPa，含水率为6.0%，符合规范要求。

压实遍数为人工夯实4遍。

3) 第三层（松铺厚度17cm）：

用小型振动夯进行人工夯实3遍，开始检测，孔隙率n平均为27.2%，含水率为6.6%，部分孔隙率不符合要求，第4遍完成后，孔隙率n平均为24.3%，含水率为6.2%，符合规范要求。

压实遍数为人工夯实4遍。

4) 第四层（松铺厚度17cm）：

用小型振动夯进行人工夯实3遍，孔隙率n平均为21.7%，动态变形模量Evd平均为49.1MPa，地基系数K_{30}平均为148MPa/m，含水率为6.4%，部分动态变形模量Evd及地基系数K_{30}不符合要求，第4遍完成后，孔隙率n平均为20.6%，动态变形模量Evd平均为56.5MPa，地基系数K_{30}平均为160MPa/m，含水率为6.4%，符合规范要求。

压实遍数为人工夯实4遍。

(2) 台后2.0m范围外。

1) 第一层（松铺厚度29cm）：

先进行静压1遍、弱振1遍，然后再强振2遍完成后，开始检测，孔隙率n平均为25.3%，动态变形模量Evd平均为49.8MPa，含水率为6.3%，部分孔隙率n及动态变形模量Evd不符合要求，第3遍强振完成后，孔隙率n平均为21.5%，动态变形模量Evd平均为54.2MPa，含水率为6.2%，符合规范要求，第6遍静压收面。

压实遍数组合为静压1遍，弱振1遍，强振3遍，静压1遍。

2) 第二层（松铺厚度31cm）：

先进行静压1遍、弱振2遍，然后再强振2遍完成后，开始检测，孔隙率n平均为24.6%，动态变形模量Evd平均为51.5MPa，地基系数K_{30}平均为152MPa/m，含水率为6.1%，部分孔隙率、动态变形模量Evd及地基系数K_{30}不符合要求，第3遍强振完成后，孔隙率n平均为23.1%，动态变形模量Evd平均为55.6MPa，地基系数K_{30}平均为162MPa/m，含水率为6.3%，符合规范要求，第7遍静压收面。

压实遍数组合为静压1遍，弱振1遍，强振3遍，静压1遍。

3) 第三层（松铺厚度33cm）：

先进行静压1遍、弱振2遍，然后再强振2遍完成后，开始检测，孔隙率n平均为22.7%，动态变形模量Evd平均为48.7MPa，地基系数K_{30}平均为147MPa/m，含水率为6.2%，部分动态变形模量Evd及地基系数K_{30}不符合要求，第3遍强振完成后，孔隙率n平均为21.6%，动态变形模量Evd平均为56MPa，地基系数K_{30}平均为158MPa/m，含水率为6.3%，符合规范要求，第7遍静压收面。

压实遍数组合为静压1遍，弱振2遍，强振3遍，静压1遍。

3.7.2 松铺系数确定

摊铺时利用梯形台柱对松铺厚度进行控制，摊铺后由监理现场进行见证，采用铁锹挖坑的方式量测松铺厚度，碾压完成后，在原土面定点挖坑，测量压实厚度，同时利用测量仪器检查压实后的填筑高程，对压实厚度进行校核。根据松铺厚度和压实厚度计算出填料的松铺系数。

(1) 台后2.0m范围内级配碎石，平均松铺系数为1.13。

(2) 台后2.0m范围外级配碎石，平均松铺系数为1.11。

(3) 最优含水量控制。

级配碎石拌合料用级配碎石拌和设备在拌和站集中进行拌制，拌合料拌制均匀，按设计配合比在级配碎石拌和站内拌制级配碎石混合料，含水量通过计算加以控制，以每天填筑用料为一验收批进行级配和含水量检测，并根据施工时的天气进行调整，确保碾压前含水量达到或稍高于最佳含水量的0.5%～1.0%。

4 沉降观测元件

4.1 单点沉降计及边桩埋设

地基处理检测合格后，按设计要求分别在 DK757+398、DK757+407 及 DK757+427 线路中心上布设监测断面，埋设单点沉降计，路堤坡脚外 2m 埋设边桩，单点沉降计底部锚头均入岩 50cm，观测电缆经挖槽后引至路堤左边坡脚外 2m，观测头用混凝土砌筑观测箱进行保护。路基填筑过程中，及时进行沉降观测，保证在观测过程中时时监控。

(1) 钻孔：在线路的中心处测点位置，进行测量放样后进行钻孔，孔径 108mm，钻孔至入岩 500mm。

(2) 探孔：首先用等径接头连接好锚头与测杆，将接好锚头的测杆缓慢放入已钻好的钻孔内（锚头朝下，测杆朝上）。用等径接头加长测杆，直至锚头下放到孔底。

(3) 安装沉降计：沉降盘安装在地基基础面以下 10～20cm，确定好所需测杆后，将锚头、测杆与沉降主体连接好，安装至孔内，锚头与基岩直接接触。

(4) 注浆：将注浆管直插到孔底，通过注浆管，利用灌浆泵进行注浆。

(5) 安装法兰沉降盘：在注浆后，拉伸沉降计主体至满量程，用沉降计的包装泡膜封住孔口，在沉降计安装孔上部挖一个 ϕ400 的孔，取出堵孔的泡膜，安装好法兰沉降盘，并用测试仪对单点沉降计进行测试，确保单点沉降计初装位移值在 170～180mm 之间。

(6) 装好单点沉降计后，将传输电缆套上 ϕ20 PVC 钢丝波纹管进行保护，挖设布线槽，将观测电缆引出路基外 2m 至混凝土砌筑观测箱，并注意使钢丝波纹管及导线适当松弛。观测箱净尺寸为 30cm×30cm。

(7) 灌沙：单点沉降计安装好，待水泥浆沉淀 2h 后，往孔内灌沙回填，以防止安装孔塌孔而影响测试数据。灌沙时应缓慢灌注，以防堵孔，灌沙至法兰沉降盘以下 10cm 处，用竹竿或钢管将沙稍微夯实，再用混凝土填实至法兰沉降盘，法兰沉降盘上部用中粗沙回填至地基面。

4.2 沉降板埋设

在 DK757+407.63 处设置 B-2 型监测断面，埋设沉降板。沉降板埋在褥垫层顶部并嵌入其内 10cm，底部找平，保持测杆铅垂，用填料回填密实，测杆外部套保护套管，保护套管应略低于测杆。上口加盖封住管口，随着路基填筑施工逐渐接高沉降板测杆和保护套管。沉降观测数据见表 2。

表 2 沉降观测数据

两次观测间隔	累计天数	本次高程/m	接管前高程/m	接管后高程/m	接管长度/m	本次沉降/mm	累计沉降/mm	沉降速率/(mm/d)	施工阶段	备注
0	0	11.4568	—	—	—	0	0	0	填筑 0.26m	
2	2	11.9576	11.45693	11.95741	0.5008	0	0	0	填筑 0.82m	
4	6	11.9573	—	—	—	0.3	0.3	0.07	填筑 1.08m	
3	9	11.9569	—	—	—	0.4	0.6	0.13	填筑 1.08m	
6	15	11.9573	—	—	—	−0.4	0.3	−0.06	填筑 1.08m	
8	23	11.9571	—	—	—	0.2	0.5	0.03	填筑 1.08m	
7	30	11.9569	—	—	—	0.2	0.7	0.03	填筑完成	
17	47	15.0989	11.95647	15.09874	3.1420	0	0.7	0	堆载 3m	
14	61	15.0982	—	—	—	0.7	1.4	0.05	堆载完成	
8	69	15.0978	—	—	—	0.4	1.8	0.05		
8	77	15.0974	—	—	—	0.4	2.2	0.05		
7	84	15.0975	—	—	—	−0.1	2.1	−0.02		
7	91	15.0976	—	—	—	−0.1	2.0	−0.02		
14	105	15.0975	—	—	—	0.2	2.1	0.01		
14	119	15.0972	—	—	—	0.3	2.4	0.02		
14	133	15.0977	—	—	—	−0.4	2.0	−0.03		
14	147	15.0974	—	—	—	0.3	2.3	0.02		
14	161	15.0970	—	—	—	0.3	2.6	0.02		

续表

两次观测间隔	累计天数	本次高程/m	接管前高程/m	接管后高程/m	接管长度/m	本次沉降/mm	累计沉降/mm	沉降速率/(mm/d)	施工阶段	备注
13	174	15.0973	—	—	—	−0.2	2.3	−0.02		
14	188	15.0973	—	—	—	0	2.3	0		
14	202	15.0973	—	—	—	0	2.3	0		
15	217	15.0973	—	—	—	0	2.3	0		
14	231	15.0971	—	—	—	0.2	2.5	0.01		
14	245	15.0974	—	—	—	−0.3	2.2	−0.02		
13	258	15.0973	—	—	—	0.2	2.4	0.01		
14	272	15.0974	—	—	—	−0.2	2.2	−0.01		
16	288	15.0974	—	—	—	0	2.2	0		
10	298	15.0974	—	—	—	0	2.3	0		
19	317	15.0974	—	—	—	0	2.2	0		

经实验数据检测，符合设计沉降量。

5 试验数据分析

根据《高速铁路路基工程施工质量验收标准》（TB 10751—2010）的要求，每压实层抽样检验孔隙率 n 各 3 点，其中距路基两侧填筑级配碎石边线 1m 处左、右各 1 点，路基中部 1 点；每填高约 30cm 抽样检验动态变形模量 Evd 3 点，其中 1 点必须靠近桥台或横向结构物边缘处；每填高约 60cm 抽样检验地基系数 K_{30} 2 点，其中距路基两侧填筑级配碎石边线 2m 处 1 点，路基中部 1 点。

5.1 台后 2m 范围内级配碎石

第四层松铺 17cm 时，碾压至第 3 遍，部分不能满足过渡段级配碎石填层压实标准要求；碾压至第 4 遍，满足过渡段级配碎石填层压实标准要求。

根据试验记录得台后 2.0m 范围内级配碎石压实后，抽出其中最不利数据的一组统计分析，得出碾压遍数与孔隙率 n 值、地基系数 K_{30} 值及动态变形模量 Evd 的变化关系，可知地基系数 K_{30} 及动态变形模量 Evd 的参数随碾压遍数的增加而增大；孔隙率 n 值的参数随碾压遍数的增加而减小。只有在第 4 遍时，孔隙率 n 值、Evd 及 K_{30} 满足规范要求，所以可判定该层碾压遍数为第 4 遍，填层压实质量可满足规范要求。

5.2 台后 2.0m 范围外

第三层松铺 33cm 时，碾压至第 5 遍部分试验数据不能满足过渡段级配碎石填层压实标准要求；碾压至第 6 遍满足过渡段级配碎石填层压实标准的要求。

根据试验记录得台后 2.0m 范围外级配碎石第三层压实后，抽出其中最不利数据的一组统计分析，得出碾压遍数与孔隙率 n 值、地基系数 K_{30} 值及动态变形模量 Evd 的变化关系，可知地基系数 K_{30} 及动态变形模量 Evd 的参数随碾压遍数的增加而增大；孔隙率 n 值的参数随碾压遍数的增加而减小。只有在第 6 遍时，孔隙率 n 值、Evd 及 K_{30} 满足规范要求，所以可判定该层碾压遍数为第 6 遍，即强振 3 遍时，填层压实质量可满足规范要求。

6 试验结论

从试验段施工及检测结果可以确定：台后 2.0m 范围内采用小型振动夯时，碾压 4 遍，填料松铺系数 1.13，松铺厚度 17cm；台后 2.0m 范围外采用 20t 压路机碾压 7 遍（静压 1 遍，弱振 2 遍，强振 3 遍，再静压 1 遍收面），压路机行走速度控制在 3～4km/h，填料松铺系数 1.10，松铺厚度 33cm，填料的含水率 6.0%～6.4%，最大干密度为 2.23g/cm³，填料的颗粒密度为 2.63g/cm³，填料各项压实指标全部合格，回填满足设计要求。

浅谈土压盾构低瓦斯隧道施工防控措施

李　晨/中国电建集团铁路建设有限公司

【摘　要】目前在富含油气田地区采用盾构施工低瓦斯隧道的案例已经越来越多，技术也逐渐成熟，本文将以某土压盾构在低瓦斯地层的掘进进行论述，并就相关的瓦斯勘察、监控、检测、盾构施工技术管控等进行探讨，为今后类似工程的施工提供一定的指引和帮助。

【关键词】土压盾构低瓦斯隧道　瓦斯监控　盾构施工技术管控

随着我国城市轨道交通的快速发展，在一些富含油气田地区也开始逐步采用盾构法施工地下隧道，鉴于瓦斯对隧道施工巨大的危害性，因此如何制定相关的防控措施，确保盾构施工安全就成为了必须要面对的一个现实课题。

由于盾构施工的特殊性，其主要位于一个封闭的作业空间，与矿山法施工有较大的区别，因此低瓦斯隧道盾构施工防控措施与其既有共通性，也有一定的特殊性。主要表现在低瓦斯隧道盾构施工遵循“检测先行、封闭为主、通风为辅”的原则，与矿山法施工的“通风为主”有一定的区别。

本文将对土压盾构低瓦斯隧道施工进行相关的阐述，探求一种有效的瓦斯防控措施，为低瓦斯地层盾构法施工提供一定的借鉴。

1　工程概况

1.1　设计概况

本区间为天然气危害低区，采用土压盾构掘进施工。其右线长度 1294.033m，左线长度为 1307.806m。区间两侧主要为农田、林地，山头较多，地形起伏较大。盾构区间隧道最小纵坡坡度为 28.303‰，最大纵坡坡度为 32‰。线路最大隧顶埋深约 36m，最小隧顶埋深约 6m，最小平面曲线半径 500m。隧道内径 7500mm，隧道外径 8300mm，管片厚度 400mm，管片宽度 1800mm。采用圆形装配式钢筋混凝土管片单层衬砌，其混凝土强度等级 C50、抗渗等级 P12。每环管片采用 7 块方案，由 1 块封顶块管片、4 块标准块管片与 2 块邻接块管片组成。设计采用了左、右转弯楔形环，通过与标准环的组合来达到满足曲线地段线路拟合及施工纠偏的需要。楔形环楔形量 40mm，为双面楔型式，衬砌环采用纵向螺栓 19 根、环缝螺栓 14 根连接。

1.2　工程地质

本区间隧道主要穿越（5-1-3）中风化泥岩，其呈紫红色，中厚层状，泥质结构，泥质胶结。岩芯多呈柱状，少量呈碎块状，局部夹有石膏线。岩质较软，节理裂隙发育，锤击易碎，部分地段软弱夹层或差异风化明显，易风化，遇水易软化。隧道局部穿越中风化砂岩，砂土、卵石土仅在局部场地分布，层厚较小。

本地区大气降水、沟渠和河流为孔隙水的主要补给源。基岩裂隙水富存于白垩系下统天马山组-侏罗系上统蓬莱镇组泥岩、砂岩的风化带裂隙中，含水层透水性及富水性差，水量贫乏。地下水对混凝土及钢筋混凝土结构有微腐蚀性，对钢结构具微腐蚀性，对地下工程施工基本无影响。

2　瓦斯地层施工技术依据

目前国内尚无专用的瓦斯地层城市轨道交通施工规范，因此主要参考铁路及煤矿行业的规定对瓦斯监测、瓦斯隧道通风、低瓦斯隧道盾构掘进施工进行管控，主要使用以下几种标准：《铁路瓦斯隧道技术规范》（TB 10120—2002）及 2009 年局部修订版；煤矿安全规程（2016 年版）；《防治煤与瓦斯突出规定》（2013 年修订版）；《爆破安全规程》（GB 6722—2014）；《矿井通风安全装备标准》（MT/T 5016—96）；《矿井通风安全监测装备使用管理规定》。

3　瓦斯监控

首先通过地勘了解盾构穿越区间的地层瓦斯分布情

况，特别是对瓦斯的成因、成分、埋设深度、储量、浓度、压力等进行详细的探查，以便有针对性地制定相应的瓦斯监测和防控措施，对于一些高风险地段应加密勘探孔的布设。其次采用现代化的设备对隧道进行全天候的自动化监测，随时随地监测隧道内的瓦斯浓度，同时通过人工定时检测对瓦斯浓度进行监控。

3.1 瓦斯自动监控系统

瓦斯自动监控系统使用KJ90NA自动监控系统，其探头悬挂位置为能够反映隧道中瓦斯最高浓度处，此外在盾构机内的各个组成部分及后配套台车上也广泛布设。监控设备在检测到瓦斯浓度不小于0.3%时报警，隧道自动报警系统为声、光连动形式，瓦斯浓度不小于0.5%时切断电源实施瓦电闭锁。

KJ90NA系统主要由三部分组成。

地面中心站主要用于设置、实时显示并存储隧道的环境参数。由监控主机、系统软件、数据传输接口和其他计算机周边设备组成，并包含防雷设备。隧道分站主要是为传感器提供电源和接收传感器数据，并把数据通过通讯线路传输到地面主机。传感器及控制器主要是采集隧道的环境参数，传感器的种类比较多，如CH_4、CO、H_2S、风速、风压、温度、开停、馈电等。控制器是系统断电的执行器，在异常情况下接收分站发来的断电信号，切断隧道的工作电源，防止意外事故的发生。

3.2 人工检测

人工检测采用便携式瓦斯检测报警仪和光干涉甲烷测定仪。光干涉甲烷测定仪由专职瓦斯检测员使用，带班作业人员及安检员、工班长进洞随身携带便携式瓦检仪。项目经理部定期不定期对瓦斯检测人员进行考核，杜绝“漏检”“假检”和“少检”，确保瓦斯浓度记录真实、准确。

瓦斯人工检测地点及范围主要为隧道顶部、盾构机内回风处、隅角、回风流等瓦斯易聚集部位，以及盾构机的人闸、螺旋输送机出口、盾尾、桥架、台车顶部等各部位。各检测点每班瓦斯检测频次不少于3次；对各种通风死角每班进洞检测1次，对瓦斯浓度超过0.3%的地段，必须加强检测，瓦斯浓度的测定应在隧道风流的上部。

4 瓦斯隧道通风

瓦斯隧道内通风采用压入方式，电源及通风系统均设有备用。通风机必须装设在洞外，避免污风循环；当其中一套停用时另外一套能够即时启用。通风机电源同样设有两路，并装设风电闭锁装置，当一路电源停止供电时，另一路应在10min内接通，保证风机正常运转，其电源线上不得分接隧道以外的任何负载。

瓦斯隧道洞内风速不小于0.5m/s，防止瓦斯积聚的风速不得小于1m/s。在施工期期间通风系统必须保证隧道24h连续不间断通风，风量、风压必须满足设计要求，不得随意停风。

对易形成瓦斯聚积的部位必须采取局部通风，选择合适部位安装射流风机引导回风将瓦斯排出隧道。正常工作的局部通风机必须采用三专（专用开关、专用电缆、专用变压器）供电，当停风区中瓦斯浓度不超过1%时，并在压入式局部通风机及其开关地点附近20m以内风流中的瓦斯浓度均不超过0.5%时，方可人工开动通风机。

对于盾构机内部、尾架及台车上方应安装防爆局扇，当采用局扇通风时，由于局扇或供电故障造成局扇停风时，在恢复局扇通风前，必须检查瓦斯浓度，证实工作面附近20m范围内的CH_4浓度不超过1%，且局扇及其开关附近10m风流中，CH_4浓度不超过0.5%时，方可启动局扇通风。否则，必须先采取相应排除瓦斯的安全措施。

5 电气及施工机械设备选用

盾构机及隧道内的电气和机械设备全部选用防爆系列，同时整个区间的供电、照明、通信、信号、通风等系统应具备防爆性能，并选择阻燃电缆、防爆连接件等。

（1）施工机械的选用：隧道内的盾构机和施工机具其电气部分需满足《煤矿安全规程》内所要求的防爆性能。同时其设备和机械部分也同时使用防爆型。

（2）供电、照明、通信、信号、通风等系统的选用：供电设备的开关、变压器、接线盒等设备防爆参数满足煤矿机电设备所规定的性能。隧道内敷设的各种电缆必须使用铠装型、不延燃橡套型或者矿用塑料型，电缆芯采用铜芯，同时其敷设方式应满足规定。

电缆与电气设备连接使用防爆接线盒，部分高压纸绝缘电缆接线盒灌注绝缘充填物。电缆芯线使用线鼻子或齿形压线板与电气设备连接。照明灯具采用同样采用防爆照明灯具或者使用矿灯。

对所有电气设备都进行接地且电阻值应小于2Ω。特别是为了防止雷电引起隧道内部瓦斯爆炸，引入隧道的供电线路、轨道、通信、信号、水管、风管等各种管路应在洞口处设置防雷装置，其接地数量不应少于两处，其中通信线路尚应在洞口处装设熔断器。

6 低瓦斯隧道土压盾构施工技术管控措施

低瓦斯隧道盾构掘进主要对以下方面进行控制：同步及二次注浆、掘进速度、螺旋输送机出渣时间和数量、出渣运输的组织等。

(1) 同步及二次注浆参数的确定：通过选择合适的注浆参数对管片接缝及其背后的空隙进行填充，同时避免压力过大导致管片变形或击穿盾尾刷，压力过小则导致管片背后地层未封闭，防止瓦斯通过缝隙泄入隧道。总体来看注浆压力必须小于盾构尾刷所能承受的设计压力值，一般不大于0.4MPa为宜。

(2) 盾构掘进参数的确定：根据地层及瓦斯赋存情况选用合适的推力、扭矩、掘进速度、出渣量等掘进参数，确保掘进速度和瓦斯排除之间的一个平衡。避免推进过快导致土仓内瓦斯聚集无法及时排除引发爆炸，推进过慢则会导致功效指标下降，造成浪费。整体来说瓦斯地段掘进速度应设置为正常地段90%～95%之间。

(3) 渣土改良：对掌子面渣土进行改良、控制，根据不同的地层注入膨润土、泡沫或高分子聚合物添加剂，提高渣土的和易性及流动性，减少渣土的透气性能。确保掘金时土仓及螺旋输送器内的密封性，减少瓦斯从土仓内泄入隧道的可能性。同时控制螺旋输送器的出土速度，形成土塞以便进一步提高螺旋输送机的密封性。

(4) 盾尾姿态控制：对掘进姿态加强控制，确保盾尾间隙保持均匀，避免一侧间隙过大导致盾尾密封失效导致瓦斯进行盾尾内部；同时增加盾尾油脂的注入量，减少盾尾刷的磨损值防止盾尾间隙过大引发瓦斯涌入隧道，注入量应为正常地段2倍为宜。

(5) 管片拼装质量的控制：加强管片拼装质量的控制。盾尾及管片接缝处是瓦斯泄入的主要通道，因此必须提高管片拼装质量，严控管片拼装错缝、错台，避免管片及止水条的损坏，防止瓦斯进入隧道。

(6) 土方运输的管理：最后需要加强土方运输的管理，部分瓦斯不可避免地会带入渣土内，因此为减少渣土的暴露和运输时间，尽可能避免瓦斯气体在隧道内停留和泄露，将原先的每环出土一次改为每环出土两次，并对渣土表面进行覆盖，防止瓦斯的泄露。

7 结语

(1) 本次土压盾构所施工的隧道顺利穿越瓦斯地层，在整个施工期间对盾构机人闸、中盾顶部油缸、盾尾内管片顶部、螺旋机出渣口、射流风机顶部、5号台车下部、台车范围内每20m一个断面（主要断面上半部）、成型隧道顶部每50m等位置进行了瓦斯检测，其中CO_2、CO与O_2每作业班检查三次，CH_4、H_2S每两小时检查一次，异常情况下加频检测。从检测数据结果来看，CO_2、CO、H_2S浓度基本为0%，CH_4浓度在0～0.03%之间，O_2浓度在20.4%～20.9%之间，各项数据均未超允许值。由此可见施工前所制定的瓦斯监测、隧道通风、设备改造等方案可行，其满足施工需要。

(2) 从目前低瓦斯隧道土压盾构施工现状来看，前期勘察的准确性对土压盾构的安全快速施工具有极大的促进作用，但矿山法施工普遍采用且有效使用的超前地质预报受环境和工艺所限在盾构施工中无法应用，因此开发一种能够在盾构机内狭小空间内快速使用的超前地质预报方法是当务之急，且其应具备发现一些低浓度、低压力的瓦斯分布带的能力，促进瓦斯地层盾构施工的安全。

(3) 由于盾构管片缝隙也是瓦斯泄露的一条主要路径，因此除了加强管片拼装质量外，尚应对管片接缝处的处理措施做进一步研究，提高管片密封质量。

(4) 低瓦斯地层盾构施工是一个综合性的工程，其尚处于一个逐步发展的阶段，除了对勘探、超前地质预报、瓦斯监控检测等各种技术进行研究外，对盾构机及其配套设备也需要厂家做适应性研发，开发更加适应瓦斯地段施工的盾构设备。

同时依托低瓦斯隧道盾构施工所获取的各项数据，对瓦斯地层盾构施工的适应性、安全性等做进一步的理论研究，如瓦斯与刀盘摩擦何种情况下会发生爆炸、瓦斯在土仓高压高温下发生爆炸的可能性及临界值等，为盾构在高瓦斯地层施工提供理论支撑，扩大盾构施工应用范围。

参考文献

[1] 周少东，夏银飞，杜先照，等．地铁盾构隧道穿越瓦斯地层的施工技术[J]．城市轨道交通研究，2009，12（8）：68-74.

[2] 舒恪．低瓦斯隧道施工瓦斯防治技术与措施[J]．科技与企业，2016（11）：95.

[3] 张哥其．低瓦斯隧道盾构法施工技术措施探讨[J]．山西建筑，2017，43（6）：199-201.

城市大型下穿隧道深基坑复合降水技术探讨

田卓伦/中国水利水电第十一工程局有限公司

【摘　要】以郑州市郑东新区某下穿隧道工程为例，论述了大管井与轻型井点相结合的复合降水技术。在粉土、粉质黏土、淤泥质黏土、粉砂、细砂等地质条件下，基坑内存在浅层滞水、潜水、微承压水复杂水文状况，开挖前先对基坑大范围采用大管井提前降水，然后开挖基坑至滞水层，采用轻型井点降水降低开挖土体含水率，最大限度地发挥各自的降水能力，取得了良好的降水效果。

【关键词】隧道　深基坑　复合　降水

1　工程概况

1.1　工程简介

郑州市107辅道快速化工程PPP项目下穿隧道工程北起金水东路，南至商都路，主线采用双向八车道浅埋隧道形式，北侧敞开段位于金水东路以南107辅道上，隧道入地后平面线位向东偏至莆田西路下方，依次下穿七里河北路下方3m污水管、上跨轨道交通1号线盾构区间，下穿商鼎路高架、莲湖路下立交后向西偏移值107辅道上后在商都路以北接地，隧道全长2756.6m，包含北端敞开段130m，南端敞开段196.6m，暗埋段2430m，隧道南北两端各设置一对进出口匝道，结合隧道敞开段布置，地面辅道采用双向八车道地面道路形式。

全线采用明挖顺作法施工，自上而下开挖基坑，再自下而上浇筑结构。基坑采用桩撑支护结构，开挖宽度37～40m，基坑开挖平均深度12m，最大开挖深度15m，地面平均标高85.9m。

1.2　水文地质条件

根据勘察资料，本标段区域场地范围内上部主要为粉土、粉质黏土组成的弱透水性复合地层，74.66～75.66m范围内存在淤泥质黏土隔水层，下部为由粉细砂组成的中等～强透水性的含水层，勘察期间地下水位标高约为73.1m，结合基坑设计资料，需要进行降水的里程区间为K12＋560～K13＋100；该区间底板标高最深约为69.151m，均处于含水层中。

2　整体降水方案

根据地质情况、降水范围、基坑深度等确定降水方案如下：

（1）基坑内部布设管井降水系统，降低地下水位至坑底以下，增加底板和临时边坡的稳定性，确保基坑施工安全。

（2）由于基坑底板以上存在一层淤泥质黏土隔水层，导致上部存在2～3m滞水层，管井无法有效降低该土体含水量，基坑开挖至滞水层，在基坑内布设轻型井点降水系统，降低开挖范围内土体含水量，方便人员和机械作业。

3　管井井点降水设计

3.1　计算参数

（1）降水区域段长度取K12＋560～K13＋100段，长540m，基坑宽度按40m考虑。

（2）降水深度应达到基坑底部最低标高下1m，计算静止水位按季节高水位埋深约12m考虑。降低水位为－16.0m、即降深S按4m考虑。

（3）含水层厚度M平均取21m。

（4）井管有效工作长度l取5.0m。

（5）抽水井井内半径r_s＝0.15m，透水系数为K＝10m/d。

（6）降水影响半径：$R = 2S\sqrt{KM} = 2\times 4\sqrt{10\times 21} = 115.93\text{m}$。

（7）基坑等效半径：$r_0 = \xi(L+B)/4 = 1.05\times(540+40)/4 = 152.25\text{m}$。

3.2 基坑总涌水量计算

依据降水区域基坑特征及水文地质特征，该工程基坑管井降水由于下部无明显的不透水层，且基底处在微承压水层，因此基坑总涌水量按照均质含水层承压水非完整井型式进行计算，基坑总涌水量简化计算可根据《建筑基坑支护技术规程》（JGJ 120—2012）所提供的公式计算：

$$Q = 2.73k\frac{MS}{\lg\left(1+\frac{R}{r_0}\right)+\frac{M-l}{l}\lg\left(1+0.2\frac{M}{r_0}\right)}$$

式中 Q——基坑降水总涌水量，m^3/d；

k——渗透系数为，m/d；

M——承压含水层厚度，m；

R——降水影响半径，$R=2S\sqrt{KH}$，m；

r_0——基坑等效半径，m；

l——过滤器进水部分长度，m。

计算模型承压水非完整井大井法计算相关参数示意图，见图1。

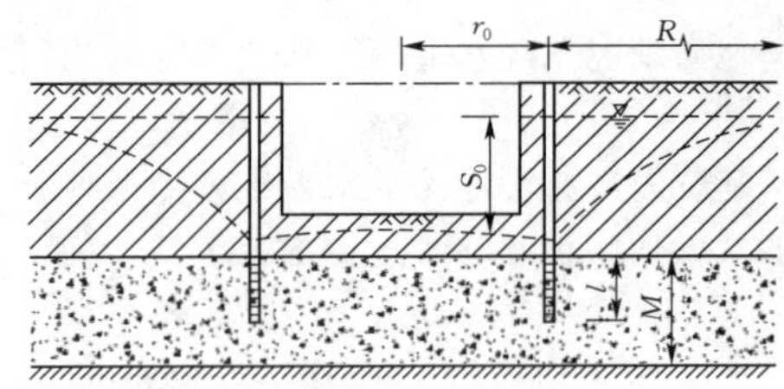

图1 承压水非完整井大井法计算相关参数示意图

将计算参数代入上述公式可得：$Q=8083.54\text{m}^3/\text{d}$。

3.3 单井涌水量计算

降水井的单井出水能力可根据《建筑基坑支护技术规程》（JGJ 120—2012）中7.3.16所提供的公式计算：

$$q_0 = 120\pi r_s l\sqrt[3]{k}$$

式中 q_0——单井出水能力，m^3/d；

r_s——过滤器半径，m；

l——过滤器进水部分长度，m；

k——渗透系数，m/d。

经过计算，降水井单井出水能力为 $659.58\text{m}^3/\text{d}$，群井干扰抽水时，单井出水能力会大大减小，本次单井水量取 $240\text{m}^3/\text{d}$。

3.4 降水井数量计算

降水井数量可根据下式计算：$n = 1.2Q/q_0 = 1.2\times 8083.54/240=40.4$，取42口。

3.5 降水井间距计算

K12＋560～K13＋100段长540m，降水井在基坑内按两排布置，540/(42/2) ＝25.7m，现场井间距按25m布置。

3.6 降水井深度计算

根据《建筑与市政降水工程技术规范》（JGJ/T 111—98）降水井的深度可按下式确定：

$$H_W = H_{W1}+H_{W2}+H_{W3}+H_{W4}+H_{W5}+H_{W6}$$

式中 H_W——降水井深度，m；

H_{W1}——基坑深度，m；

H_{W2}——降水水位距离基坑底要求的深度，m，本次取值1m；

H_{W3}——ir_0，i为水力坡度，在降水井分布范围内宜为1/10～1/15；

H_{W4}——降水期间的地下水位变幅，m，取2m；

H_{W5}——降水井过滤器工作长度，m，取5m（含井损）；

H_{W6}——沉淀管长度，m，取1.0m。

经过计算，降水井设计深度为30m（井口标高为85.9m）降水井具体结构如下：

降水井结构：孔径550mm，井管采用直径273mm、壁厚3mm的钢管，0～20m为钢管实管，20～29m为钢管滤管，底部留1m厚沉淀管，滤料为中粗砂，回填至初始地下水位以上，滤料上部回填钻渣或原地层土固井，钢管降水井结构见图2。

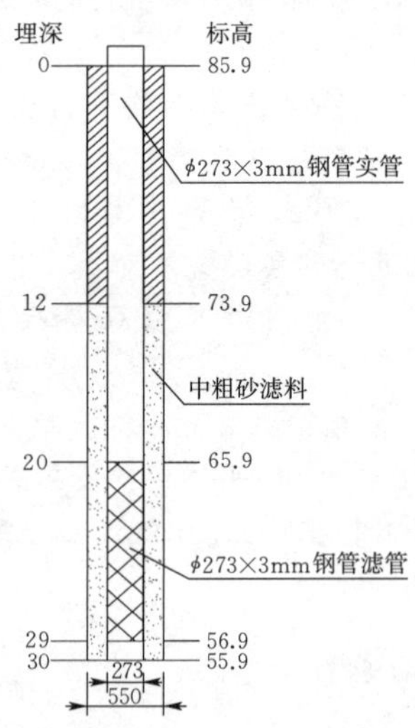

图2 钢管降水井结构示意图

3.7 抽水泵的选用

设计降水井深度为30m，水泵布置在距井底3m的位置，水泵H_1净扬程为27m，管路损失扬程h按8m考虑，水泵出水口的动能损失水头 $V_2/2g$ 按 0.5m 考虑，则水泵总扬程 $H=27+8+0.5=35.5$（m）。

单井出水流量计算结果为 659.58m^3/d，每小时流量为 659.58/24=27.48（m^3/h），根据计算流量、扬程抽水泵选用 QY35－40/3－3 型，水泵的抽水流量为 35m^3/h，扬程为 40m，功率 3.0kW。

4 轻型井点降水设计及计算

4.1 计算参数

（1）本工程轻型井点降水分段进行，每个区段按 60m 布置，基坑宽度按 40m 考虑，由于轻型井点有效作用范围小，为了快速降低滞水层含水率，在基坑内布设 6 排轻型井点，排间距 8m。

（2）基坑内浅层滞水下部隔水层处在基底以上，降水深度应达到隔水层，要求降水深度 S 按 2m 考虑。

（3）含水层厚度 $H=2.5$m。

（4）井点管滤管 l 取 1.0m 计算按 0.5m 考虑。

（5）井点管直径 $d=0.025$ m，透水系数 $K=$ 10m/d。

（6）降水影响半径：$R=2S\sqrt{KH}=2\times2\sqrt{10\times2.5}=$ 20（m）。

（7）基坑等效半径（$L/B=7.5>5$，按矩形基坑计算）：$r_0=\xi(L+B)/4=1.12\times(60+8)/4=19.04$（m）。

4.2 基坑总涌水量计算

依据降水区域基坑特征及水文地质特征，该工程基坑开挖过程中出现的滞水，采用轻型井点降低土体含水率，下部为淤泥质黏土隔水层，因此基坑总涌水量按照均质含水层潜水完整井型式进行计算。计算模型见图 3。

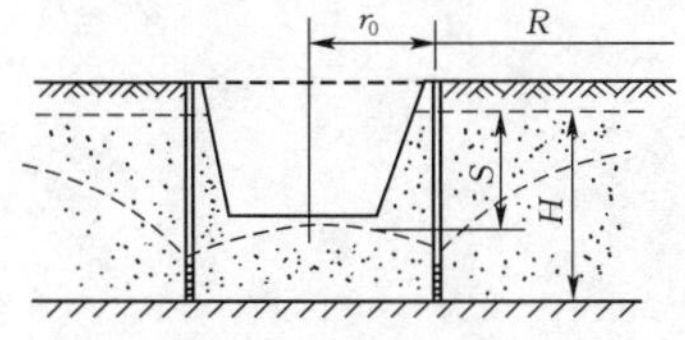

图 3　潜水完整井相关参数示意图

基坑总涌水量计算如下：

$$Q=1.366K\frac{(2H-S)S}{\lg\left(1+\dfrac{R}{r_0}\right)}$$

$$=1.366\times10\times\frac{(2\times2.5-2)\times2}{\lg\left(1+\dfrac{20}{19.04}\right)}$$

$$=262.8\ (\text{m}^3)$$

4.3 轻型井点单井出水量计算

轻型井点单井出水能力可根据《建筑施工计算手册》所提供的公式计算：

$$q=65\pi dl\sqrt[3]{K}$$

式中　q——单井出水能力，m^3/d；

d——过滤器半径，m；

l——过滤器进水部分长度，m；

k——渗透系数，m/d。

经过计算，轻型井点单井出水能力为 5.5m^3/d，群井干扰抽水时，单个井点出水能力会大大减小，本次单井点水量取 3m^3/d。

4.4 轻型井点管数量计算

降水井数量可根据下式计算：$n=1.1Q/q=1.1\times262.8/3=96.4$（根），取 97 根。

4.5 轻型井点管间距计算

井点管间距 $D=2(L+B)/n=2\times(60+8)/97=1.4$（m）。轻型井点管布置时，为让开机械挖土行驶路线，宜布置成端部开口，预留 6m 不布置井点管，因此，保持井点数量不变，实际井点管间距为 2×(60+2)/97=1.28（m），取 1.3m。

4.6 轻型井点管长度计算

轻型井点管长度根据《基坑工程手册》（中国建筑工业出版社，2009）第 22 章降排水设计与施工所提供的公式计算：

$$L=H_1+H_w+s+l_w+\frac{1}{\alpha}r_q$$

式中　L——井点管长度，m；

H_1——地面以上井点管长度，m，本次取值 0.3m；

H_w——初始地下水位埋深，m，本次取值 0.5m；

s——降水深度，m，本次取值 2m；

l_w——滤水管长度，m，取 1m；

r_q——井点管排距，m，取 8m；

α——双排或环形井点取 10。

经过计算，轻型井点管设计长度为 4.6m。

4.7 轻型井点降水设备配置

本工程每个轻型井点段落为 60m，布置了 6 排轻型井点，井点管间距为 1.3m，一排井点数量为（60+2）/1.3=48 个，60m 降水段落井点数为 6×48=288 个。现场按 15 个井点配一套真空泵，共需投入 19 套真空泵，每 4 套真空泵配一个集水箱。

轻型井点降水系统主要组成及参数如下：井点管采用直径 25mm PVC 管，集水总管采用直径 50mm PVC

管，井点管与集水总管采用变径三通连接，集水总管与真空泵用直径 50mm 钢丝软管连接；抽水设备由 4kW 真空泵、2.2kW 潜水泵和集水箱组成。

5 基坑降水施工注意事项

5.1 管井降水施工注意事项

(1) 对于工程降水，在正常的降水运行过程中，必须有合理的用电保障以满足降水运行的需求。通常要求施工现场应有两路电源，降水运行中应保证系统停电后备用电源能及时使用，确保降水井正常运转，避免影响降水效果甚至危害基坑安全。如果现场无法具备两路供电，应考虑配备备用发电机作为备用电源。水泵控制柜必须能够在停电后再次通电时，自动启动水泵。

(2) 工程降水抽取地下水，减少基坑开挖范围内土体中含水量或降低承压含水层承压水压力，这就要求施工现场必须有合适的排水设施满足工程降水的需求，确保降水运行排水的顺畅，保障降水效果。

对于施工现场的排水设施，应根据工程实际情况进行设计，但一般应满足以下要求：

1) 排水设施应满足工程降水最大出水量的需求，并保障排水的顺畅。

2) 应尽量缩短降水井与排水设施之间的距离，减少降水井排水的沿程水头损失，降低抽水设备的扬程消耗。

(3) 地下水是本工程重大风险源之一，降水井一旦破坏，将影响地下水控制，甚或是危害基坑安全，特别是坑内降水井破坏后补井难度大。因此，基坑开挖过程中，施工机械切不可碰撞降水井，必须保证降水系统的完好性。

5.2 轻型井点降水施工注意事项

(1) 下井点管前必须雅阁检查尼龙过滤网以及封底，发现破损或包扎不严密应及时处理。

(2) 真空度失常时，应检查轻型井点管安装是否严密，降水机组部件是否严重磨损，井点滤网、滤管、集水总管是否被泥沙淤塞等，如发现漏气和“死井”等问题应及时处理。

6 结论

该工程在复杂水文地质条件下，采用将大管井与轻型井点相结合的方案对深基坑进行降水，大管井降水系统通过安装在大管井降水区段内每口管井潜水泵出水管道上的水表实测管井平均出水量为 180m^3/d，42 口井总出水量为 7560m^3/d，小于设计计算的基坑总涌水量 8083.54m^3/d，基坑内地下水稳定在基底 1.1m 处，确保了干地作业；轻型井点降水系统通过统计安装在集水箱内潜水泵出水管道上的水表流量，汇总出降水区段总涌水量为 225m^3/d，小于设计计算的浅层滞水总涌水量 262.8m^3/d，实现了滞水带土体快速固结，减小了土体开挖难度。两种降水方案相结合最大限度地发挥了各自的降水能力，取得了良好的降水效果，缩短了工期，确保了施工安全，提高了经济效益。

事实证明，在大型基坑开挖施工时，应充分考虑水文地质、降水范围及降水深度等条件，采用适宜的降水方式。大管井与轻型井点相结合的复合降水方案，在城市下穿隧道施工中是一项良好的应用技术，有着广泛的应用前景。

境外水电工程 EPC 总承包合同管理实践与探索

刘省忠/中国电建集团海外投资有限公司

【摘　要】 我国企业在中国政府“走出去”战略的引领下，在国际工程市场上主要采取 EPC 总承包模式，承担一些国际工程项目的总承包。境外水电工程总承包合同管理工作面广、复杂，在管理方面有特殊要求。本文以尼泊尔某水电站 EPC 总承包合同管理工作为例，对境外水电工程总承包合同管理进行了总结和分析，为企业同行在境外水电工程总承包管理工作提供参考。

【关键词】 工程总承包　EPC　合同管理　探索

1　引言

工程总承包是企业对工程项目的可行性研究、勘察、设计、采购、施工、试运行等进行全过程的承包。工程总承包模式有：E＋P＋C 模式（设计采购施工）、E＋P＋CM 模式（设计采购与施工管理）、D＋B 模式（设计和施工）、E＋P 模式（设计和采购）、P＋C 模式（采购和施工）等。

EPC（交钥匙总承包）是我国推行的总承包模式中最主要的一种，也是国际通行的工程建设项目组织实施方式。“EPC”是“Engineering，Procurement，Construction”头字母缩写。EPC 总承包是指工程总承包商按照与业主签订的工程总承包合同的约定，承担工程项目的设计、采购、施工、试运行等工作，并对承包工程的质量、安全、工期、造价全面负责，最终向业主提交一个满足使用功能、具备使用条件、经竣工验收合格的工程项目。

中国企业在境外的 EPC 总承包是通过国际招标或特许经营协议或其他方式与境外业主签署 EPC 总承包协议，一揽子承担工程建设项目的设计、材料和设备采购以及施工，直至最后竣工的全过程。

2　EPC 总承包合同管理

为确保境外总承包合同项目成功实施，实现“共赢”合同目标，总承包商前期工作内容的深度、范围、质量的好坏，特别是过程工作管理精细与否，直接影响着总承包商的得与失。因此，总承包商必须抓好前期工作和过程工作的管理。

2.1　总承包商现场组织架构

EPC 总承包合同签订后，总承包商应及时组建 EPC 总承包商项目经理部（以下简称总承包部），作为项目履约的现场管理机构。总承包部根据项目规模和工作需要，成立专业管理部室，合理配置人员，建立起一支目标明确、分工清晰、敬业勇为的高效管理团队，并在总承包商完成分包招标选定分包商后项目开工伊始，及时开展建章立制、项目管理设计和规划。

2.2　总承包商前期工作

（1）总承包部必须配备专业熟练、素质过硬、懂英语的合同专业人才。在招标分包合同谈判阶段，总承包商应要求分包商配置合格的合同管理人员，有必要专门安排对其合同管理人员进行面试，重点关注分包商合同管理人员的工作经验、专业、综合素养等。

(2) 总承包部的合同管理人员必须认真研究合同，详细掌握总承包合同内容，对合同结构、单位工程和分部分项工程等费用组成了然于心，在项目实施过程中，根据进度及时办理分包合同结算和支付，保证资金供给与施工进度同步。总承包部应在开工初期要求分包商相关管理人员认真研读分包合同，或者组织分包合同文件的专题学习会，树立分包履约意识。

(3) 总承包部合同管理人员应加强合同管理能力建设，与总承包部工程管理等人员一道严格监督分包合同履行，严格落实并要求分包商执行总承包部颁发的系列项目管理制度。

(4) 总承包部组建后，应立即着手结算支付、变更索赔、立项、考核奖惩等管理制度的建立。下发管理制度前，应反复征求总承包部内部、监理单位、设计单位的意见和建议，保证制度的可操作性；管理制度下发后，总承包部组织专题宣贯会，保证参建各方认识统一，切实发挥管理制度的服务、指导和监督作用。有必要时，还需对个别制度适时修订和完善并重新下发。

2.3 总承包商结算管理

(1) 根据工程施工进度，总承包部及时向业主申请进度结算支付。在每月初及时做好英文进度结算报表，递交规定份数，经监理审核、业主审批通过后，跟踪结算款到账。每期进度结算申报表中的实物工程量尽量与分包合同结算的签证工程量保持一致，费用项目对照总承包合同对应项根据实际进度按百分比计列。总承包合同当期结算金额原则要高于当期分包结算申报额度。

(2) 分包商严格按照结算支付管理办法的有关规定，每月按时向总承包部递交工程进度结算支付申请表。总承包部严格按合同中有关计量与支付条款办理工程进度款结算，做到及时、有效、不拖欠，保证分包商资金链不断，充分调动分包商工作积极性。

2.4 总承包商变更及索赔管理

(1) 一般情况下，EPC合同价格是基于计满打足的原则，充分考虑了项目的一般费用和工程费用等，EPC总承包合同为固定总价合同，但是，在项目进行过程中，因出现明确的业主变更或不可抗力等情况，分包商向总承包商提起变更、发起索赔，相应地，总承包商为保证资金支出和避免亏损，也需向业主提出变更及索赔费用申请。尼泊尔某水电站在施工过程中，业主考虑到建设组织管理、施工便利、长久运行安全需要，提出了新的要求，并明确为变更，总承包部据此提出了相关变更项目费用申请；并且，在项目建设的关键阶段，当地发生8.1级大地震，6个月后印度-尼泊尔边境口岸因政治原因出现封锁，两个大的不可抗力事件造成施工受阻成本增加、人员和设备窝工等损失，总承包部据此提出索赔并获得赔偿。

(2) 水电工程建设周期长，各种难以预测的因素和客观条件发生变化多，尤其是因设计变更和施工状态变化以及不可抗力等因素的影响经常导致分包商提出变更和索赔。对于因监理工程师和业主发出变更指令和新的要求、国家政策和法律法规的变更、不利自然条件和客观障碍等引起分包商成本增加提出的变更和索赔，总承包商首先要协调好工程参建各方的关系，建立和营造平等、互信的氛围，要求分包商及时作好现场签证、收集并整理好第一手资料；总承包商要注意及时、合规处理变更费用，对于争议问题、索赔事件要特别注意处理的时效性，不可搁置、拖延时间太长，保证问题及时得到解决，将工程变更和索赔对总包合同的不利影响减少到最低程度，从而达到控制造价的目的。

2.5 总承包商过程文件资料管理

2.5.1 建立完善的文件管理系统

工程总承包项目合同结构复杂、关系众多，对外信函、会议纪要等书面材料往来密切，特别是由于境外工程的复杂性，对总承包商的文件管理能力提出了更高的要求。总承包部应当从招投标开始建立起有效的文件管理制度，注意在施工过程中留下对己有利的书面证据为处理变更索赔提供依据。

2.5.2 竣工资料整理

总承包部合同管理人员在项目进行过程中，务必重视总承包合同竣工资料的提前收集和整理，包括项目设计图纸、总承包合同单元工程量现场确认单和签证单、进度结算单等，以备当地政府管理部门对外资建设项目提出核查时使用，以免项目完工时，建设期人员已离场，运行期人员弄不清楚导致工作被动。除此之外，总承包部还应依据下发的管理制度，要求分包商过程中注意提早收集和准备竣工移交的相关资料，并定期督促和检查分包商竣工资料的收集和准备情况。

2.6 总承包商合同风险管理

(1) 合同谈判时，总承包商应重点关注合同范围、权利与义务、价格与支付、人员要求、接口管理、质量与进度控制等，运用科学的、系统的合同谈判手段和技巧，维护自身的合同权益。为避免在项目实施阶段特别是项目中后期出现合同争议和履约风险，双方在保护自己利益的同时，增强互信，正确认识整体利益，力求签署一个公平的合同，以期优质如期完成项目建设。

(2) 合同管理过程是动态的控制过程，无缺陷的合同是不存在的。总承包商应尽量保证分包合同文件的严密性，并且保证设计质量，尽量减少设计变更，以减少分包商变更和索赔的几率。双方在严格执行合同规定和标准的前提下，以合同为准绳，确保分包合同顺利履行。

（3）在项目开工后，总承包部要建立分包商管理制度和考核制度，针对合同约定资质条件的分包商主要人员擅自更换和缺岗处以经济罚款；认真开展分包商合同履行情况评价和考核奖励，找出差异和分析其原因，总结履约管理的经验与教训，用于指导和改进后续管理工作。

（4）在合同履行阶段，总承包商可能会面临分包商的工期拖延、质量不合格、材料设备供应、设计变更、各方责任义务不清、不可预见等风险情况，这就要求合同管理人员提高风险意识和法律意识，一方面加强项目参与方的互相沟通；另一方面积极采取预防措施，合理回避风险。

2.7 总承包商采购管理

总承包商设备和材料采购应根据总进度计划要求编制采购计划，建立招标采购制度，引入市场竞争机制，降低采购成本。采购的范围、合同条件及技术标准要明确且严密，避免出现模糊和矛盾的条款。在合同执行过程中，要及时跟踪设备产品的生产进度情况进行设备的催交，关键性的大型设备采购还应有设备监造人员。设备交货时，应组织严格的验收，保证采购产品质量合格。

3 EPC 总承包商分包管理注意事项

EPC 总承包商作为项目的实施主体，如何控制成本，如何避免合同纠纷，如何确保项目按期完工并达到较好的成效，对分包合同管理应特别加以重视。

3.1 设计合同及设计管理

（1）在 EPC 项目建设周期中，设计是龙头，对 EPC 项目起着主导作用。EPC 总承包商为了在分包、采购、施工等环节获得优质的咨询服务，实现利润最大化、防范风险、将总成本控制在合理的范围和核定的限额内，不能降低设计成本，必须择优选择设计咨询服务商。

（2）总承包商应组建设计管理部门或设计管理团队，在实施 EPC 项目过程中，负责对设计咨询委托单位进行设计管理，积极参与设计全过程，倡导设计优化，使设计方案既科学，又经济。设计阶段的工程造价管理是整个工程造价管理的关键环节。在设计过程中，EPC 总承包商设计管理团队应随时提供有关资料，反映相关情况，这样做既可缩短设计时间，又能使设计方案满足安全适用、稳妥可靠、经济合理。

3.2 采用标准的合同文本

（1）签订施工分包合同，要根据项目的实际要求，采用规范的施工合同文本，总承包商不能只考虑自身利益，应该尽量减少合同缺陷，从而避免不必要的合同纠纷。

（2）在招标承包制阶段，严格按公平、公开、公正原则进行招标，组织专家对合同中的双方责任、工程量清单、工期、质量与验收、计量与支付，材料与设备供应，设计变更，竣工与结算，争议与索赔等条款进行审查。

3.3 实行履约保证金制度

履约保证金是国际建筑市场运作的一个惯例，世行指南和亚行准则都有相应规定，国际咨询工程师联合会制定的《FIDIC 条款》中也有明确的履约保证金规定。实行履约保证金制度，有利于发包人的利益，在分包商违约时起到约束的作用。

3.4 充分发挥监理的作用

工程监理具有专业性强、施工管理经验丰富的特点，他们依照国家法律行使自己的职责。工程监理与总承包中的项目管理并不矛盾，它是代表第三方对工程实施中施工进度、质量、安全、费用的全过程进行事前、事中、事后的控制。为有效地控制工程造价，在监理服务合同谈判阶段，重点关注合同监理工程师的配置和选择。利用“第三方”管理，应充分信任和尊重监理方，树立监理方的权威性，积极支持监理方的工作，让他们能够放开手脚充分发挥其专业管理技能，对各个方面进行有效的控制，从而降低工程造价。

3.5 加强中期结算管理

在工程施工过程中，总承包部要严格按分包合同中有关计量与支付条款及时办理工程价款结算，分包单位有了充裕的资金，才能保证工程顺利进行，确保合同工期内按期完工。

3.6 严格做好工程变更费用审核

工程变更导致合同费用的变化。变更费用审核，包括工程项目、工程量和单价。在变更费用审核时，监理工程师要加强对设计图纸的审查，对于隐蔽或覆盖或超出常规作业特性的项目，应及时在签证单上给予工程量签证确认和相关工作特性注解，保证工程项目和工程量不重不漏，为单价审核提供相关基础资料。合同工程师应根据项目作业内容和特性做好单价分析和审核。对超常规作业项目，应根据施工方案、工程量签证资料并结合现场施工环境和条件认真分析人工、机械工效和主辅材料的消耗量，着重收集施工过程工效记录资料，严格控制因分包商原因造成的工效降低导致成本增加摊入变更项目单价中，或因分包商自行随意调整方案导致成本增加摊入变更单价中。

4 结束语

境外水电工程投入大，各种不确定因素对实施成本影响大，因此就需要总承包商加强合同管理，在满足工程质量标准的前提下，在项目实施阶段控制成本，力求合理使用人、财、物，以取得较好的经济效益和社会效益。在“一带一路”倡议的引领下，中国企业“走出去”在国际市场承揽项目将会越来越多，这要求我们不断总结和积累实践经验，做好以下工作：

(1) 做好项目前期筹划。在项目开工初期，针对项目人员配置、材料设备供应、资金筹措与支付、风险应对、财税管理等进行筹划，这项工作对节约成本及项目的成功实施起到铺垫作用。

(2) 做好合同管理的基础工作。了解国家政策和行业规定，收集设备和原材料的价格信息，调研与本项目相关的技术经济信息，开展分包商履约评价，建立分包商资源库，及时掌握各拟参建方的情况，是保证合同管理成功的基础。

(3) 加强招投标管理。执行国家的招投标法，推行工程量清单报价体制，在招标形式和方法上兼顾总承包和分包单位双方利益，在合同文本的形式上采用规范的合同文本，并对合同条款严谨审查。

(4) 建立工程变更管理奖惩机制。项目实施过程中，参建方监理和设计单位处理工程变更的压力以及减少设计变更的动力比出资人小，这容易造成工程变更管理的失控，也容易给职业道德差的从业人员以可乘之机。因此，总承包商要制订相应考核奖惩办法，建立起工程变更责任追究和激励制度，在与监理、设计方签订合同时设定相应的条款，以此有效地控制工程造价。

(5) 加强组织建设和制度体系建设。组建精干高效的管理团队，建立健全规范的管理制度，以此为保障，提升境外工程总承包的项目管理和合同管理水平，实现境外工程总承包的长足发展和成功。

(6) 加强经营管理能力建设，高度重视对完工总承包项目合同管理的复盘，不断总结，创新总承包项目管理模式，全面提升企业国际影响力和竞争力。

参考文献

[1] 李燕峰，孟宪超．国际工程承包项目合同谈判及实践 [J]. 国际经济合作，2011 (11)：64-66.

[2] 王有杰．浅谈国际工程总承包项目的合同管理 [D]. 城市建设理论研究，2015 (6)：240-241.

[3] 孙矿生. EPC 合同模式下的变更和索赔管理 [J]. 煤炭工程，2013 (12)：139-141.

浅谈 FIDIC 合同价格调差争议处理方法

孙红超/中国水利水电第十一工程局有限公司

【摘　要】 坦桑尼亚某公路项目在实施中出现了合同价格调差争议，本文通过分析该争议案例产生原因、公式运用差异及处理结果，展现面对重大合同事件的应对思路与过程，以期总结经验，为类似合同问题的解决提供参考。

【关键词】 FIDIC 合同　价格调差公式　争议处理　实践谈

1　价格调差争议背景

坦桑尼亚某公路改造项目全长 95km，项目主要是将原碎石路面升级成沥青双表处路面，合同工期 35 个月。业主为坦桑尼亚国家公路局，工程师是法国某咨询公司。资金来源为非洲发展银行、日本国际合作机构以及坦桑尼亚政府三方，各自占不同的出资比例。项目合同采用 FIDIC1987 版 1992 修订版合同条件。

2　价格调差争议产生

2.1　价格调差公式

本项目合同期采用公式法对 Bill 3 土石方工程 (Earthworks)、Bill 4 路面工程（Pavements)、Bill 2 & 6 排水与构筑物工程（Drainage & Structures）三部分调差，每部分按当地币（先令），外币 1（美元），外币 2（欧元）三个公式分别计算，因此相应就有 3 组 9 个公式。

为简化问题分析，将公式归纳成如下通用公式：

$$P_n = a + b\frac{EQ}{EQ_0} + c\frac{FU}{FU_0} + d\frac{EL}{EL_0} + e\frac{LLSU}{LLSU_0} + f\frac{LLSK}{LLSK_0} + g\frac{LLU}{LLU_0} + h\frac{CE}{CE_0} + i\frac{BI}{BI_0} + j\frac{RS}{RS_0} + k\frac{SS}{SS_0}$$

式中　P_n——价格调整系数；

a——固定系数；

$b, c, \cdots, k$——可变系数；

EQ，FU，EL，$LLSU$，$LLSK$；LLU、CE、BI、RS、SS——施工机械设备，燃料，外籍人工，当地管理人员，当地熟练工以及当地非熟练工、水泥、沥青、应力钢筋、结构钢材等各成本要素的现行价格指数；

EQ_0，FU_0，…，SS_0——它们的投标基期价格指数。

设：原工程价值为 V_0，调整后的工程价值为 V_n，调增（或调减）的工程价值为 ΔV，则

$$\Delta V = V_n - V_0 = V_0 \times (P_n - P_0)$$

式中　P_0——价格调差公式一个重要的逻辑约束条件，即：$P_0 = a+b+c+\cdots+j+k=1$（强调)，但在本合同特殊条款中对此未明示。

2.2　价格调差争议产生

承包商和工程师两种不同的理解和计算，形成价格调差争议。

2.2.1　承包商的计算

每期调差额(ΔV)＝价格调差系数(P_n)×各可调工程价值(V_0)×支付币种所占的比例。据此算得调差额占合同总额的 26.8%左右。

计算方法：由于权重系数表设置有误，在各成本要素的现行指数均高于基期指数的条件下，计算所得的价格调差系数 P_n本应大于 1，但实际上却小于 1，合同中又没有明示调差公式的逻辑约束条件 $P_0=a+b+c+\cdots+j+k=1$，所以，承包商就将错就错，直接采用 P_n代入计算。

2.2.2　工程师的计算

每期调差额(ΔV)＝价格调差系数($P_n - P_0$)×各可调工程价值(V_0)×支付币种所占的比例，但在工程师的计算式中：P_0<1，也就是表 1 中权重系数的合计。据此算得调差额占合同总额的 1.7%左右。

工程师的理由：他们回避合同表1中的逻辑错误，直接从计算结果判定我方公式应用有误，认为：

(1) 承包商IPC中的调价无论当期指数大于基期指数，或者是等于基期指数，或者是小于基期指数，调价公式的计算结果都是正调差，不存在0调差和负调差。

(2) 承包商的调差额占合同额的26.8%左右，远超过合同中10%的不可预见费比例。

(3) 工程师认为在合同履行中出现争议或分歧时，若合同无其他相反规定，工程师有权给承包商做出合理的解释并要求承包商执行。

表1　土石方工程调差公式中各成本要素的权重系数表

土石方工程						
项目	权重系数	取值范围	调整的币种			合计
			当地币	美元	欧元	
Fixed	a	0.10				0.10
EQ	b	0.60～0.80			0.75	0.75
FU	c	0.05～0.15	0.08			0.08
EL	d	0.00～0.10		0.05		0.05
LLSU	e	0.00～0.04				0.00
LLSK	f	0.01～0.03	0.01			0.01
LLU	g	0.01～0.03	0.01			0.01
合计						1.00

2.3　价格调差争议原因

项目合同的调差体系与合同条款原则上不存在问题，即便是作为众所周知的合同常识（$P_0=a+b+c+\cdots+j+k=1$）未明示。可是业主在本合同招标文件中《土石方工程调差公式中各成本要素的权重系数表》（详见表1）中的设置上因疏忽出现了形式上的逻辑错误，造成承包商（投标人）按固定格式填报递交投标文件，从而导致合同双方在实施调差中出现理解上的混乱。均站在各自的立场上去阐释和使用公式，都想合理利用合同文件上的疏漏，这就造成了调差结果差距很大。如按承包商的计算，可调增额占合同总额的26.8%左右；按工程师的算法只占合同总额的1.7%左右，因此形成调差争议。

根据合同本意，表1中的“调整的货币”下面3个栏目：Local、Foreign（USD）以及Foreign（EUR）中权重系数的竖向合计均应为1.00，代表各调差成本要素的百分比之和等于100%，否则就不合逻辑。但由于业主表格设置存在问题，即：无竖向合计栏，使得表中相应的权重系数成为空白，从而造成3个栏目竖向合计不等于“1”，也就是说适用于三个币种的三个独立调差公式的各权重系数之和不等于“1”，这就背离了调差公式独立使用的条件。而只是在表1中横向合计的列合计后为“1”，而这种合计是3个公式的权重系数和，无论对哪一个公式都无实际意义。

3　价格调差争议处理

合同调差出现争议后，工程师立即书面报告业主，强行在账单结算中扣除所谓的多支付的调差额，态度强硬。后来经双方商谈，达成搁置争议，即：先对BOQ项目计量结算但暂不调价，以保证项目正常运行的资金流。

为争取到好的处理结果，我方讨论拟定了四个解决预案。

预案一：继续我方账单结算中的调差计算，所得调差额占合同额的比例为26.8%左右。评析：该方法是先利用合同关于公式约束条件规定混乱的错误，作为商谈的起点。

预案二：抛开合同有关权重系数的混乱规定，不分币种（或分币种），重新设定权重系数，经试算，其调差额占合同额的比例为15.3%左右。评析：该方法是基于公式中相应成本要素实际价格或价格指数涨幅大小，来设定各成本要素的权重系数，以尽量使其能反映物价波动的实际情况，借机将调差公式中价格指数变化大的成本要素项的权重系数提高。该方法改变了投标时双方的初衷，通过难度大，但存在较大机会。

预案三：按比例扩大权重系数法，即：首先将合计固定系数0.1，按给定的变动权重系数比例分配成：Local、Foreign（USD）以及Foreign（EUR）三个公式的固定系数，然后再按比例扩大成本调差因子的权重系数，使其满足约束条件为“1”，这样算得调差额占合同额的6.7%左右。评析：该方法解释起来较为合理，双方达成一致的可能性最大。

特别说明：本合同调差公式中各成本要素的价格指数的来源国不同，这就存在公式计算支付币种与价格指数来源国币种不一致的情况。按FIDIC特殊条款70.3款规定，在计算P_n时就要考虑汇率修正系数Z_0/Z，从

最终 P_n的经试算结果来看，“考虑汇率修正系数”对我方不利。在双方合同争议中，工程师未主动提及汇率修正数 Z_0/Z 的运用。因此，在预案中“不考虑汇率修正系数 Z_0/Z”的情况。

预案四：不分币种，按投标三个公式的合计权重系数来实施调差，该计算对 Bill3 可调 5%，对 Bill4 可调 10.5%，对 Bill2 & 6 可调 11.3%，合计结果能占合同额的 5.2%左右。评析：该方法将合同三组九个公式简化为三个公式，操作最为简便，符合合同原则，没有对合同投标意图做大的改变。这是商谈时的最低目标。

谈判之初，工程师的态度固执强硬，商谈进入僵局。后来商谈从业主方入手，经持续跟踪公关，业主最后给出较公平的决定。谨慎起见，业主通过指定了第三方，即：坦桑尼亚国家建筑委员会（National Construction Council）提供了详细的计算方法，供承包商和工程师执行时采用。

根据第三方的计算，业主给出了决定：通过“按比例扩大权重系数”的方法，同比例扩大了表中不同币种（公式）调差因子前的权重系数，使得各独立公式的各权重系数和为“1”，这样就基本保持了投标初期双方的基本想法，唯一对承包商不利的是固定系数也同比例进行了扩大，这样就减少了可调差部分的比重。通过 BOQ 合同额与账单实际结算额两种方法验算，业主计算方法可得调差额占合同总额的 5.36%～8.71%，基本达到了预案三中 6.7%的目标，超过了预案四 5.2%的目标，价格调差公式争议得到较好处理。

4 国际项目中做好价格调差工作的思考

4.1 仔细研读合同，保证合同利益最大化

一般来说，如果合同双方按合同规定好的价格调整公式对合同进行直接调整支付，是不会形成争议的。本案例是由于业主在表 1 调差公式权重系数表编制上的疏忽，导致合同双方争议的形成，该问题项目在进行首次调差时就已发现，出于使我方利益最大化的想法而未将该问题暴露给业主，事实上也确实起到了提前将应付调差款计入账单改善资金流的目的。因此，在合同实施前期涉及计量结算项目的合同条款与规定要仔细研读、检查，看是否存在规定不清、相互矛盾的问题，特别是对相关专用条款与投标附录中补充文件的研读，以便在履约中做到心中有数，及早应对问题，并分析能否进行合理利用，保证利益最大化。

4.2 价格调差指数来源选择与权重系数设定

FIDIC 合同中的价格调整公式，主要是调节在合同施工期超过一年的项目各成本要素由于价格波动所带来的影响。理论上讲，公式中参与价格调整的成本要素选定的越多越接近实际，但为操作方便一般选用在工程中消耗量大，价值高的项目，或招标文件中已给定成本要素项，这样便于价格指数的收集与权重系数的设定。对承包商来说，价格调差能否成为履约期合同增收点，投标时价格指数来源的选择和各调差成本要素所占权重系数设定尤为重要。

对于外籍人员、进口设备、进口主材（钢材、钢筋、沥青等）的价格指数来源国，与实际动员到现场的外籍人员，设备、主材（钢材、钢筋、沥青等）的来源国并非完全一致，如：我项目沥青与钢材价格指数来自南非，实际采购来自价格更具优势的工程所在国（坦桑尼亚），工程师在履约监督中也很少要求两者的来源国必须一致，这样投标时就有空间权衡优选价格指数。因此，通过平时对相关国家（亚洲、欧美及非洲各在建工程与拟开发市场国）人工、设备与材料价格指数的收集、对比、分析，能获得比较理想的指数组合，即：投标基期时指数处于价格波动曲线的低峰。

此外，要关注价格指数来源国的经济发展趋势与汇率变化趋势。FIDIC 合同价格调整公式中要求，合同调差支付币种与价格指数来源币种不一致时，需要将汇率修正系数（Z_0/Z）增加到公式中进行修正，以消除汇率变动所带来的影响。这也是选择价格指数时可利用的地方，投标时要充分考虑汇率修正系数（Z_0/Z），尽可能使其大于 1。

诚然，在投标选取价格指数来源时若让完全权衡好上述两项的影响也是不容易的，但是如能选出比较好的组合，那将为中标后合同履约的增收埋下好的伏笔。对于各成本要素调差权重系数的设定，招标文件多数给定各权重系数的取值范围，虽然填报空间受限，但仍要结合指数来源国各成本要素的价格上涨趋势填报，上涨空间大的成本要素，填报的权重系数尽可能的高点。

4.3 集思广益，提前全面筹划

“凡事预则立，不预则废”，当时坦桑尼亚区域经理部适时召开专题会，组织主要人员一块商讨，集思广益，深入客观分析争议。同时，项目部积极向国内专家和上级领导请示后，得到了专家和上级领导精辟的分析与及时全面的智力支持。这些都为拟定、优选四个解决预案做了充分筹划，借此形成了较高质量的抗辩信函，强有力地推动了争议的解决。实践证明，“项目/区域部合同问题专题会＋国内专家智力支持或现场指导”的形式，是弥补项目一线商务合同人员专业知识不足的好方法，有助于项目商务合同人员业务水平的提高，以及高质量解决合同争议问题。

4.4 坚定信心，灵活处理争议

“谋定而后动”，在按照预案和工程师商谈过程中也并非十分顺利，期间争议解决一度陷入被动。在通过工

程师直接解决失利后，项目及时转变解决途径，加强和业主沟通商谈，最终逆转了事件形势，取得比较理想的结果。

5 结束语

FIDIC合同价格调整公式，在国际工程施工合同中有较普遍的应用，履约中如能结合项目具体合同条件，充分利用价格调整公式中成本要素项的指数与权重系数的选择“小窍门”，敢索善谈，就能使合同价格调整公式这个创收工具发挥“大功效”，合理合法地为项目争取到最大的合同收益。同时，通过该项目合同价格调差争议的应对剖析，抛砖引玉，为类似合同问题的解决提供借鉴，尽绵薄力。

参考文献

[1] 何伯森. 工程项目管理的国际惯例［M］. 北京：中国建筑工业出版社，2007.
[2] 陈勇强，张水波. 国际工程索赔［M］. 北京：中国建筑工业出版社，2008.
[3] 张明峰. FIDIC新红皮书精要解读［M］. 北京：航空工业出版社，2002.
[4] 田威. FIDIC合同条件实用技巧［M］. 北京：中国建筑工业出版社，2002.

基于工序费用标准的成本控制体系在大型混凝土生产系统中的应用

祝显图/中国水利水电第七工程局有限公司

【摘 要】 大型混凝土生产系统产品生产受外部影响因素较多，传统成本核算方法难以指导生产实践。基于工序费用标准的成本控制体系可以将计划成本费用与实际成本费用对比分析，及时揭示生产中的成本差异，不断降低系统运行成本，真正实现有效的成本控制。

【关键词】 工序 费用标准 成本控制

1 概述

龙滩电站右岸高程 308.50m 混凝土生产系统，位于龙滩水电站坝址右岸下游 350m 处的通航建筑物（中间渠系）一期开挖形成的高程 308.50m 平台和扩挖形成的高程 315.00m 平台、高程 320.00m 平台上，系统占地面积约 4 万 m^2，由 2 座 $2\times6m^3$强制式搅拌楼、骨料储运系统、水泥和粉煤灰储运系统、混凝土预冷系统、废水处理设施以及其他辅助设施组成，设计生产能力 $600m^3/h$，12℃预冷碾压混凝土生产能力 $440m^3/h$；常态混凝土设计生产能力 $500m^3/h$，10℃预冷常态混凝土生产能力 $360m^3/h$，是目前国内生产强度最大的混凝土生产系统。

2 系统生产组织特点及其对成本控制的影响

高程 308.50m 混凝土生产系统在混凝土生产过程中，按生产组织特点和生产工艺流程，将整个生产过程划分为骨料储运、水泥和粉煤灰储运、混凝土预冷、外加剂配制、混凝土搅拌等五大生产工序及其他相关的辅助设施。生产组织形式特点决定了各工序间联系异常紧密，各工序都成了混凝土生产中不可或缺的重要组成部分，克服了传统成本控制方法造成的预测数据不精准，难以指导生产实际的不足。

经过生产实践总结，在具有连续生产、大批量作业、多种类并存、大成套生产设备参与生产等生产组织特点的大型混凝土生产系统，可以考虑采用以生产工序费用标准为基础的成本控制体系进行有效的成本控制和管理，对各种影响成本的因素和条件采取的一系列预防和调节措施，以保证成本管理目标实现。

大型混凝土生产系统由于其自身特有的生产组织形式，对于生产成本的计划与控制有着与一般生产性企业不尽一致的要求。从其对生产成本控制的影响来看，其主要特点如下：

（1）连续性、大批量、多种类生产。混凝土生产具有连续生产、大批量、级配多种类等特点。这一特征通常要求企业更加注重对产品工序成本计划和核算，而不能仅仅考虑产品的综合成本。

（2）混凝土要按需生产，受外部影响因素较多。混凝土生产与一般商品具有不同的性质，不能将生产与储存有效结合，通常要根据浇筑单位的需求进行生产，受外部影响因素较多，产品生产类型及配比需根据现场实验进行确定；产品生产数据重复性差，具有不确定性，导致计划成本与成本核算所需的参照数据对比性较差。

（3）参与产品生产成套设备较多，彼此联系密切，工序成本难以直接核定。由于大型混凝土生产系统根据产品生产工艺流程进行布局，参与产品生产设备众多，彼此联系密切，相互之间影响较大，工序成本难以直接核定，通常按工序中所参与生产设备进行产品的成本核算。

（4）产品工艺流程复杂。大型混凝土生产系统产品生产需要多种多样的设备及工艺流程来共同完成，这导致分摊产品成本合理性难以保证。

3 传统成本控制方法的局限性

传统成本控制方法对于大型混凝土生产系统成本控制而言，由于生产组织形式特点决定了其对计划成本控制存在不同程度的不利影响，其主要表现如下：

（1）产品成本的参照体系问题。大型混凝土生产系统产品生产受外部影响因素较多，产品生产数据具有不确定性，导致计划成本与成本核算所需的参照数据对比性差，计划成本与成本核算所需的参照体系很难形成，即便制定出来也缺乏经济意义，难以指导生产实践。

（2）产品成本的合理摊销问题。大型混凝土生产系统根据产品生产工艺流程进行设计，参与产品生产设备众多，彼此联系密切，相互之间影响较大，生产过程中偶然因素较多，工序成本难以直接核定，而且其准确性较差，就不可能适时编制或调整计划成本定额进行有效控制和分析计算，这样就提高了生产总成本在各工序之间分配的难度。

4 工序费用标准的制定

4.1 工序费用

工序总费用是由每台设备的所有费用科目汇总得出的工序费用，即产品生产过程中该设备工作时每台时所消耗的全部费用，即用一定的方法计算出每台生产设备在各个费用科目下的费用。对于系统所有的生产产品，按工序需要使用某一设备的消耗费用和分摊费用计算间接成本，加上生产用原材料等直接成本，并据此作为产品的标准成本。

4.2 工序费用制定方法

工序费用的编制是通过对系统生产事前的调查研究，并结合系统生产的历史数据，采取科学、合理的方法测定出系统生产中所有参与运行的工序总费用，把生产成本转化为相对稳定的生产加工设备费用标准；包括人工费、材料费及生产设备费用，再根据产品使用各工序设备台时或工时计算出计划成本费用，将其与实际成本费用对比，及时揭示生产中的成本差异，进行成本控制。

4.3 工序费用标准的制定

大型混凝土生产系统中制定工序费用标准的制定是参照系统投标报价及设备能耗标准，按照以各工序为中心的核算单位进行核定，数据主要是来源于年度或月份生产预算成本和设备的制度工时。年度或月份各工序成本费用预算一般是由历史数据得来的，是生产成本控制的标准；高程 308.5m 混凝土拌和系统各工序生产预算成本是建立在原投标报价的基础之上，根据各工序的具体划分和系统设备能耗指标等因素综合确定，制度工时则是根据龙滩电站大坝实际生产要求和生产班次制定的，具体见表 1。

表 1　　龙滩电站混凝土生产工序费用标准　　单位：元/m^3

工序	工序名称	工人工资及附加	动力燃料费用	其他辅助设施的分摊费用	工序总费用	备注
一	砂石骨料运输	0.53	1.19	0.26	1.98	
二	胶凝材料储存	1.12	2.53	1.21	4.86	
三	骨料一次风冷	1.67	4.34	0.67	6.68	
四	骨料二次风冷	2.65	6.43	0.38	9.45	
五	制 5℃冷水	0.14	0.38	0.02	0.54	
六	制片冰	1.20	3.01	0.42	4.63	
七	混凝土拌制	2.10	6.20	0.82	9.12	
合计		9.41	24.07	3.78	37.26	

工序费用核算的简要说明：

（1）工人工资及附加。该项费用直接按各工序设备定员工人工资及附加（元/工时）核定，也即以制度工时分摊记入生产成本科目，计算公式为

$$工人工资及附加=NM/H$$

式中　N——工序该设备的定员人数；

M——工序该设备的工人工资水平，元/(人·月)；

H——制定标准的设备的每月制度台时数，台时/月。

（2）动力燃料费用。依据工序各设备能耗单价、台数和设备制度工时制定出各设备的动力燃料费用，直接记入生产成本科目。该工序台时的费用标准的计算式为

$$设备的动力燃料费用台时标准=\beta P$$

式中　β——设备能耗标准，能耗单位/台时；

P——该动力燃料单价，元/能耗单位。该费用也

可以按月进行计算，在上述费用的基础上乘以每月制度台时总数即可。

（3）其他辅助设施的分摊费用。在大型混凝土生产系统中不可避免会存在一定数量的非生产设备，如废水处理设施等。为合理反映和工序的生产成本，非生产设备所耗用的动力燃料费用可根据其设备原值分摊占其所在工序部门的设备原值总额的比例，按月摊销。计算公式为

$$辅助设施的分摊费用=CV_1/V_2$$

式中 C——所在工序单位该月该项的动力燃料费用，元/月；

V_1——该设备的原值；

V_2——所在工序部门全部设备的原值。

（4）工序总费用的确定。对于某种具体生产产品，其所有成本费用科目中所有工时或台时费用的加总，就可以得出各工序单位的生产工序总费用。

4.4 采用工序费用标准控制成本应注意的问题

（1）工序费用标准的制定是假定整个生产系统所有设备均为满负荷运行，而由于受外部干扰较大，系统设备经常处于生产任务不饱满，设备闲置，开工不足的状态。因此，工序费用标准在成本控制中仅作为核算的基准，并通过与实际运行成本与运行效率进行对比分析，不断修正其成本标准，使其能更好地反映各工序生产成本。

（2）在现行招投标体制下，企业为了获取中标，不断地压缩生产成本，特别是作为辅助施工企业的混凝土生产系统，由于中标单价低，费用不足，从而不能正常反映各工序预算成本，导致总成本费用比实际成本低的情况，限制了工序费用标准的作用。

（3）随着科技进步，高度自动化、智能化设备不断应用于混凝土系统生产，使得相当设备能耗费用标准不具有可比性，且工况不一，导致设备个体差异变化较大，对工序费用标准影响也较大，工序费用标准的可靠性较差。

（4）混凝土生产各工序联系紧密，属于连动生产作业，哪个生产环节出了问题，势必影响其他生产工序，且存在人为划定工序现象，可能导致费用标准出现偏差。

5 工序费用标准在成本控制中的应用

（1）以工序费用标准作为成本控制的目标成本。目标成本是企业为控制生产经营过程中的劳动消耗和物质消耗，降低产品成本，实现目标利润而确定的成本目标。由于工序费用标准接近于实际生产成本，因此，产品要真正实现盈利，必须在降耗上下功夫，靠内部挖潜解决，从而把产品成本控制在既定的范围内，实现生产成本的节约。

（2）建立成本考核奖惩机制，严格责任成本。成本控制的关键在于要有与之相匹配的考核奖惩机制。建立以工序划分为中心的经济责任制，通过工序分解，将成本责任落实到车间，班组乃至个人，实行节奖超罚。此举初步形成了按生产经营效益进行分配，既有激励又有约束的奖惩机制。

（3）以工序费用为参照体系，采取有效的成本控制措施。利用工序费用标准可以反映某种产品及各工序之间的成本差异，可以用于工作效率分析和设备利用率分析，据此进行成本控制，从中找出影响成本的因素，制定有效的成本控制措施降低成本费用。

6 结束语

在高程308.50m混凝土拌和系统混凝土生产过程中，通过实施以工序费用标准控制系统生产成本，起到了明显的效果，取得了较好的经济效益。在各工序责任区域内初步实现了生产管理、物资消耗控制、成本核算三位一体的集约化经营管理模式，真正做到了产品成本事前有目标，过程有控制，事后有核算，有利于增强全体生产管理人员的成本意识，有利于促进系统生产成本控制工作的有序、高效运作，不断降低企业的生产成本，达到控制成本的目的。

浅谈工程项目的保险索赔

闫付钊/中国电建市政建设集团有限公司

【摘　要】目前企业在保险索赔方面专业人员较少，相应的保险索赔案例也较少，本文结合天津外环项目保险索赔案例，对工程保险流程、工程保险索赔要点等方面进行了探讨。

【关键词】工程保险　索赔过程　保险责任

1　概述

保险作为分散风险、消化损失的一种经济补偿制度，从经济角度看，是分摊意外损失、提供经济保障的一种财务安排。从风险管理角度看，保险又是风险管理的一种方法，或者风险转移的一种机制。通过保险，变个体应对风险为共同应对风险，从而提高对风险损失的承受能力。随着建筑市场规范的不断完善，保险索赔工作已成为工程招、投标、建设和管理中不可缺少的一部分。因为在承包商履行合同过程中，由于施工周期长，所遇情况复杂，为了保障承包商的利益不受或少受意外损失，所有的国际及目前的国内各类型工程在承包合同中都强制要求承包商进行各种保险。目前，大型在建工程项目基本都投保了建筑工程保险，但出险后索赔是比较头痛的事。由于被保险人不太了解保险条款的基本保险责任和索赔所需材料，给被保险人索赔造成了一定的被动。本文结合天津外环项目保险索赔案例，拟对建筑施工企业如何做好工程项目保险索赔工作进行阐述；虽然不是很成熟，但希望能对企业同行在进行工程项目索赔，维护企业自身权益，规避和转移施工风险方面有所帮助。

2　项目保险索赔概况

中国电建市政建设集团有限公司（以下简称我公司）于2013年11月承接了天津市外环线东北部调线第5标段工程，施工路线全长3.5km，跨越两区三镇四村。主要工程内容包含两座大桥、1.8km路基、一座雨水泵站和标段范围内排水工程等。本工程合同工期：开工时间为2013年11月1日，延期后竣工时间为2017年12月31日，外环线东北部调线工程全线建筑工程一切保险统一由业主单位办理，保险费由我公司支付，并在计量款中返还。我公司承建的第5标段工程造价43422.8731万元，其中保险费率为0.97‰，保险费为421201.87元；保险延期费用为原保险费用的15%，为63180.28元，保险费共计484382.15元。保险公司为业主指定保险公司——中银保险有限公司。保险合同内容及条款由业主单位与保险公司商定，我公司未参与保险合同拟定。2014年年初，我公司接到保险合同后，即成立了保险索赔小组，全面策划、负责本项目保险事故索赔工作。由项目经理任组长，其余领导班子为副组长，各部室主任为组员；小组办公室设在合同部，并对保险合同进行了交底。保险索赔小组主要任务如下：

（1）认真学习保险方面的知识并对保险合同进行研究，要熟知相关法律法规，并对保险条款逐字逐句进行研读，重点研究建筑工程一切险和第三者责任险的索赔知识。

（2）分析掌握保险责任，弄清楚哪些属于应赔范围，哪些不属于索赔范围。

（3）在保险事件发生时，制定具体索赔方案，组织准备相关索赔资料，并与保险公司进行理赔谈判等。

需要指出的是，对保险公司的选择可能是业主指定，也可能是承包商自己选择的。如承包商自主选择保险公司，应特别注意其赔偿能力和资信，并认真阅读理解保险条款及有关细节。在对投保的险种选择时，要分析施工过程中发生各种事故的可能性，准确选择合适的保险险种。有的合同条款已指定了承包商必须投保的险种，如建筑工程一切险、第三者责任险等，在投保时就必须按合同条款指定险种进行投保。

截至目前，我公司天津外环项目共发生保险索赔事件 4 项，累计索赔金额共计 231.8586 万元。具体事项见表 1。

表 1　　天津外环保险索赔事项表

保险索赔事项	索赔金额/万元	事由	险种	年份
变压器损坏	12.6086	盗窃损坏	工程一切险	2014
路基被水浸泡	91.9426	地方冬灌	工程一切险	2014
钢筋加工车间损坏	9.6875	不可抗力（大风）	工程一切险	2015
大棚桃树被淹	117.6199	不可抗力（暴雨）	第三者责任险	2016

3　工程保险索赔过程

建设项目施工阶段，每出现一个保险索赔事件，都应按照国家有关规定及工程保险条款的规定，认真及时地协商解决。索赔流程见图 1。

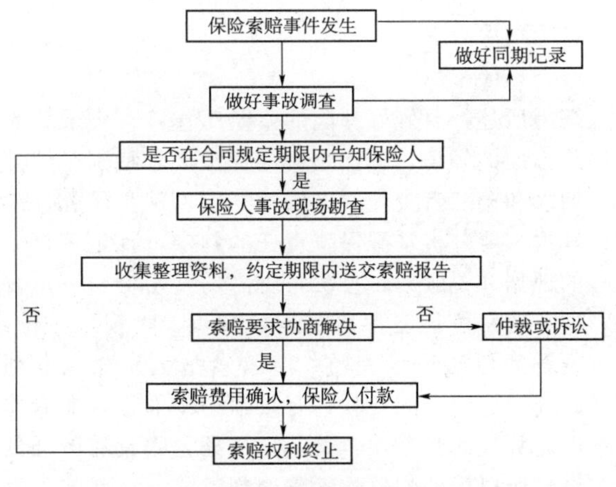

图 1　索赔流程图

具体保险索赔流程如下：

（1）出险报案。在项目履行的合同过程中，发生了工程事故后，应及时电话联系保险公司，说明事故发生时间、地点、简单过程、采取的措施和损失情况等；并迅速启动事故应急预案。项目部施工负责人应带领事故处理小组成员第一时间赶到事故现场，并组织由专家、现场工程技术人员等组成的抢险队伍，实施 24 小时险情监控。在保险公司代表到达事故现场进行勘验之前，应组织人员保护好事故现场及有关实物证据，并拍照记录。

（2）勘察现场、列出初步损失清单。保险公司代表到达现场后，施工单位应派现场管理人员协同保险公司人员对事故现场进行查勘，并对事故现场进行拍照记录。

查勘完现场后，列出初步损失清单，估计损失金额，损失清单中的项目应为直接损失的项目。

（3）工程施救抢险。待保险公司勘察完现场并做好记录后，项目部应立即组织专业技术人员确定工程抢险方案，对事故现场采取一切可行措施进行抢险，努力将损失减少到最低限度，避免次生灾害的发生。若保险公司不能到达现场，为了避免损失的扩大，在电话通知保险公司并获得同意的情况下，同样可进行抢险工作，通话过程可录音。

项目部应在施救抢险的过程中，做好每天的工作记录以及资源投入情况的记录，并拍照记录，以作为将来保险索赔的证据。

（4）分析事故原因、收集资料。事故原因分析是确定保险索赔能否获赔的关键环节，被保险人一定要仔细研究保险合同条款，为与保险人谈判做好准备；同时安排相关人员收集与事故相关的各种文件资料，包括保险合同及保单、施工组织设计文件、施工合同、施工日志、受损部位的工程量清单、设计图纸、相关资料证明、照片、录音录像、损失原因的证明（如暴风雨、雷电等不可抗力的事故原因证明）等。另外，还有些需要监理单位提供的相关资料，包括有关事故原因的说明、监理单位批准的修复方案及其他相关资料等。提供以上资料时要注意分清两点：一是定性资料，即提供资料一定能说明事故是在保险责任范围内且不在除外责任内，所以确定事故的起因并提供有力证据很重要；二是定量资料，即提供的资料要足以证明上报的损失是真实的，所以提供的资料一定要充分翔实并保证各资料间的关联性，尤其是一些无法考证的数量，应注意日常施工日志，监理日志及相关会议纪要的收集整理。

（5）索赔谈判。在事故原因确定属于可赔条款中约定的内容后，可进行索赔谈判。索赔谈判的主要内容是对索赔费用进行逐项核实，一般是先核定直接经济损失和施救费用，再核定修复费用，然后再核定其他相关费用，每一项费用的数量及金额必须有据可依。

索赔费用包括以下两部分：

1）直接物质损失——全部损失或者推定全损，以保险财产损失前的实际价值扣除残值后的金额为准；可以修复的部分，以将保险财产修复至其基本恢复受损前状态的费用扣除残值后的金额为准。

2）施救费用——发生损失后，被保险人为减少损失而采取必要措施所产生的合理费用。

（6）结案赔付。双方就赔偿金额达成一致后，保险人在收到索赔资料后在合同规定时间内结案赔付。

4　保险索赔过程中需要注意问题

4.1　索赔起因责任判断

根据保险合同，索赔事故的发生必须是保险标在保险合同责任范围和特别条款规定内损毁，除外责任内起因不引起索赔。在保险事故发生后，应对保险条款进行认真分析，若事故责任属于可赔条款，则直接计算索赔费用即可；若不能明确事故原因，则在确认事故原因时，应认真分析保险条款中的除外责任以及第三方责任险的除外责任条款，避免确定的事故原因属于除外责任条款中约定的内容，利用反证法排除除外责任。如保险强调自然灾害发生的突然性，有些受长期的、多次的自然灾害影响最终才造成的财产损失，保险公司往往会套用保险条款中的“其他渐变原因造成的损失”而不予索赔。所以索赔时一定要强调自然灾害发生的突然性、一次性、不可抗拒性，否则保险索赔难以成功。又如意外事故是指不可预料的以及被保险人无法控制并造成物质损失或人身伤亡的突发性事件，包括火灾和爆炸。其中“不可预料的”和“无法控制”往往是保险人和被保险人争执的焦点，保险公司往往会在这些模糊的定义上做文章，所以被保险人在这一点上要有足够的证据和说服力。

4.2 做好记录工作

工程索赔的过程中，索赔资料的收集是关系到工程索赔能否成功的关键，只有现场的原始记录完整，才能使后期的保险索赔工作顺利展开。因此，应该得到大家的重视，尤其是领导的重视。

记录内容应包括：事故发生后至事故处理完毕期间每天的工作记录（应写明每天的资源投入情况）以及影像资料记录，相关费用的合同、发票或收据，原材料发票等。若事故现场对其他施工单位施工有影响，在事故处理期间，应做好对相应单位在事故区域的施工记录，并拍照留底，避免日后产生经济纠纷没有依据。

4.3 关于索赔费用的注意点

损失清单包括直接损失和施救费用。在索赔方面直接损失一旦定位，保险责任是一定要赔付的，所以这一项损失费用要按照工程合同、市场信息、法律法规等相关文件，对事故损失进行仔细核算，不要漏项或漏量。施救费用是保险理算人员较难以确定的，因为出险时的施救和出险后的施工处理过程，保险人员通常不会太明了，这种情况下需要被保险人做最完善的施工记录、施工拍照；并且当施救措施需做较大投入时，让保险理算人员同时也能在施工现场，以便将来作为此项费用双方协商的依据。

4.4 力争协商解决

双方根据掌握的证据协商解决，难以协商一致时，亦不应急于将索赔争端提交仲裁或法庭，而应积极寻找调停途径，解决索赔争端。被保险人向保险公司报案后，首次与被保险人接洽的是一般为公估公司人员，公估公司负责工程方面的现场理赔人员对工程行业熟悉程度有限，这就导致其对保险公司传递的信息不够准确，造成保险公司不能完全了解事故情况，对以后谈判造成困难，以至于不能达成共识。所以，在索赔谈判过程中，须不急不躁，并耐心细致的向公估公司人员讲明事故情况并坚持自己的索赔理由，要有锲而不舍的精神，如果公估人员不愿接受我方观点，可以努力换一种表达方式，或者另外约定时间再次谈判，在不断的接洽中让其理解我方要求的合理性。

5 结束语

综上所述，要做好保险的索赔工作，首先要认真学习保险方面的知识，熟知相关法律法规，特别是建筑工程一切险和第三者责任险的索赔知识，认真研究保险合同；其次，要分析掌握保险责任的判定，判定依据要有足够的证据和说服力；再次，所需的索赔资料一定要齐全，项目的每位员工都要有索赔意识，重视施工记录，只有现场的原始记录完整，后续索赔工作才能顺利进行。此外，保险合同条款具有很强的专业性，非专业人士难以充分理解其潜在含义，且各条款间具有较强的逻辑关系，所以后期的保险索赔谈判时，一定要找熟悉工程保险合同条款并且沟通协调能力强的人去做。企业可以与有经验的保险经纪公司合作，在工程选择保险公司、订立保险合同及后期的索赔谈判中，可以请其提供咨询服务，以便更好地维护公司权益，并合理合法的规避转移风险。

工程项目管理的基本原理在PPP模式全生命周期管控中的应用研究

姚　昂/中国水利水电第八工程局有限公司

【摘　要】 PPP模式的推广是引入社会资本，供给侧结构性改革的重要抓手。近年来，在国家的倡导下，各级政府在基础设施和公共服务领域积极推广PPP模式，成绩斐然，而且政企合作观念已深入人心。但与此同时也暴露出诸如重建设，轻运营等一系列问题。本文运用工程管理基本原理，旨在探索在管理PPP项目时，如何实现从重建设、重融资向重运营转变；实现法规规范、政策配套、实操指引三者有机统一；落实"全生命"周期管理，实现PPP经济、高效的运作。

【关键词】 项目管理　PPP模式　全生命周期　应用研究

1　理论概述

1.1　工程项目管理的基本原理

Public－Private－Partnership（PPP）项目是属于社会资本投融资的工程项目，既然是工程项目，那么万变不离其宗，其建设、运营管理就要遵循一般工程项目的基本原理。工程项目管理需要运用各种知识、技术、工具实现既定的目的，其涉及点多面广，但主要原理基本上是系统管理和过程管理。

自然科学中的系统论和哲学中的物的整体观认为，工程项目是综合了信息、实物、技术、组织、行为等要素的复杂系统。工程项目管理是一种组织管理活动，它的对象是项目，运用的方法是系统管理，通过设立一个带有临时性的管理组织，按既定计划进行设计、开发、管理、运营控制和全过程动态管理，在综合协调和优化中，实现项目高效率运作目的。

完整的工程项目系统是一个总体框架，由目标、行为、组织和管理四大系统共同组成。

其中，目标系统建立过程工作为项目构思、识别需求、目标提出和系统建立，如图1所示。

行为系统组成部分是为实现项目目标，完成建设任务所需的工程活动构成，实际上就是设计、施工、采购和管理等有序的动态工作。

组织系统的构成部分是主要负责完成WBS（项目工作分解结构）中任务的组织和各人，通俗点说就是与项目运作相关的政府部门、金融机构、业主、投资方、勘察、设计、招标代理、咨询单位、施工承包商、分包商、材料和设备的供应商等，其基本结构如图2所示。

管理系统则是通过策划、论证与沟通、协调、指挥这些组织、方法、措施和信息，从总体上去计划和控制目标和行为系统，确保项目预定目标的实现。

基于控制论的过程管理原理指的是运用系列工程技术、方法参数、现代工具进行策划、控制，以改进过程的效果、效率和适应性。过程管理原理应用到工程项目管理中，可以用控制＝计划＋监督＋纠正来描述，常见的Plan－Do－Check－Act（PDCA）循环方法由国际咨询工程师联合会（FIDIC组织）推荐使用。

过程管理分为创造产品和管理项目过程两大类，创造项目的过程使项目的基础和管理的对象，项目管理过程就是如何管理创造项目产品的过程。虽然其过程因产品特点不一各异，但创造产品典型过程可以归纳为前期策划—设计—采购—施工—验收—总结评价；管理项目典型过程可以归纳为启动—计划—执行—控制—收尾，如图3所示。

1.2　有关基本概念解释

1.2.1　什么是PPP模式

综合国家发展改革委《关于开展政府和社会资本合作的指导意见》（发改投资〔2014〕2724号）和财政部《关于推广运用政府和社会资本合作模式有关问题

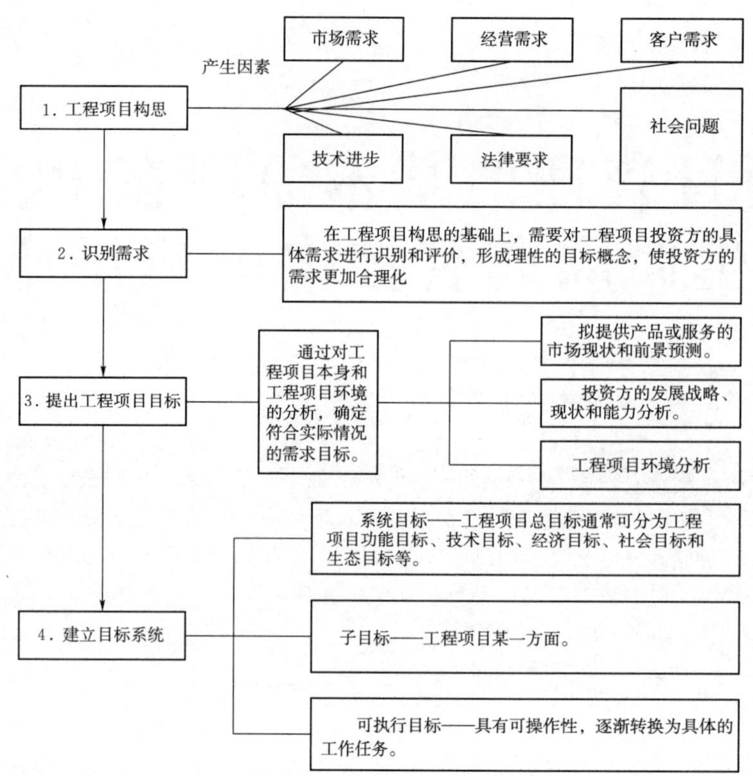

图1　目标系统建立过程

的通知》（财金〔2014〕76 号）对 PPP 模式的功能定义，政府和社会资本合作（PPP）模式可归纳为政府（Public）和社会资本（Private）在风险分担、利益共享的基础上建立并维持长期合作伙伴关系（Partnership），通过发挥各自的优势及特长，最终为公众提供质量更高、效果更好的公共产品和服务的一种项目投融资方式。

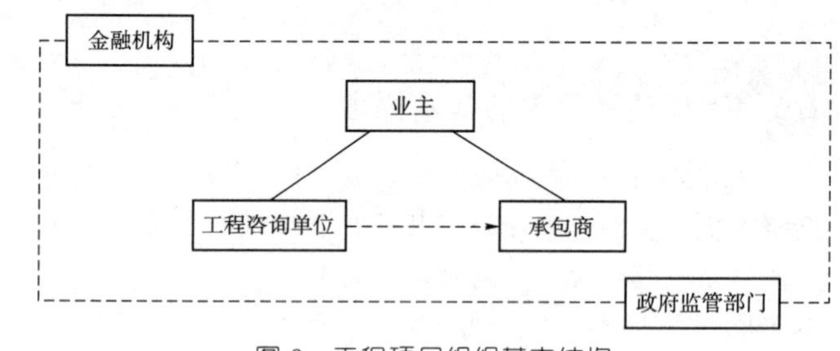

图2　工程项目组织基本结构

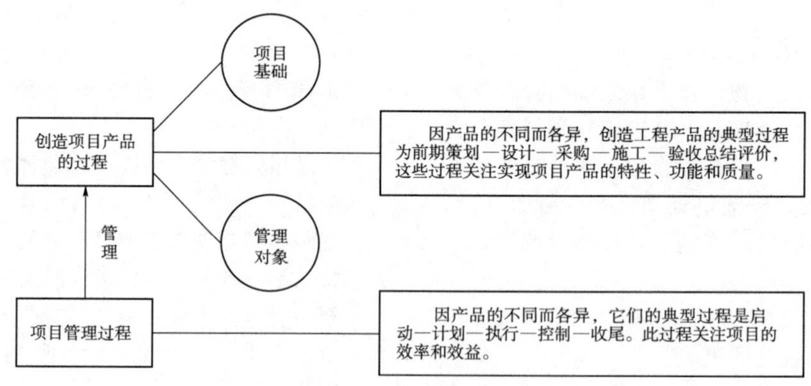

图3　创造项目和项目管理过程图

政府和社会资本合作（PPP）模式适用范围为政府负有提供责任又适宜于市场化运作的基础设施和公共服务类项目，涉及的行业可分为能源、交通运输、水利水务、生态环保、市政工程、片区开发、农业、林业、科技、保障性安居工程、旅游、医疗卫生、养老、教育、文化、体育、社会保障、政府基础设施、其他等 19 个一级行业。使用范围包括新建、在建和存量项目。

1.2.2　什么是 PPP 项目全生命周期

指从项目发起、识别、筛选、筹备、设计、融资、建设、运营、保养维护至合作终止、项目移交的完整周期。

1.2.3 PPP项目全生命周期管理

指政府、社会资本、项目公司等参与各方基于既定的资源，运用项目管理的方法和体系，对项目建设运营的各个环节和工作进行有效管理。时间上，始于项目发起直到项目结束的全过程进行组织规划、管理控制、协调和评价，内容上，包括了前期阶段的决策、开发管理；实施阶段的建造运营维护管理。以达到既能确保政府方实现社会公众利益最大化，又能确保社会资本投资方获取预期的合理回报。

1.2.4 什么是PPP项目“两评价一方案”

指政府和社会资本合作（PPP）项目实施方案、物有所值评价和财政承受能力评价。

1.2.5 公共财政预算管理

预算是一种对未来一定时期收入、支出安排预测、计划的管理工具。财政预算根据国家《预算法》由本级人民政府组织编制，经人民代表大会审查同意、批准公布后，方能公布并组织实施，作为具有法律效力的文件执行，反映政府在一个财政年度内的收支状况计划，它体现了政府及其财政活动范围、政府在特定时期所要实现的政策目标和政策手段。预算管理的级次划分、收支范围和内容、管理职权和预算的编制、执行和决算都要以法律法规为依据，有严格的程序和强制力。

PPP模式开始推广后，财政部相继在财金〔2014〕76号文和财金〔2016〕92号文中，从采购、预算和监督管理方面强调从全生命周期角度对PPP模式进行管理，探索项目采购、预算、收费定价与调整、绩效评价机制等有效管理方式，规范项目运作，实现PPP模式长期可持续发展，提升资金使用效益和公共服务水平。

2 宏观环境分析

2.1 PPP模式在中国的推广和高速发展

党的十八大以来，我国开启了新一轮全面系统、深层次、根本性的改革。自2014年《国务院关于创新重点领域投融资机制鼓励社会投资的指导意见》（国发〔2014〕60号）发布以来，为落实国家进一步创新投融资机制，充分发挥社会资本积极作用的总体要求、指导思想和基本原则，财政部相继发布了《关于推广运用政府和社会资本合作模式有关问题的通知》（财金〔2014〕76号）、《关于印发政府和社会资本合作模式操作指南（试行）的通知》（财金〔2014〕113号），农业和水利、市政基础设施、交通、能源设施、社会事业等领域开展投资经营，建立健全政府和社会资本合作（PPP）机制，充分发挥政府投资的引导带动作用，为创新融资方式拓宽融资渠道。PPP模式，是我国基础设施和公共服务领域作为贯彻全面深化改革的一项重要举措。根据《全国PPP综合信息平台项目管理库2018年3月报》，截至2018年第一季度末，财政部政府与社会资本合作中心管理库累计项目总数7420个，投资额合计11.5万亿元，从行业上可以说基本覆盖了全国基本建设和服务的各个领域。分析财政部公布的四批示范项目的统计结果，落地843个，占总共1009个项目个数的83.5%；落地投资额合计2万亿元，占2.3万亿元的总投资额的86.9%。截至第一季度末，在管理项目库中，已经开工的项目有1375个，开工率达到41.4%，季度净增216个，落地项目开工率持续向好。可见在四年的发展中，PPP模式对于优化资源配置和要素活力、促进投融资与公共服务机制改革、构建营商环境以及支持国家供给侧改革和经济建设高速发展方面取得了良好的成果。

2.2 中央企业积极参与PPP模式的必要性

当前，因受能源过剩的影响，国内传统水利电力工程投资仍略有下降；而国际上因受“一带一路”沿线国家戒备和域外大国介入的影响，存在较大干扰因素。国家虽然为防范系统性金融风险，加大了去杠杆的力度，但建筑央企成为国家基本建设领域社会资本的主力军依旧是不争的事实。虽然PPP业务面临诸多阶段性困难，但PPP模式作为政府供给侧、预算体制改革的重要抓手，仍将是建筑企业的重要合同来源，投资拉动仍是市场营销的重要抓手。

3 现状和存在问题分析

我国已成为全球最具影响力的PPP市场，PPP项目库规模迅速扩大的同时，难免泥沙俱下，不少PPP项目存在风险分配不合理、明股实债、政府变相兜底，重建设轻运营、绩效考核不完善，社会资本融资杠杆倍数过高等泛化异化问题，积累了一定的隐性风险。这些问题可以归纳为几个方面：

第一，PPP立法缺乏顶层设计，国家立法机关没有制定关于PPP的全国统一法律，立法层次停留在部门规章层面，层级低。且法规体系不完整，大多一事一文件，头痛医头，脚痛医脚；内容不统一，诸部委多从本业务口建章立制，带有明显的部门业务系统倾向。

第二，PPP项目招投标多，开工率不高，随着建设运营实施的深入，需要面对越来越多的现实问题和挑战。例如，有经营能力的项目少，部分地方政府“换汤不换药”，把PPP模式混同于融资工具。

因此，一系列以“防风险、促规范”为原则的规范文件陆续出台。

十九大开启了中国经济高质量发展的新时代，PPP作为地方政府为区域经济社会发展提供基础设施和公共服务的重要方式，作为我国公共治理的提升方式，也面临着调整节奏紧跟高质量发展时代步伐的挑战。2017年11月，财政部发布《关于规范政府和社会资本合作（PPP）综合信息平台项目库管理的通知》（财金〔2017〕92号），对国内PPP模式项目进行全面规范清理整改。其主旨，就是通过淘汰不成熟、不规范的PPP项目，置换合理公共资源和财政资源。通过清理退库，将不规范的PPP项目剔除，腾出相当一部分政府预算支出的空间，无疑是地方政府债务风险的合理优化，是财政部对于防范化解重大风险攻坚战的积极举措。

财金〔2014〕92号文提出的项目库清理工作，实现中央“切实推动PPP规范运作，改善公共服务质量，实现PPP项目转型升级、提质增效”的预期目标，打消了市场对PPP项目从严收紧难推动的疑虑。同时，各地仍在积极开展项目的申报工作，申报数量持续增加，未来仍然会保持增长态势。此外，数据显示管理库中政府付费类项目仍在增加，各地在风险可控、运作规范的前提下，让PPP回归公共服务创新供给机制的本源，实现我国PPP事业的初心，促使PPP模式从高速发展转型为高质量发展。

落地率和开工率持续提升说明更多的项目从“规划方案”走向了“实施建设”。已开工项目通过了金融机构的融资审核、政府建设管理部门的开工审批等，实质性地进入了工程建设（或直接委托运营）的阶段，更具有市场验证性和操作性。

因此，PPP项目质量提升从管理库、示范项目两个方面，从落地率、开工率两个维度都得到验证，更说明PPP整体工作和财金〔2014〕92号文所要求的项目库清理工作起到了显著的成果，为激发民营资本投资活力，实现供给侧改革，基础设施建设服务百姓，惠及民生福祉，促进绿色发展的优质项目腾出空间，为中国经济全方位、高质量发展保驾护航。

4 解决方案设计——PPP管理与财政预算管理实现有机结合

PPP模式从本质上说是一种提供基础设施和公共服务的理念，但理念要靠人去执行和完善，不可能自动落地。正如毛主席所说：“如果有了正确的理论，只是把他空谈一阵，束之高阁，并不实行，那么，这种理论再好，也是没有意义的。”有的好的理念，还必须设计出与之相配套的制度，并严格履行之，这才能保证理念设计的初衷落地。

财政预算管理是现代财政体制建设的基本内容，也是衡量一国财政管理现代化水平的重要标志之一。预算管理必须严格按《预算法》规定，涉及预算的编报、批准、执行、调整、决算、监督管理与规划等活动，体现国家意识，反映政府活动范围、规模和方向，实现预算管理的科学化、规范化、制度化和法制化，能够提高政府公共决策的成效。根据财政部《关于推广运用政府和社会资本合作模式有关问题的通知》（财金〔2014〕76号）、《关于印发政府和社会资本合作模式操作指南（试行）的通知》（财金〔2014〕113号）、国务院办公厅转发财政部发展改革委人民银行《关于在公共服务领域推广政府和社会资本合作模式指导意见的通知》（国办发〔2015〕42号）、《政府和社会资本合作项目财政管理暂行办法》（财金〔2016〕92号）等相关文件规定，对PPP项目实施预算管理是财政预算项目支出管理的一个组成部分，是政府的一项重要职能，规范安排PPP项目各阶段财政管理活动，加强政府支付义务的要素和管理，直接体现着政府的政策意向，关系到PPP项目运作的好坏，因此必须预先做出周密的计划和安排，将PPP项目合同中约定的政府跨年度财政支出责任纳入中期财政规划，将合同中符合预算管理要求的下一年度财政收支纳入预算管理（见图4）。

5 解决方案实施——怎样进行PPP全生命周期管理

首先要树立PPP项目全生命周期管理理念，加大对“投、融、建、管、退”各个环节的研究，摒弃过去专注施工承包而忽视建设运营管理的做法，树立正确的全生命周期理念。其次，要把融资、预算、绩效、成本等要素要贯穿到全生命周期管理活动，确保项目的进度、成本、质量、安全等目标受控。再者，还要借助现代信息高速公路中的“互联网+”、大数据、云计算以及建筑信息化模型（Building Information Modeling，BIM）。对PPP项目进行全过程、全面、信息化的管理。PPP全生命周期立足工程管理基本原理，但不等同于传统项目投资管理（表1）。

PPP模式下项目的风险、预算、合同成本、融资、绩效考核和监督管理都是全生命周期的。

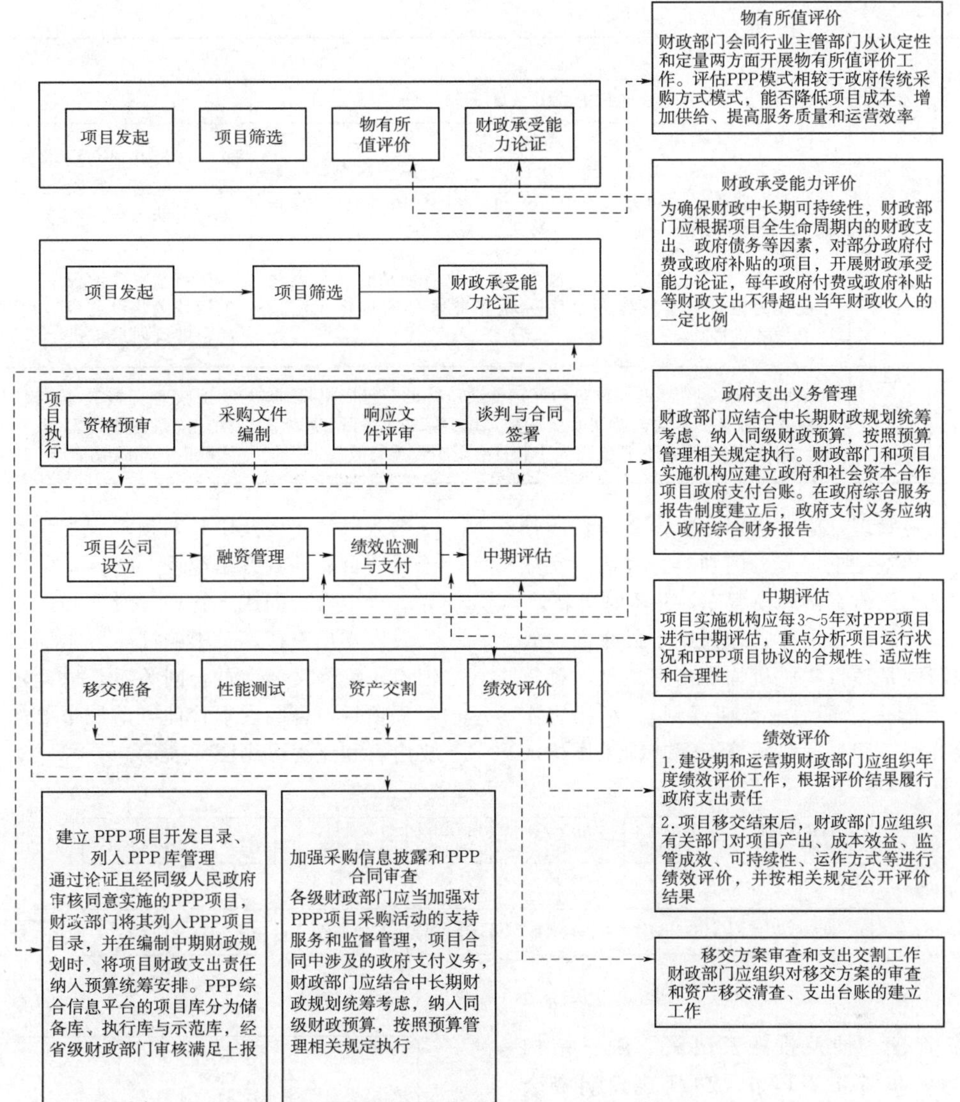

图4　PPP管理与财政预算管理关系图

表1　PPP项目与传统项目全生命周期管理的区别

序号	不同点	解释说明	
		PPP项目	传统项目
1	启动时点	识别、筛选阶段	立项决策阶段
2	启动内容	项目前期调查，编制PPP初步实施方案，在此基础上完成物有所值评价和财政承受能力论证，决定是否可以采取PPP模式项目，通过两个论证的项目，由项目主管部门向同级提出项目拟采用PPP模式的申请，经同级政府批复后，开展PPP项目第二阶段的工作	编制项目建议书，进行可行性研究，进行选址和选址勘察，编制选址报告，编制可行性研究报告，并进行建设场地的地震安全性安全性评价和工程项目的环境影响评价
	管理主体	政府和中标社会资本	政府和各个参建、运营（生产）单位
	具体执行机构	PPP项目公司	项目建设指挥部、融资平台公司、国有企业和建设完成接受资产部门、事业单位或公司
3	参与方关系	平等的合作伙伴关系	基于行政授权、文件下达形成的授权关系；基于市场竞争、合同签约形成的委托和受托关系

续表

<table>
<tr><td rowspan="2">序号</td><td rowspan="2">不同点</td><td colspan="2">解释说明</td></tr>
<tr><td>PPP 项目</td><td>传统项目</td></tr>
<tr><td>4</td><td>参与方职责</td><td>政府方：决策者、监督者、管理者。
社会资本：承担项目设计、建设、运营维护、移交等商业风险。作为项目公司的控股股东，可承担项目设计（EPC 模式）、融资、建设、运营维护、移交工作</td><td>一般没有社会资本方或者社会资本参股很少。政府方负责组织投资、设计、建造、运营全部工作</td></tr>
<tr><td>5</td><td>实施程序</td><td>相对复杂，“五阶段十九步骤”，其中物有所值评价、财政承受能力论证、实施方案等任一环节未通过项目将无法按 PPP 模式推进</td><td>按照基本建设程序和生产运营方案执行、项目开工建设前经政府相关部门审核审批后，即可向后推进</td></tr>
<tr><td>6</td><td>回报机制与政府支出责任</td><td>采取使用者付费、政府付费和可行性缺口补助三种回报机制，尽量发挥社会资本的创新和专业优势，做好成本控制和绩效考核，其结果决定政府付费支出大小和社会资本回报高低</td><td>由政府直接投资或采用购买法务方式，双方按照合同约定确认或根据审计结果确认政府付费支出责任</td></tr>
</table>

全生命周期风险管理，应在识别分析投资项目周期不同阶段风险内容的基础上，应分门别类、因地制宜的制订风险对策，建立风险案例和模型库，并实时更新。

全生命周期预算管理：预算管理归口于财政部门管理，编制执行部门则是项目实施机构和出资单位，预算立项（测算、承受能力论证、中长期规划）、编报、审批、执行和偏差分析、调整这些预算管理基础工作构成了纳入财政年度及中长期预算规划工作的基础，也贯穿于从项目启动到终结全程。

全生命合同成本管理，投资和运营成本管理，既影响政府支出责任，又影响社会资本回报水平，各种经济因素，最终又要通过合同关系予以确定。因此对于实体工程项目，合同成本管理可谓最重要的管理内容，其主要内容和流程可用图 5 表示。

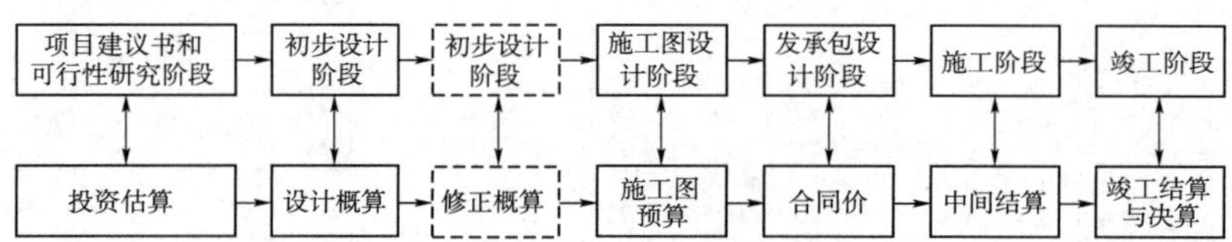

图 5　PPP 项目全过程成本管理流程图

全生命融资管理：涉及投融资决策、融资结构设计、谈判和融资执行相关环节，包括建设期资金到位、资金成本率、投融资结构和使用计划；运营期的还本付息和社会资本股权投资回报；流动资金、铺底流动资金的筹措、投入回收等问题，可以用图 6 表示。

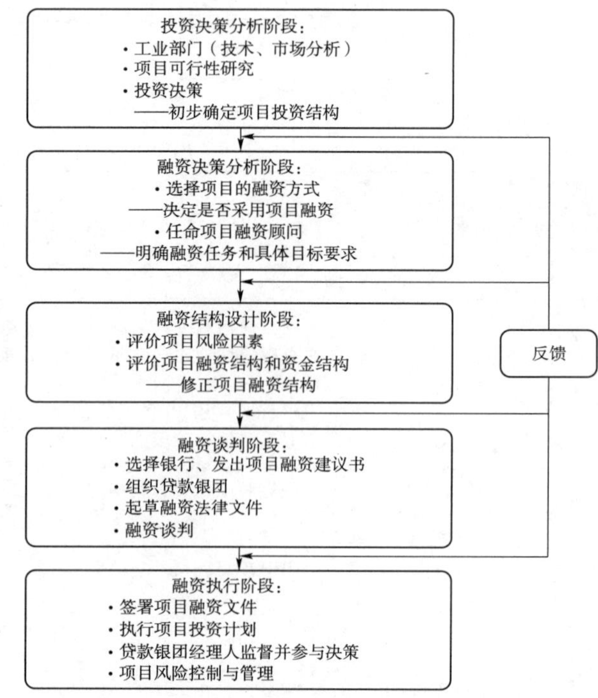

图 6　PPP 项目融资管理程序图

全生命周期绩效管理：绩效考核对象包括政府付费和使用者付费。以激励相容和全生命周期绩效评价为手段，结果与政府付费挂钩。尽管使用者付费无需政府支出，但涉及 PPP 目标实现效果和顾客满意度，亦需列入考核范畴。绩效管理起于运营开始阶段和有一定产出的建造时期，止于移交完成后。可以说既是影响付费的绩效评价，又是实施运作全过程中社会资本的投融资管理能力和政府决策、招投标效果的一个实时整体评价。

全生命周期监督管理：以政府为主导、新闻舆论媒体、国民公众参与，通俗点讲，就是把政企之间运作项目的全过程放到阳光底下操作。保障规范，激发创新。

6 结束语

PPP 模式能够有力推进国家基本建设，带动经济发展。能够有效地盘活社会存量资本，缓解预算压力，降低财政风险，有利于推进国家治理体系和治理能力现代化，是供给侧改革的重要内容。但长期以来，受传统建设投资项目的影响，我们常常仅注重如何降低建设期成本，然而大量事实表明，建设项目的未来成本（包括运行费、维修费和报废处置等）有时超过建设成本。因此我们要从全生命周期角度出发，实现 PPP 项目全生命周期的经济和合理性，更好地与市场导向相协调。

征 稿 启 事

各网员单位、联络员：

广大热心作者、读者：

《水利水电施工》是全国水利水电施工技术信息网的网刊，是全国水利水电施工行业内刊载水利水电工程施工前沿技术、创新科技成果、科技情报资讯和工程建设管理经验的综合性技术刊物。本刊宗旨是：总结水利水电工程前沿施工技术，推广应用创新科技成果，促进科技情报交流，推动中国水电施工技术和品牌走向世界。《水利水电施工》编辑部于2008年1月从宜昌迁入北京后，由全国水利水电施工技术信息网和中国电力建设集团有限公司联合主办，并在北京以双月刊出版、发行。截至2016年年底，已累计发行54期（其中正刊36期，增刊和专辑18期）。

自2009年以来，本刊发行数量已增至2000册，发行和交流范围现已扩大到120个单位，深受行业内广大工程技术人员特别是青年工程技术人员的欢迎和有关部门的认可。为进一步增强刊物的学术性、可读性、价值性，自2017年起，对刊物进行了版式调整，由杂志型调整为丛书型。调整后的刊物继承和保留了原刊物国际流行大16开本，每辑刊载精美彩页6～12页，内文黑白印刷的原貌。本刊真诚欢迎广大读者、作者踊跃投稿；真诚欢迎企业管理人员、行业内知名专家和高级工程技术人员撰写文章，深度解析企业经营与项目管理方略、介绍水利水电前沿施工技术和创新科技成果，同时也热烈欢迎各网员单位、联络员积极为本刊组织和选送优质稿件。

投稿要求和注意事项如下：

（1）文章标题力求简洁、题意确切，言简意赅，字数不超过20字。标题下列作者姓名与所在单位名称。

（2）文章篇幅一般以3000～5000字为宜（特殊情况除外）。论文需论点明确，逻辑严密，文字精练，数据准确；论文内容不得涉及国家秘密或泄露企业商业秘密，文责自负。

（3）文章应附150字以内的摘要，3～5个关键词。

（4）正文采用西式体例，即例“1”“1.1”“1.1.1”，并一律左顶格。如文章层次较多，在“1.1.1”下，条目内容可依次用“（1）”“①”连续编号。

（5）正文采用宋体、五号字、Word文档录入，1.5倍行距，单栏排版。

（6）文章须采用法定计量单位，并符合国家标准《量和单位》的相关规定。

（7）图、表设置应简明、清晰，每篇文章以不超过5幅插图为宜。插图用CAD绘制时，要求线条、文字清楚，图中单位、数字标注规范。

（8）来稿请注明作者姓名、职称、职务、工作单位、邮政编码、联系电话、电子邮箱等信息。

（9）本刊发表的文章均被录入《中国知识资源总库》和《中文科技期刊数据库》。文章一经采用严禁他投或重复投稿。为此，《水利水电施工》编委会办公室慎重敬告作者：为强化对学术不端行为的抑制，中国学术期刊（光盘版）电子杂志社设立了“学术不端文献检测中心”。该中心将采用“学术不端文献检测系统”（简称AMLC）对本刊发表的科技论文和有关文献资料进行全文比对检测。凡未能通过该系统检测的文章，录入《中国知识资源总库》的资格将被自动取消；作者除文责自负、承担与之相关联的民事责任外，还应在本刊载文向社会公众致歉。

（10）发表在企业内部刊物上的优秀文章，欢迎推荐本刊选用。

（11）来稿一经录用，即按2008年国家制定的标准支付稿酬（稿酬只发放到各单位，原则上不直接面对作者，非网员单位作者不支付稿酬）。

来稿请按以下地址和方式联系。

联系地址：北京市海淀区车公庄西路22号A座

投稿单位：《水利水电施工》编委会办公室

邮编：100048

编委会办公室：杜永昌

联系电话：010－58368849

E－mail：kanwu201506@powerchina.cn

全国水利水电施工技术信息网秘书处

《水利水电施工》编委会办公室

2019年1月30日